L'organisation et la valorisation de la recherche

Problématique européenne et étude comparée de la France et de l'Allemagne

PETER LANG
Bruxelles · Bern · Berlin · New York · Oxford · Wien

Business & Innovation

Vol. 26

La création de nouvelles activités, de nouveaux modes de production et de consommation, de nouveaux biens et services, de nouveaux marchés, de nouveaux emplois, etc. repose aussi bien sur l'action héroïque des entrepreneurs que sur la stratégie des grandes entreprises qui se déploient sur une échelle mondiale. L'innovation et les affaires sont intrinsèquement liées. Trois grandes thématiques seront particulièrement privilégiées : Entrepreneuriat, entreprise, innovation et développement durable ; Innovation et réseaux ; L'Innovation dans un contexte global. Les rapports synergiques entre entrepreneuriat innovant, stratégies des firmes et politiques d'innovation constituent un axe majeur dans le changement des paradigmes technologiques et la modification des structures économiques et sociales des pays riches et moins riches. Dans la collection sont publiés en français ou en anglais des ouvrages d'économie, de management et de sociologie de l'innovation, du changement et de l'entrepreneur dans une perspective locale, nationale et internationale.

La collection bénéficie de l'appui du Réseau de Recherche sur l'Innovation.

Directeurs de la collection :
Dimitri UZUNIDIS, Blandine LAPERCHE, Sophie BOUTILLIER : Université du Littoral (France), Seattle University (États-Unis) et Wesford Business School (Lyon, Genève, France, Suisse), Réseau de Recherche sur l'Innovation.
Francesco SCHIAVONE : Università di Napoli Parthenope, Research Network on Innovation.

Jean-Alain Héraud et Nathalie Popiolek

L'organisation et la valorisation de la recherche

Problématique européenne et étude comparée de la France et de l'Allemagne

Business and Innovation
Vol. 26

Information bibliographique publiée par "Die Deutsche Bibliothek".
"Die Deutsche Bibliothek" répertorie cette publication dans la "Deutsche National-bibliografie"; les données bibliographiques détaillées sont disponibles sur le site http://dnb.d-nb.de.

Association de Prospective Rhénane

ISBN 978-2-8076-1465-9 • ISSN 2034-5402
E-ISBN 978-2-8076-1299-0 (ePDF) • E-ISBN 978-2-8076-1300-3 (EPUB)
E-ISBN 978-2-8076-1301-0 (MOBI) • DOI 10.3726/b18202
D/2021/5678/19

© P.I.E. PETER LANG S.A.
Éditions scientifiques internationales
Bruxelles, 2021
1 avenue Maurice, B-1050 Bruxelles, Belgique

Cette publication a fait l'objet d'une évaluation par les pairs.

Toute représentation ou reproduction intégrale ou partielle faite par quelque procédé que ce soit, sans le consentement de l'éditeur ou de ses ayants droit, est illicite. Tous droits réservés.

www.peterlang.com

Nous ne pouvons connaître tous les faits et il faut choisir ceux qui sont dignes d'être connus. Si l'on en croyait Tolstoï, les savants feraient ce choix au hasard, au lieu de le faire, ce qui serait raisonnable, en vue des applications pratiques. Les savants, au contraire, croient que certains faits sont plus intéressants que d'autres, parce qu'ils complètent une harmonie inachevée, ou parce qu'ils font prévoir un grand nombre d'autres faits.

Henri POINCARÉ, *La Valeur de la Science*, Flammarion, 1911

Table des matières

Introduction 17

Chapitre 1 La carte des institutions scientifiques du Moyen Âge à nos jours 25
  1. L'évolution à long terme de la carte de la recherche en Europe 25
    1.1 Des écoles monastiques aux premières universités 26
    1.2 La Renaissance 27
    1.3 La Révolution française et le 19ème siècle 29
    1.4 L'exemple de l'Allemagne 31
  2. L'enseignement supérieur et la recherche en France dans la seconde moitié du 20ème siècle 33
    2.1 Un lien fort entre l'enseignement supérieur et l'aménagement du territoire 33
    2.2 Les grands organismes de recherche publics 35
  3. L'Allemagne, de l'après-guerre à nos jours 38
    3.1 Un modèle fédéral dominant 38
    3.2 Un modèle mixte à la fois anglo-saxon et « continental » influencé par la France 40
  Conclusion : brève comparaison des modèles français et allemands .. 42

Chapitre 2 Science et innovation au prisme de l'évolution de la société 45
  1. L'évolution du concept de science au cours du temps 46
    1.1 Qu'entend-on par recherche et comment distinguer le fondamental de l'appliqué ? 46
      La recherche fondamentale 47
      La recherche appliquée 49
    1.2 Les grands domaines de la science au cours de l'histoire ... 51
  2. Le concept d'innovation et son lien avec celui de progrès 54

2.1 Les racines et le sens du mot innovation à travers les siècles 54
2.2 Innovation et foi dans le progrès ? 57
3. Faut-il choisir aujourd'hui entre la science et l'innovation ? 59
3.1 Un processus d'innovation radicalement non linéaire 60
3.2 Vers un changement de perception de la science et de l'innovation dans la société contemporaine ? 66
Conclusion 70

Chapitre 3 Valorisation et protection des connaissances : humanisme ou capitalisme ? 75

1. Analyse du processus de création et de valorisation des connaissances 76
   1.1 La fonction de production de la science : explications en termes de stocks et de flux de connaissances 76
   1.2 Les différentes facettes de la valorisation des connaissances produites 78
2. La valorisation commerciale des connaissances : rôle de la propriété intellectuelle 84
   2.1 Le marché de connaissance et ses paradoxes 85
   2.2 Le système de propriété intellectuelle pour remédier aux externalités de connaissance 86
3. La protection de la connaissance au cours de l'Histoire 89
   3.1 Les premiers exemples historiques 90
   3.2 L'émergence de la première révolution industrielle et du système de propriété intellectuelle associé 91
   3.3 La préparation de la seconde révolution industrielle 95
   3.4 Que se passe-t-il lorsque la propriété intellectuelle est contestée par certains pays ? 98
   3.5 De la théorie à la pratique dans le monde aujourd'hui : le cas du brevet d'invention 99
Conclusion 101

Chapitre 4 Cadre d'analyse national de l'investissement dans la recherche et comparaison statistique France-Allemagne à l'époque contemporaine 105

1. Mesurer l'effort de recherche : pourquoi et comment ? 105
   1.1 Recherche et revenu national 106
   1.2 Le financement de la recherche comme impulsion au processus qui aboutit à l'innovation 111
2. Bilan comparatif France–Allemagne en 2017 115
   2.1 Les objectifs européens en politique de recherche et les réalisations vingt ans après 115
   2.2 L'intensité de recherche par rapport au Produit inrérieur brut 119
   2.3 Une approche complémentaire mettant l'accent sur le facteur humain 123
   2.4 Les dépôts de brevets en France et en Allemagne 126
3. Positionnement des principaux indicateurs de la science et de la technologie sur les cartes européenne et mondiale 129
   3.1 Les emplois dans la recherche en Europe 129
   3.2 Évolutions de la position des trois principaux pays européens producteurs de science et de technologie 131
Conclusion 135

Chapitre 5 Évolution des politiques de recherche et d'innovation et répercussions sur l'Université en France et en Allemagne 137

1. Les débuts américains et l'évolution mondiale des visions politiques jusqu'à nos jours 138
   1.1 Naissance après-guerre aux États-Unis d'une politique de recherche centrée sur la science 138
   1.2 Un tournant à la fin des années 1960 140
   1.3 Un parallèle avec les modes de production scientifique 143
2. L'évolution de la politique européenne 144
   2.1 La première phase : les politiques visant la science 145
   2.2 La seconde phase marquée par le lancement des programmes cadres 146
   2.3 La phase 3 : vers une conception plus systémique orientée « innovation » et « défis sociétaux » 148

2.4 La mixité des politiques : recherche, innovation et aménagement du territoire 152
3. Le cas de la France 153
   3.1 L'évolution des politiques de Recherche et d'innovation depuis l'après-guerre jusqu'à nos jours 154
   3.2 L'organisation des interactions entre la recherche et l'innovation 156
   3.3 Un aperçu des réformes universitaires 162
4. Le cas de l'Allemagne 165
   4.1 Le contexte historique du système allemand 165
   4.2 La stratégie « Hautes Technologies », paradigme de l'approche holistique 168
   4.3 La politique universitaire allemande 171
Conclusion : vers un renouveau des politiques de mission pour répondre aux défis globaux ? 173

Chapitre 6   Les interactions État-Université-Entreprise pour valoriser la science et créer un impact 177

1. Une lecture fonctionnelle et organisationnelle du système national de recherche et d'innovation 178
   1.1 Les fonctions clés 178
      L'orientation 178
      La programmation et le financement 179
      L'exécution de la recherche et son orientation vers l'innovation 180
      L'évaluation de la recherche vs l'évaluation du système 181
   1.2 Lecture fonctionnelle des acteurs : modèle intégré *vs* séparé 182
2. La valorisation de la recherche : à la recherche d'un impact fort 184
   2.1 La valorisation commerciale de la recherche 185
   2.2 Évaluation de l'impact du système de recherche et d'innovation 189
3. Influence des politiques dans l'organisation des systèmes actuels : double impact scientifique et économique 193
   3.1 Le modèle de la *Triple hélice* et le *New public management* 194

Table des matières 13

    3.2 Les systèmes régionaux d'innovation 196
    3.3 Une gouvernance multiniveau 197
    3.4 L'influence européenne 199
  4. Le système de recherche et d'innovation français 201
    4.1 La programmation, le financement et l'évaluation de la recherche 201
    4.2 La valorisation de la recherche vue sous un angle commercial 202
  5. Le système de recherche et d'innovation allemand 208
    5.1 Le champ des politiques est limité par les dispositions constitutionnelles 208
    5.2 La fonction de valorisation commerciale 210
    5.3 La recherche d'un impact socio-économique *via* l'innovation 211
        La mise en relation des acteurs 211
        La relation recherche-innovation 212
        Les facteurs qualitatifs de l'efficacité de la R&I 212
  Conclusion 214

Chapitre 7 La stratégie d'innovation en entreprise 217

  1. Le nouveau contexte organisationnel et juridique de l'entreprise 218
    1.1 Une ère industrielle en transition 218
    1.2 La « raison d'être » des entreprises 222
  2. Nouvelles formes de compétitivité et d'innovation 226
    2.1 Fonder la compétitivité sur des idées créatives 226
    2.2 S'appuyer sur le numérique pour concevoir de nouveaux modèles organisationnels 229
  3. La décision d'investir en faveur de l'innovation 232
    3.1 L'estimation difficile de la rentabilité d'un investissement dans un projet innovant 233
    3.2 L'analyse du calendrier d'adoption de l'innovation au sein de l'*écosystème* 237
        A. Destruction créative 239
        B. Résilience robuste 239

    C. Coexistence robuste 240
    D. Illusion de résilience 240
Conclusion 241

Chapitre 8 Le management du processus d'innovation en entreprise 245

1. L'innovation vue comme un processus créateur de valeur 246
   1.1 Bref retour sur le concept de créativité et le rôle des communautés 247
   1.2 Typologie des stratégies d'innovations fondées sur la connaissance 249
   Un bref aperçu de la littérature 249
   Une typologie fondée sur les différents ressorts de la créativité 251
   Stratégie d'innovation incrémentale 253
   Stratégie d'innovation architecturale (assemblage de briques technologiques existantes pour innover dans l'usage) 254
   Stratégie d'innovation radicale fondée sur une rupture technologique et une modification des usages 254
   Stratégie d'innovation fondée sur la technologie avec faible modification dans l'usage 255
   Stratégie d'exploration de nouveaux concepts d'usage ou de services sans grand recours à la R&D 255
   1.3 Un focus sur la naissance des innovations radicales 257
   1.4 Le management des connaissances et des compétences ... 260
2. Le management de projets innovants 263
   2.1 Les générations de gestion de projets de Recherche et développement avant l'an 2000 263
   2.2 Le management de l'innovation aujourd'hui 267
3. Un nécessaire changement de la pensée collective 269
   3.1 Apprendre à raisonner en rupture 270
   3.2 Savoir manager la complexité 271
   3.3 La perméabilité aux idées créatives issues de communautés dépassant les frontières de l'entreprise 274

L'étincelle 275
    La construction sociale de l'idée 276
    L'atterrissage 276
  Conclusion 277

Conclusion générale 281

Introduction

La question de l'*organisation* et de la *valorisation* de la recherche se pose dès lors que l'on cherche à assigner un rôle à la science dans la société et que l'on se donne les moyens de l'*évaluer* afin de s'assurer qu'elle a bien rempli ses *objectifs*. Mais de quels objectifs parle-t-on ? La science n'apporte-t-elle pas de manière intrinsèque de la *valeur* à l'humanité et ne doit-elle pas se concevoir uniquement pour la beauté des connaissances qu'elle produit ? N'est-il pas alors dans sa nature de s'auto-organiser plutôt que de rechercher en externe un principe organisateur, une stratégie, une politique ? Ou bien est-elle à considérer sous un angle davantage *utilitariste* orienté vers l'atteinte d'objectifs sociétaux concrets grâce à l'usage qui est fait des connaissances : accroissement de la prospérité, de la paix et de la justice ; diminution de la pauvreté, des inégalités, de la dégradation de l'environnement ? Ou encore est-elle à prendre sous un angle *mercantile* à des fins commerciales et économiques résultant de l'échange des résultats de la recherche sur le marché ?

L'intensité des liens que la science entretient avec l'innovation – innovation responsable ou purement commerciale – dépend finalement du regard que la société porte sur elle. Un retour sur les grandes périodes de l'Histoire nous montre qu'elle s'est parfois organisée uniquement pour elle-même, indépendamment de ses retombés dans la société ou dans la sphère marchande. Que l'on se réfère notamment à l'Antiquité grecque qui fut une période très active dans le domaine des arts, de la philosophie et des sciences fondamentales, tout en jugeant négative l'application concrète de la nouveauté... Au cours de l'Histoire, d'ailleurs, les changements techniques ont souvent été le fruit d'une certaine « créativité populaire » basée sur des méthodes empiriques, expérimentales voire artisanales qui ne devaient rien aux sciences fondamentales. La construction des cathédrales au Moyen Âge en est une bonne illustration.

La convergence entre sciences et applications techniques n'a réellement commencé qu'au début du $20^{\text{ème}}$ siècle avec l'impulsion donnée par les grandes découvertes dans le champ de la physique fondamentale, de la chimie et de la biologie, découvertes qui ont conduit aux inventions majeures sur lesquelles reposent notre économie et notre société contemporaines. Ainsi, la période que nous vivons aujourd'hui est caractérisée par une vision majoritairement *utilitariste* de la science qui accorde un rôle majeur à l'*innovation*, que ce soit pour atteindre des objectifs sociétaux tournés vers l'humanité, l'environnement, la planète ou bien pour favoriser les échanges commerciaux et participer à la croissance économique. La notion d'innovation est utilisée désormais en toutes circonstances par les politiques comme par les dirigeants d'entreprise, si bien qu'elle est incontournable dans la réflexion qui porte sur l'organisation et la valorisation de la recherche. D'ailleurs, on parle communément de *système national (ou régional) de recherche et d'innovation* comme si les deux concepts de recherche et d'innovation étaient devenus inséparables. Si l'on finance la recherche, c'est que l'on table sur un *retour de l'investissement*, qu'il soit purement économique ou bien appréhendé plutôt en termes de gain sociétal – sachant qu'il peut être les deux à la fois. Et c'est principalement par le biais de l'innovation que l'on espère tirer parti des sommes dépensées en recherche, car c'est elle qui fait le pont entre l'univers de la découverte et celui des sphères sociales ou marchandes. Dans un tel contexte, la recherche doit être organisée et valorisée de manière à éviter de rester au milieu du gué avec des « RANA » (Recherches appliquées non applicables) dont Michel Callon a inventé le terme pour souligner le décalage qui existe parfois entre la recherche et le monde économique – surtout si l'on pousse exagérément les chercheurs à anticiper la valorisation.

Cette question du retour sur l'investissement de la recherche semble se poser assez simplement, mais elle est en réalité d'une très grande complexité car elle soulève deux difficultés majeures : d'une part, l'élaboration d'un modèle d'organisation et de valorisation de la recherche qui permette de tirer le meilleur parti des activités de recherche (pour justement éviter de rester au milieu du gué), et d'autre part, la mise au point d'un processus d'évaluation qui rende compte de la *performance* du modèle, tout en permettant d'en ajuster la trajectoire.

Cet ouvrage se propose d'apporter des éléments de réponse en se plaçant à différents niveaux décisionnels (puissance publique et entreprise essentiellement) tout en tenant compte du rôle – des rôles – qui sont assignés à la science dans la société. Ainsi à quelque niveau décisionnel que ce soit, l'organisation et la valorisation de la recherche doivent être pensées pour en augmenter l'efficacité eu égard aux objectifs poursuivis et ce, bien entendu compte tenu du contexte institutionnel, économique, sociétal et culturel. Comme celui-ci n'est figé ni dans le temps, ni dans l'espace, le parti pris de l'ouvrage est de ne pas considérer la recherche de façon isolée, mais d'analyser la dynamique des systèmes dans lesquels elle s'insère, que ce soit au niveau national ou régional lorsqu'on se place du point de vue du décideur politique, ou bien au niveau d'un *écosystème d'entreprises* si l'on considère la sphère privée. Nous montrerons d'ailleurs que ces univers décisionnels sont entremêlés – ne serait-ce qu'en raison des *flux financiers* échangés entre les différents acteurs. De ce fait, nous serons amenés à considérer très souvent dans l'analyse, le triptyque État-Université-Entreprise, tout en prenant en considération le citoyen à chaque niveau.

Dans leur immense majorité, les travaux décrivent un *système de recherche et d'innovation* à une date donnée. Il en existe, à notre connaissance, peu qui en ont étudié la dynamique d'évolution en s'intéressant aux forces qui l'ont construit et le font évoluer. Selon Hekkert *et al.* (2007), ceci s'explique par une très grande difficulté à cartographier cette dynamique dans son ensemble, en particulier à cause de l'extrême complexité due au nombre important d'acteurs, de relations et d'institutions. La prise en compte de l'échelle européenne pour l'analyse des décisions politiques ne fait qu'accroître la difficulté. Pourtant, face à la concurrence des grands blocs comme les États-Unis et la Chine, la tendance va bien vers une organisation européenne de l'espace de la recherche, notamment en ce qui concerne le financement. Quant à la sphère privée – qui ne rentre pas toujours en tant que telle dans les travaux menés sur les systèmes nationaux de recherche et d'innovation, il faut bien souligner qu'elle fait fi des frontières nationales puisque les chaînes de valeurs chevauchent plusieurs pays à la fois et que le terrain de jeu des entreprises innovantes est le monde entier.

Bien sûr, cet ouvrage n'a pas la prétention d'embrasser en même temps l'ensemble des difficultés soulevées pour proposer un *modèle européen de recherche et d'innovation*. En effet, la pluralité des acteurs concernés est trop grande et les incertitudes, trop marquées, pour faire ressortir une organisation qui soit unique et valable en toutes circonstances. Cependant, en s'appuyant sur une approche pluridisciplinaire, le livre souhaite apporter aux lecteurs des éclairages complémentaires afin qu'ils appréhendent mieux les enjeux contemporains de la science et puissent en dessiner les grandes tendances d'évolution. Ils comprendront comment les choix de société déteignent sur l'organisation et la valorisation de la recherche et qu'en retour, celle-ci contribue à façonner la société future. Ils verront aussi que les choix n'appartiennent plus seulement aux décideurs européens, tant l'économie est devenue mondialisée. La recherche, qui a toujours tenu au 20ème siècle un rôle en matière de souveraineté nationale, pour la défense notamment, fait aujourd'hui partie des cartes stratégiques que les pays utilisent à des fins de suprématie économique. La partie se joue au niveau mondial et, bien que positionnée sur des valeurs humanistes et écologiques, l'Europe ne peut se soustraire à une certaine « industrialisation » de la sphère académique pour rendre le système de recherche et d'innovation *performant*, au sens économique du terme. Bien entendu, la sphère privée fait partie intégrale du jeu puisque les entreprises sont le principal moteur de l'innovation. Le livre souhaite ainsi apporter un éclairage particulier sur la décision d'investissement en recherche et développement (R&D) dans les entreprises et sur leurs méthodes de management de l'innovation. Le challenge est alors de mieux comprendre l'imbrication des décisions privées dans l'ensemble des décisions collectives intégrant celles des politiques comme celles des citoyens…

Dans une optique de *performance*, qui est celle qui anime les acteurs contemporains de la recherche et de l'innovation, il est naturel de s'intéresser à l'évaluation de l'*impact* du système sur l'économie et la société. Cette question centrale dans l'ouvrage, ne se pose pas en termes d'évaluation de la recherche selon une conception classique – qui s'intéresse uniquement à sa qualité « intrinsèque » mesurée en nombre de publications, de brevets ou de réalisations concrètes, mais plutôt en termes d'insertion et de retombées dans un environnement global. Par exemple, si la valeur d'une publication est calculable au sein du système de science lui-même (analyse bibliométrique des citations), elle peut l'être également par une évaluation *ex post* de son impact socio-économique, ce qui ne signifie pas la même chose. De même, dans le cas d'une invention brevetable, on peut parler d'évaluation par le marché si, une fois obtenu, le brevet fait l'objet de transactions, mais parfois sa valeur tient au fait qu'il remplit une fonction de communication sur une compétence et favorise de fait la mise en relation d'acteurs académiques et économiques au sein du système d'innovation.

Ainsi, la définition de la notion d'impact retenu dans cet ouvrage s'accorde parfaitement avec celle que proposent Romain Touret *et al.* (2019, p. 221) selon lesquels « les impacts désignent les conséquences des réalisations replacées dans leur contexte, incluant l'intervention de tous les autres acteurs susceptibles d'utiliser les résultats, de développer des alternatives, etc. ». Il est clair que dans cette vision, l'impact est une notion *relative* dont l'appréciation va dépendre des objectifs visés au départ. Le système de recherche et d'innovation sera évalué à l'aune de critères dictés par les grandes orientations assignées à la recherche, que ce soit dans le cadre d'une politique publique ou d'une stratégie d'entreprise privée. Toute la difficulté réside alors dans la formalisation des bons *indicateurs* et dans la remontée de l'information nécessaire, tout en évitant le risque de céder à la facilité de considérer uniquement les indicateurs de résultats directs – associés à l'évaluation intrinsèque – et des éléments de contrôle budgétaire. Cet aspect est primordial tant on sait qu'un indicateur n'aide pas à découvrir la vérité mais au contraire la construit et en conséquence influence notablement la prise de décisions (Roy, 2002 ; Desrosieres, 1995). Au lieu de se concentrer sur quelques indicateurs d'impact ponctuels, l'ouvrage invite au contraire à penser la *complexité* afin d'être mieux à même de prendre en charge les externalités de connaissances que le marché ne considère pas suffisamment. Cette vision est utile pour préparer l'avenir et notamment pour aider la puissance publique dans l'élaboration de sa politique de recherche et d'innovation. Et comme le remarquent Romain Touret *et al.* (2019), au-delà des objectifs fixés *a priori*, une politique de recherche et d'innovation peut influer la société à travers de multiples progrès technologiques, sociaux, environnementaux, économiques… et avoir des impacts positifs non prévus qu'il faut tenter d'anticiper pour orienter la recherche à venir.

On voit que cette réflexion amène à se poser une autre question, d'ordre *éthique* ou *philosophique*, qui est de savoir juger, dans l'absolu cette fois-ci, si un impact est bon ou mauvais. Qu'il réponde ou non aux objectifs assignés à la politique d'innovation, le processus de production scientifique et technique favorise parfois certains acteurs au détriment d'autres, privilégie les générations actuelles au détriment de celles qui vont naître, etc. Il n'est pas aisé de le situer par rapport à l'idée que l'on se fait du Progrès. De plus, on ne sait pas toujours apprécier les usages que certains peuvent faire des découvertes scientifiques ou des innovations… ce qui soulève encore un autre débat.

En résumé, l'objectif du livre est d'accompagner le lecteur à analyser, dans sa complexité, la dynamique des systèmes de recherche et d'innovation. Pour y parvenir, une place importante est accordée à l'*histoire des institutions* concernées en Europe et plus particulièrement en France et en Allemagne. Le recul sur des temps longs permet de repérer les grands changements quant à la place occupée par la science dans la société afin de mieux comprendre son organisation et ses critères d'évaluation. Le choix de la France et de l'Allemagne dans l'analyse comparative permet de souligner l'influence du contexte dans l'organisation des institutions scientifiques ainsi que dans leurs impacts socio-économiques. En effet, si les deux pays participent fortement aux efforts de recherche européens, leurs trajectoires historiques ont conduit à de grandes différences sur les plans religieux, culturel, organisationnel et industriel. Le propos n'est pas de se pencher très précisément sur l'influence de toutes ces caractéristiques sur les systèmes de recherche et d'innovation mais de poser quelques jalons essentiels. L'approche principale du livre est celle de l'*économiste* qui enrichit son prisme d'analyse en empruntant à d'autres disciplines leur grille de lecture. Ainsi, la vision de l'*historien* et celle du *sociologue* sont intéressantes pour repérer les faits notoires et les grandes tendances sociétales qui jouent sur la dynamique globale des systèmes.

Pour un éclairage plus précis du jeu des acteurs et en particulier des acteurs privés, le livre fait appel à l'*économie d'entreprise* d'une part, et à la *théorie du management de l'innovation* d'autre part. Partant du principe, comme nous l'avons vu plus haut, que l'entreprise est le principal moteur de l'innovation, notre approche de l'impact du système de recherche sur l'économie et la société est orientée vers le rôle des entreprises plus que vers les approches macroéconomiques de type croissance endogène. Cela ne signifie pas que nous nous désintéressons des dimensions sociétales, bien au contraire puisque la performance du système doit pouvoir être lue aussi à l'aune de critères économiques et sociétaux comme nous l'avons déjà évoqué. Or il se trouve que les décisions collectives deviennent de plus en plus l'affaire des acteurs privés, entreprises comme citoyens, et pas seulement de l'État qui n'a plus le monopole absolu du bien public. La théorie du management de l'innovation montre d'ailleurs que les stratégies d'alliance et de coopération entre les acteurs des mondes académique, économique et politique sont favorables à la dynamique de l'innovation et que c'est sur la base d'une concertation approfondie entre industriels, scientifiques, pouvoirs publics et citoyens que peuvent naître des choix éclairés.

C'est donc avec un prisme pluridisciplinaire que les huit chapitres du livre ont été rédigés, les premiers d'entre eux prenant délibérément un recul historique. Comme la science est un construit social de très long terme, il est utile de remettre en perspective les objets dont nous parlons en montrant notamment les liens que les acteurs contribuant à la recherche entretiennent avec l'histoire des pays et l'aménagement des

Introduction

territoires. L'écosystème des institutions scientifiques n'est pas du tout fixé et il faut comprendre d'où elles viennent et comment s'est construite la carte universitaire européenne (chapitre 1).

Comme nous relions systématiquement la science à l'innovation pour mener à bien la réflexion sur la valorisation de la recherche, il est bon aussi de se pencher sur l'évolution historique de *l'idée d'innovation*, de son rapport à la Science et au Progrès (chapitre 2). Cela nous conduit à analyser, au chapitre suivant, le concept de la valorisation de la recherche en expliquant que l'idée de « valeur » portée par le mot « valorisation » est polysémique et dépend de la place occupée par la science dans la société. Nous verrons ainsi que cette fonction a évolué dans le temps selon que la recherche est vue sous un angle « utilitariste » ou pas, et nous nous pencherons plus particulièrement sur sa *valorisation commerciale* en mettant en avant le rôle de la *protection intellectuelle*. Nous montrerons en particulier que le brevet n'a pas toujours eu la même signification au cours de l'Histoire – et rien ne prouve que le système ne va pas continuer à évoluer, par exemple pour prendre en considération l'inflexion du rôle de la valorisation vers une fonction plus sociale en lien avec la montée de la Responsabilité sociale des entreprises (RSE) (chapitre 3).

Les concepts étudiés ayant été définis et replacés sous les angles historiques et culturels, nous analyserons ensuite au prisme des enjeux contemporains le système national de recherche et d'innovation en France et en Allemagne. Pour planter concrètement le décor, nous commenterons les données statistiques agrégées reflétant la situation actuelle de ces deux pays qui fournissent à eux deux une grande partie de l'effort global de la recherche en Europe. Toutefois, nous ne donnerons les comparaisons chiffrées pour la France et l'Allemagne qu'après avoir situé d'un point de vue conceptuel, la place et le rôle de l'investissement en R&D dans un système de recherche et d'innovation (chapitre 4).

Les deux chapitres suivants seront consacrés aux *politiques de recherche et d'innovation* en prenant soin de bien analyser leur évolution au fil du temps (chapitre 5), puis aux *fonctions* qu'assure le système de recherche et d'innovation, avec une analyse des acteurs qui le constituent et de leurs liens (chapitre 6). Nous aborderons le *financement* – nerf de la guerre – en esquissant le parcours des fonds qui s'inscrivent dans des budgets qui émanent d'autres budgets et ainsi de suite. Un éclairage particulier sera fait par ailleurs sur l'*évaluation* du système de recherche et d'innovation, ce qui nous conduira à évoquer la question difficile de l'appréciation de son impact socio-économique et des indicateurs associés.

Enfin, les deux chapitres finaux seront dédiés aux entreprises. Nous analyserons sur un plan conceptuel les stratégies d'innovation leur permettant de rester compétitives et/ou de conquérir de nouveaux marchés. Nous nous intéresserons aussi à leur capacité à innover de manière durable, éthique et responsable en privilégiant la valorisation sociale de la R&D par rapport à sa valorisation commerciale. À cet effet, nous évoquerons l'évolution du statut juridique et des missions des entreprises leur permettant de mieux prendre en compte l'enrichissement de la société (chapitre 7). Avec la perspective du gestionnaire cette fois, nous nous pencherons dans le chapitre 8 sur les méthodes permettant de mettre effectivement en musique les différentes stratégies d'innovation, et ce en distinguant celles qui s'appuient d'abord sur la recherche technologique, de celles qui ont vocation à s'insérer dans de nouveaux modèles d'usage. L'investissement en R&D en dépend. Nous terminerons ce dernier chapitre en faisant référence à des travaux de sociologie pour mettre en lumière l'importance que revêt dans l'organisation la culture de l'innovation et tout particulièrement la place attribuée à la créativité collective. Le rôle des *communautés* (épistémiques ou de pratique) dépassant les frontières de l'entreprise sera à cet égard souligné.

Chaque chapitre est articulé de la même manière : il comprend à la fois un cadre d'analyse fondé sur un socle théorique et de nombreux exemples, empruntés aux cas français et allemand – il est signalé toutefois que les études de cas sur les entreprises allemandes sont rares dans la littérature de gestion. Bien que biaisées par un prisme français, ces illustrations permettent tout de même de montrer comment évoluent, au sein de l'Europe, les systèmes de recherche et d'innovation de ces deux puissances scientifiques et technologiques.

En conclusion, nous nous attacherons à synthétiser la réflexion menée sur le jeu des acteurs du triptyque État-Université-Entreprise pour donner, dans ses grandes lignes une vision prospective de l'organisation de la recherche qui soit cohérente avec les grands enjeux du $21^{\text{ème}}$ siècle auxquels l'Europe et l'ensemble de ses citoyens doivent faire face.

Chapitre 1

La carte des institutions scientifiques du Moyen Âge à nos jours

Pour comprendre la carte de la recherche en Europe aujourd'hui, il est utile de se projeter loin en arrière afin de savoir d'où viennent les institutions de recherche et comment elles ont façonné les territoires en concentrant savoir et activité économique. Après une description historique depuis le Moyen Âge jusqu'au 19ème siècle, des grands centres universitaires en Europe avec une attention particulière portée à la France et à l'Allemagne, nous analyserons successivement pour ces deux pays, les grandes mutations de la période qui débute après la seconde guerre mondiale, avec notamment la création des grands organismes de recherche publics français qui devaient contribuer à relever le pays. L'organisation fédérale dont a hérité l'Allemagne sera étudiée, avant qu'une brève comparaison des modèles de ces deux pays ne soit faite en conclusion, pour la période récente.

1. L'évolution à long terme de la carte de la recherche en Europe

Le tour d'horizon historique que nous souhaitons faire ici permet de repérer du Moyen Âge à la fin du 19ème siècle, comment les universités européennes sont nées par décision politique de l'Église ou des États – parfois par l'initiative des citoyens – et se sont transformées au gré des différents régimes successifs. Les évolutions du 19ème siècle, qui ont eu lieu en France et en Allemagne, apparaissent comme structurantes pour la carte universitaire actuelle de ces deux pays, même si, et nous le verrons dans la seconde partie du chapitre, le 20ème siècle aura aussi largement apporté son lot de réformes.

1.1 Des écoles monastiques aux premières universités

Les premiers grands centres universitaires (héritiers des écoles monastiques) sont apparus à la fin de l'époque médiévale. La carte actuelle de la recherche en Europe en garde la trace. Pour ce qui est du territoire de la France d'aujourd'hui, les premières universités sont fondées à Paris (1150), Toulouse (1229) et Montpellier (1289). Notons que cela en fait deux pour la seule région actuelle Occitanie ! Dans le reste de l'Europe, Bologne fut un grand centre d'enseignement précurseur de ce qu'allaient devenir les universités.

Au départ, ces embryons d'universités étaient des lieux de formation de maîtres habilités à enseigner la doctrine chrétienne – aux prêtres et aux moines. Le continent européen était très unifié de ce point de vue, et les érudits voyageaient. L'évaluation se faisait toute seule : un docteur formé à Paris ou à Bologne avait une réputation lui permettant d'enseigner partout en Europe. On parlait au début d'écoles de *studium generale*, avant que le terme « université » se généralise. Les grandes possédaient plusieurs facultés (pas seulement la théologie, mais progressivement la médecine et le droit) et éventuellement se structuraient aussi par nationalité des étudiants. Ainsi, la Sorbonne – fondée en 1253 au sein de l'université de Paris – a organisé au 13ème siècle quatre sections *nationales* de sa faculté des « arts » : celle des français, qui accueillait aussi des espagnols, des italiens et des grecs ; celle des picards, attirant aussi des hollandais ; celle des normands ; et celle des anglais, comprenant aussi des irlandais, des écossais et des allemands[1].

Un évènement intéressant arrive dans le Saint-Empire romain germanique[2] : Frédéric II décide en 1225 (par une bulle autoritaire) de conférer officiellement le statut de *studium generale* à l'université qu'il crée à Naples. Le pape Grégoire IX fera de même pour Toulouse en 1229. Les institutions décident donc de faire de la politique académique. Du coup, Paris et Bologne comme d'autres *studia generalia de facto* vont se sentir obligées de réclamer aux autorités leur labellisation. Détail amusant : l'université d'Oxford « whose position was too well established

---

1 *Encyclopaedia Britannica*, 1962, vol. 22, p. 864.
2 Voltaire, ironiquement, a souligné qu'il ne fut ni un vrai empire, ni totalement germanique, ni tellement saint. Cependant, cet édifice institutionnel a contribué pendant des siècles à construire l'Europe – et pas seulement l'Allemagne – culturellement et politiquement.

to be seriously questioned »[3] ne fait pas cette démarche. Signalons toutefois qu'Oxford se développe surtout à la fin du 12ème siècle quand un différend avec la France oblige les étudiants anglais à quitter la Sorbonne.

En 1200, Bologne compte 10 000 étudiants, dont beaucoup en droit. Salerne est spécialisée depuis le 9ème siècle en médecine. À la fin du 13ème siècle beaucoup d'écoles obtiennent le statut de *studium generale* (université), dont Montpellier avec de la médecine et du droit. Prague devient la première grande université d'Europe centrale. Heidelberg vient ensuite en 1386 (bulle papale d'Urbain VI, mais sous l'impulsion du pouvoir politique local). Deux ans plus tard, Cologne devra son élévation au statut universitaire, à l'impulsion des dominicains, et Erfurt fondée en 1392, à celle des franciscains. Leipzig est constituée par la migration de la communauté allemande de Prague. Rostock est fondée par les ducs du Mecklembourg.

- Les premiers grands centres universitaires sont apparus à la fin de l'époque médiévale : Paris (1150), Sorbonne (1253), Toulouse (1229), Montpellier (1289) en France, Heidelberg (1386), Cologne (1388), Erfurt (1392) en Allemagne, etc.
- On parlait d'écoles de *studium generale* (comme d'un « label ») avant que le terme « université » ne se généralise.
- Les érudits, dont l'évaluation était fondée sur la réputation de leur université d'origine, voyageaient facilement sur le continent européen.

1.2 La Renaissance

La Renaissance amène la création de beaucoup d'universités nouvelles, certaines dans la foulée de la Réforme. La première université protestante est celle de Marburg, fondée par le Landgrave de Hesse en 1527. Suivront Königsberg en 1544 par le Margrave de Brandenburg, puis Jena, etc.

Dans le Rhin supérieur, l'université de Bâle est créée en 1460 à l'initiative de ses citoyens. Elle sera d'abord catholique, puis protestante. Un peu près en même temps, ont été fondées Freiburg (1457) et Tübingen (1477). Strasbourg et un cas intéressant : avant l'université existait un collège protestant (le *Gymnase*) qui va se transformer en Haute École en 1538 sous l'impulsion des frères Sturm, l'un d'eux occupant une place

---

3 *Encyclopaedia Britannica*, 1962, vol. 22, p. 862.

importante dans le Magistrat (Conseil municipal) de la ville[4]. Quand la Haute École devient Académie, en 1566, elle développe la philosophie et les arts libéraux. La théologie (luthérienne) tient une place importante, mais il reste beaucoup de place pour la culture générale, les textes grecs et latins, les mathématiques, etc. En 1621, l'empereur Ferdinand II accorde le privilège de donner tous les grades universitaires. Le développement de Strasbourg et sa renommée internationale vont croissant jusqu'à la guerre de Trente Ans qui va provisoirement casser la dynamique académique – comme elle va dévaster toute la vallée du Rhin, d'ailleurs, avec l'invasion des troupes suédoises, co-financées par le roi de France, histoire d'affaiblir l'Empire…

En France (ou dans ce qui deviendra plus tard la France), on observe une vague de fondations de centres universitaires au $15^{\text{ème}}$ siècle : à Aix-en-Provence en 1409, en Franche-Comté en 1423 (Dole, transférée ensuite à Besançon, puis Poligny, etc.), à Poitiers en 1431 à l'initiative de Charles VII. Caen est fondée par les Anglais en 1437. Citons aussi Bordeaux (1441), Valence (1452), Nantes (1460) et Bourges (1463).

Les universités restent à cette époque, centrées sur la théologie (scholastique). Quand François Ier veut que soient enseignées dans sa capitale des connaissances typiques de la Renaissance, il doit créer un établissement spécial. Ce sera le Collège Royal fondé en 1530, actuellement Collège de France. Ce n'est que le début d'une longue série d'établissements de pointe concentrés à Paris par le centralisme français. La création en 1747 de l'École royale des ponts et chaussées par Daniel-Charles Trudaine s'inscrit dans la continuité de cette tradition française. Il s'agissait en l'occurrence pour l'État, de mieux contrôler la construction des routes, ponts et canaux et de former des ingénieurs du génie civil pour l'aménagement du territoire. En 1775, l'École prend le nom actuel d'École nationale des ponts et chaussées.

---

4   *Les Sciences en Alsace. 1538–1988*, Librairie Oberlin, Strasbourg.

- La Renaissance amène la création de beaucoup d'universités nouvelles : Aix-en-Provence (1409), Dole (1423), Freiburg (1457), Bâle (1460), Tübingen (1477), Marburg (1527), Strasbourg (1621), etc.
- La création en 1530 par François Ier du Collège Royal, actuellement Collège de France, marque le début du centralisme français autour de Paris.

1.3 La Révolution française et le 19ème siècle

La Révolution française ouvre une grande époque de bouleversements, non seulement en France, mais aussi dans le reste de l'Europe. Tout au cours du 19ème, la carte académique est redéfinie en termes de fonctionnalités comme en termes d'organisation géographique. On observe aussi une forte divergence entre la France et l'Allemagne.

En 1793, la Convention abolit par décret les universités partout en France. Puis elle crée en 1794 quatre écoles à Paris : Polytechnique, le Conservatoire national des arts et métiers, l'École normale supérieure et l'Institut national des langues et civilisations orientales. Napoléon en 1808 reconstruit l'ensemble du système français avec 17 académies qui relèvent du ministère de l'Instruction publique. L'Université fait partie de cette carte, mais elle perd toute autonomie et surtout se trouve fortement réduite à la fonction d'enseignement et de formation professionnelle. L'Université « libre » et supposée faire de la recherche ne renaîtra (timidement) qu'à la fin du siècle, sous la Troisième République. Les universités post-révolutionnaires sont surtout des organismes d'enseignement professionnel, typiquement des facultés de médecine et de droit. Il existe aussi en dehors de Paris des facultés « académiques » pour les Lettres et théoriquement les Sciences, mais ces dernières sont à la fois peu nombreuses et peu ambitieuses[5].

Les sciences et techniques de pointe sont conçues à Paris dans des établissements nationaux de renom – généralement des écoles. Les seuls centres provinciaux concernent les Arts et Métiers, ainsi que deux écoles : les Mines de Saint Etienne et Centrale à Lyon. De modestes

---

5   On notera, parmi les quelques facultés des sciences, celle de Strasbourg, créée par Napoléon en 1808. Voici ce qu'en dit l'historien Georges Livet : « (...) *la nouvelle Faculté apparaît comme le premier effort pour donner aux sciences un cadre spécifique, permettant leur développement autonome, entre les lettres (ou la philosophie) et la médecine, dont elles dépendaient au XVIIIe siècle* » (Livet, 1996, p. 181).

facultés des sciences subsistent dans quelques villes, et certaines vont être fermées. En 1815 ne restent plus, en dehors de Paris, que Montpellier, Toulouse, Strasbourg et Caen. On ne trouve de vraies facultés de médecine qu'à Paris, Montpellier et Strasbourg ; les autres sont de simples « écoles de médecine » préparant aux métiers de santé « subalternes » (Grossetti, 2014, p. 150). Signalons cependant que des villes savent se battre pour tenter d'arracher des facultés des sciences. C'est particulièrement le cas de Lille qui va réussir à obtenir la sienne en 1854.

La situation académique française apparaît au total assez désespérante avec le recul. En 1870, on compte 15 centres universitaires dignes de ce nom en France (Grossetti, 2014, p. 152). C'est le constat qui sera fait après la défaite contre la Prusse en 1871. La Troisième République considérera qu'une des causes de la défaite est l'impréparation scientifique et technique de la France, et l'absence d'un bon maillage académique du territoire fait partie du diagnostic. Le modèle de *l'université humboldtienne*[6], sans être réellement copié, fait réfléchir : il faut cesser de séparer les fonctions d'enseignement et de recherche et donc revenir à une meilleure articulation de ces fonctions dans de vrais établissements universitaires. L'amendement Wallon de 1875 donne plus de libertés à l'enseignement supérieur, les facultés vont obtenir dans les années qui suivent une personnalité morale et un budget propre, pour aboutir au remaniement du système universitaire français en 1896, avec la loi de Raymond Poincaré. Par ailleurs, la science appliquée et l'enseignement des technologies du système allemand apparaissent comme un modèle dont il faut s'inspirer.

- Après la Révolution, la Convention abolit les universités partout en France puis crée en 1794 à Paris, Polytechnique, le Conservatoire national des arts et métiers, l'École normale supérieure et l'Institut national des langues et civilisations orientales.
- Suite aux réformes conduites par Napoléon au début du 19ème, l'Université perd toute autonomie et se trouve fortement réduite à la fonction d'enseignement et de formation professionnelle.
- À la fin du 19ème, la loi Poincaré de 1896 refonde le système universitaire français pour que le territoire retrouve un bon maillage académique.

---

6 Voir l'exemple allemand plus loin.

1.4 L'exemple de l'Allemagne

Que se passe-t-il exactement en Allemagne au cours du siècle, avant la promulgation de l'Empire prussien de 1871 ? Le système universitaire y a été maintenu, à la différence de la France jacobine, mais il subit aussi des chocs importants. Les universités de Mayence et Cologne cessent de fonctionner en 1798, suivies par d'autres un peu partout dans les pays allemands. On observe aussi une vague de fusions : par exemple Altdorf et Erlangen en 1807, Wittenberg et Halle en 1815. Quelques gros centres deviennent dominants, après des décennies de révolutions et de guerres qui bousculent la carte universitaire. Munich, en particulier, attire des étudiants de toute l'Allemagne et assure sa renommée en accueillant quelques-uns des noms les plus prestigieux de la science allemande : Justus von Liebig, Friedrich von Schelling, Karl Zeiss, etc.

Berlin est l'autre grand centre universitaire émergent, avec la *Friedrich-Wilhelm Universität* fondée en 1809 par l'empereur du même nom, sous l'impulsion d'un autre Wilhelm (von Humboldt, le frère du naturaliste Alexander[7]). Ce modèle universitaire humboldtien fondé sur la recherche va devenir à la fois une source de régénération pour tous les pays allemands et une inspiration pour le reste de l'Europe. Son principe de base est la liberté d'enseignement (*Lehrfreiheit*), ce qui signifie que l'enseignant-chercheur est libre de sa parole et n'a pas à respecter *a priori* une quelconque école de pensée. Ceci est une véritable révolution par rapport à la conception héritée des siècles passés.

Une autre particularité allemande est le développement d'universités techniques, les *Technische Universitäten (TU)*. L'encadré 1.1 ci-dessous présente le cas du premier établissement de ce type créé au Pays de Bade – Karlsruhe restant de nos jours un des grands centres recherche et de formation du pays dans des domaines comme l'énergie, les mobilités et l'information. Par ailleurs, cette TU historique a servi de modèle pour toute l'Allemagne et à l'étranger, particulièrement en Suisse (avec, de nos jours, Zürich et Lausanne), et en Autriche.

---

7 Alexander von Humboldt (1769–1859), naturaliste, géographe et explorateur allemand, considéré comme l'inventeur moderne de la Nature (Wulf, 2019), procède à une quête quasi-mystique du monde à travers ses nombreux voyages lointains où il prétend tout dessiner et mesurer. Cet aristocrate prussien (avec l'aide de son frère Wilhelm qui est un homme politique influent) va contribuer à fonder à Berlin l'Université du monde moderne, le fameux modèle humboldtien.

> **Encadré 1.1: Karlsruhe et l'invention de l'université technique**
>
> Karlsruhe est une ville créée de toutes pièces par le Grand-Duc de Bade, Karl Wilhelm, à partir de 1715. Son petit-fils Karl Friedrich, né à Karlsruhe en 1728 va fortement développer cette ville nouvelle (en rayons et demi-cercles concentriques autour du palais de style français).
>
> En 1825 est fondée l'ancêtre de l'université technique, le *Polytechnikum*, par le Grand-Duc Leopold, voyageur et amateur d'art, ayant fait des études à Lausanne et Heidelberg. Mais c'est sous Friedrich (1826–1907) que le Pays de Bade devient un des États les plus modernes de l'Empire allemand, avec Mannheim comme centre industriel, deux anciennes universités (Heidelberg et Freiburg) et le Polytechnikum de Karlsruhe qui devient une université technique (*Technische Hochschule*), la première d'Allemagne, avant celle de Berlin. Elle s'appelle de nos jours *Fridericiana* en l'honneur de Friedrich.
>
> L'idée était d'accompagner le Grand-Duché dans une transformation économique majeure, en diffusant toutes les innovations nécessaires, à commencer par le domaine agronomique car le pays est encore à majorité rurale malgré un début d'industrialisation. Et cela marche : à la fin du 19ème siècle, par exemple, 40% de la production de tabac d'Allemagne provient du Pays de Bade. Le Grand-Duc fait des voyages utiles, par exemple il visite l'exposition universelle de Londres en 1862. Il promulgue des lois sur la liberté du commerce et sur la libre circulation (*Freizügigkeit*). L'université *Fridericiana* apparaît donc clairement comme un outil politique, pour le développement économique du pays, dans le cadre d'un ensemble d'actions de modernisation. Le modèle sera imité, en Allemagne et ailleurs.
>
> Source : Uwe A. Oster, *Die Grossherzöge von Baden. 1806–1918*.

- Au début du 19ème, après quelques décennies de révolutions et de guerres qui bousculent la carte universitaire, quelques gros centres comme Munich et Berlin deviennent dominants.
- Le modèle universitaire berlinois dit *humboldtien* du nom de son fondateur en 1809, repose sur la recherche et la liberté d'enseignement. Il devient une inspiration pour le reste de l'Europe.
- Une autre particularité allemande est le développement d'universités techniques, les *Technische Universitäten* (TU), avec Karlsruhe comme modèle.

2. L'enseignement supérieur et la recherche en France dans la seconde moitié du 20ème siècle

Avec la massification de l'enseignement supérieur, vont être créées en France des universités nouvelles au sein des territoires laissés vides par l'Histoire mais il ne s'agira pas de lieux véritablement intensifs en recherche, celle-ci étant prioritairement confiée aux organismes nationaux. Car l'une des particularités françaises a été la création de ces organismes au premier rang desquels – en termes d'effectifs – se trouve le Centre national de la recherche scientifique (CNRS) dédié au départ essentiellement à la recherche fondamentale, ainsi qu'une kyrielle d'organismes de recherche plus appliquée dans des domaines stratégiques. Le modèle va peu à peu s'assouplir avec l'expansion du modèle des *laboratoires mixtes* entre organismes nationaux et universités.

Une autre particularité du système français, héritée du 19ème siècle, est la prééminence des grandes écoles dans la formation des cadres dirigeants, une situation qui est en train de changer lentement…

2.1 Un lien fort entre l'enseignement supérieur et l'aménagement du territoire

Entre 1945 et 1968, l'enseignement supérieur connaît une grande mutation, surtout en termes quantitatifs. C'est le début du processus de massification de l'enseignement supérieur. En France, le nombre d'étudiants passe de 123 000 à 510 000 sur la période. Cependant, la massification implique une évolution du service public, qui doit prendre en compte la dimension de l'aménagement du territoire. Des universités nouvelles sont créées dans les vides laissés par l'Histoire. Par exemple, l'ensemble du grand ouest apparaît peu doté académiquement ; on décide de créer les universités de Nantes et Tours. Du côté des Pyrénées, on crée Pau et Perpignan. Entre 1945 et 1970, le nombre de villes universitaires double (Grossetti, 2014).

La multiplication des établissements entraîne automatiquement une hiérarchisation pour ce qui est de la recherche, car les nouveaux sites ont pour mission première d'assurer l'éducation. D'ailleurs les nouvelles universités commencent souvent comme des antennes des universités traditionnelles. Par exemple, l'actuelle UPPA (Université de Pau et des pays de l'Adour), fondée en 1968, a comme ancêtre une antenne juridique de l'université de Bordeaux à Pau ouverte dès 1947.

Les Instituts universitaires de technologie (IUT) ont été créés en 1966 pour combler un vide du système éducatif français. Il s'agissait de mettre en place une nouvelle filière de formation de techniciens supérieurs pour les bacheliers ne se destinant pas au cursus universitaire traditionnel. En Allemagne, ce créneau était depuis longtemps occupé par les *Technische Hochschulen*, la tradition des universités techniques – les *Technische Universitäten* – étant bien ancrée dans le pays comme nous l'avons vu en première partie. En France on a créé un équivalent, mais en plaçant institutionnellement les IUT au sein des universités[8], malgré la spécificité de ces instituts qui font de l'enseignement orienté professionnellement et pas de recherche fondamentale.

La France de la seconde moitié du $20^{\text{ème}}$ siècle retrouve ainsi une répartition équilibrée de la fonction universitaire sur tout le territoire, mais les vraies universités de recherche restent en nombre limité. De plus, la recherche s'exécute largement dans des organismes nationaux qui, de surcroît, sont fortement concentrés dans la capitale. Ceci reste une particularité de la France : historiquement le choix a été fait de réaliser la recherche de pointe en dehors du milieu universitaire et tout naturellement on a localisé ces établissements spécialisés à Paris ou en région parisienne. Cette tendance s'efface quelque peu mais reste extrêmement prégnante.

La centralisation parisienne est renforcée par la formation des élites techniques et managériales dans les grandes écoles. Sur ce point, la situation a peu bougé par rapport au modèle historique post-révolutionnaire. Le système a ses avantages et ses inconvénients. Parmi les inconvénients, il y a le fait que cette concentration géographique et sociologique du pouvoir autour d'une petite communauté de gens brillants mais peu formés à la recherche casse quelque peu le potentiel de créativité scientifique. Certes

---

8   Plus récemment, la situation allemande a aussi évolué, avec les « *Technische Hochschulen* » qui deviennent simplement « *Hochschulen* » – avec une traduction anglaise qui est « *Applied science universities* ». Mais les universités traditionnelles, très jalouses du titre, voient d'un mauvais œil cette évolution des meilleures *Hochschulen* vers une situation très proche de l'Université, c'est-à-dire impliquant de la recherche. Ce type de conflit n'existe pas en France dans la mesure où les IUT sont d'emblée dans le giron des établissements universitaires. Par exemple, un jeune maître de conférences peut être recruté dans un IUT et continuer de manière très naturelle sa recherche dans un laboratoire universitaire – avec cependant une assez lourde charge d'encadrement pédagogique, ce qui peut être légèrement pénalisant pour une carrière de chercheur.

l'élite du pays a reçu une formation scientifique, mais pas une formation à la recherche. Il ne s'agit pas de confondre la science faite et la science en train de se faire – ce serait un peu comme confondre les professeurs de Lettres avec les écrivains : on peut être les deux, mais c'est loin d'être systématique. L'avantage du système international standard, d'inspiration anglo-saxonne, est que l'élite industrielle et politique y est moins coupée du bouillon de culture universitaire (en reconnaissant toutefois qu'elle est formée dans une poignée de très bons établissements, pas dans les universités de base…).

- Entre 1945 et 1968, l'enseignement supérieur connaît un fort accroissement du nombre d'étudiants.
- Les Instituts universitaires de technologie (IUT) ont été créés en 1966 (en Allemagne, ce créneau était depuis longtemps occupé par les *Technische Hochschulen*).
- Durant la seconde moitié du 20ème siècle, tout le territoire français bénéficie d'universités, mais les vraies universités de recherche restent en nombre limité.
- La recherche s'exécute largement dans des organismes nationaux fortement concentrés dans la capitale.

2.2 Les grands organismes de recherche publics

Le CNRS, créé juste avant la guerre (1939) va en fait connaître son essor majeur après la Libération. La France, pour rattraper son retard vis-à-vis des grandes puissances, décide d'en faire le lieu privilégié de la recherche fondamentale[9]. Au départ, c'est une institution très parisienne et soigneusement construite en dehors des universités. Sa croissance va en faire, en quelques décennies, un très gros organisme intéressé par toutes les disciplines et présent sur tout le territoire, malgré un biais parisien qui reste marqué particulièrement en sciences humaines. Cette concentration de la recherche fondamentale sur une seule institution (c'était en tout cas le projet initial pour ce qui est de la recherche d'excellence) en fait une exception mondiale. On a longtemps dit, avec une certaine malice, que le CNRS est la plus grosse institution scientifique du monde… après l'académie soviétique des sciences. Nous verrons que l'évolution de

---

9 L'existence du CNRS doit beaucoup à une figure de la science française, le physicien fondamentaliste Jean Perrin, prix Nobel en 1926. Grossetti (2014, p. 167) évoque un savant très élitiste, de gauche, membre fondateur de l'Union rationaliste et « *hostile à l'idée d'une recherche orientée vers les applications* ».

l'institution vers la fin du 20ème siècle va infléchir cette vision initiale du lieu quasi-unique de la recherche académique – hors des universités, en particulier *via* l'expansion du modèle des laboratoires mixtes. La spécialisation en science fondamentale va aussi cesser d'être absolue.

Le CNRS va progressivement devenir un outil complet de la politique nationale de recherche, *via* la création des laboratoires mixtes qui équivaut à une labellisation des équipes universitaires jugées les meilleures et à un renforcement de leurs moyens à la fois financiers et en personnel. La situation reste cependant variable selon les territoires : là où l'université est forte, le CNRS est vécu comme un partenaire institutionnel utile mais avec lequel des frictions sont possibles en termes de gouvernance ; là où elle est moins forte, les délégations régionales du CNRS ont un rôle structurant majeur et incontesté de la recherche locale.

Dans l'après-guerre, on met aussi en place des organismes publics de recherche (principalement) appliquée dans toute une série de domaines où existent des enjeux nationaux forts, selon une *politique de mission* comme nous le verrons au chapitre 5. Pour appuyer la filière nucléaire (militaire et civile), on crée en 1945 le CEA (Commissariat à l'énergie atomique)[10] dont la part du budget de défense dans le budget total reste conséquente (37% en 2018[11]). Pour appuyer le développement agricole, on crée en 1946 l'Institut national de la recherche agronomique (INRA)[12].

Pour faire la recherche amont de la médecine, est créé en 1964 l'Institut national de la santé et de la recherche médicale (INSERM). Comme la France possède un ancien empire colonial, est créé en 1953 l'Office de la recherche scientifique et technique outre-mer (ORSTOM)[13]. Comme elle veut se placer dans le club des puissances spatiales aux côtés de l'URSS et des États-Unis, est créé en 1961 le Centre national d'études spatiales (CNES). Comme elle est entourée de mers, est créé en 1967 le Centre

---

10 Il a changé de nom en 2010 pour s'appeler désormais, Commissariat à l'énergie atomique et aux énergies alternatives. La recherche sur les énergies renouvelables est aujourd'hui clairement intégrée aux missions de l'organisme.

11 Source : Rapport financier 2018.

12 Au 1er janvier 2020, l'Institut national de la recherche agronomique (INRA) et l'Institut national de recherche en sciences et technologies pour l'environnement et l'agriculture (IRSTEA) ont fusionné pour devenir l'Institut national de recherche pour l'agriculture, l'alimentation et l'environnement (INRAE).

13 L'ORSTOM est aujourd'hui remplacé par l'Institut de recherche pour le développement (IRD).

national pour l'exploitation des océans (CNEXO) qui deviendra en 1984 l'Institut français de recherche pour l'exploitation de la mer (IFREMER). Pour réaliser le Plan calcul du général de Gaulle, est créé en 1967 l'Institut national de recherche en informatique et en automatique (INRIA). Et on pourrait encore rallonger la liste. Une fois de plus, la France fait figure d'exception dans le monde où une bonne partie de ces missions de recherche sont confiées aux universités ; par exemple aux États-Unis, à des centres universitaires comme *Stanford, Massachusetts institute of technology (MIT), Caltech, Columbia…*, et pas uniquement aux grands laboratoires fédéraux. Aux États-Unis, même l'armée commande de la recherche à l'université. En France, des organismes publics ont été créés, plus ou moins en silos, pour gérer chaque type de recherche appliquée, secteur par secteur.

Il existe toutefois aussi en France des centres de recherche de haut niveau qui sont dans la continuité d'une expérience et d'une personnalité particulières. C'est le cas de l'Institut Pasteur ou de l'Institut Curie qui ne sont pas nés d'une initiative politique. L'Institut Pasteur, qui a formellement le statut d'une fondation, peut être pourtant classé dans la même catégorie que les établissements publics de recherche cités plus haut au sein du système national de recherche et d'innovation. Fondé en 1887 par Louis Pasteur grâce à une souscription publique internationale, il est aujourd'hui un acteur fondamental du pays dans le domaine de la recherche en biologie. De même, l'Institut Curie est né de la volonté de Marie Curie, deux fois prix Nobel, autour d'une cause : les applications de la radioactivité, particulièrement au service de la santé humaine. Institutionnellement, il s'agit aussi d'une initiative décentralisée, car cet institut est lancé par l'université de Paris et l'Institut Pasteur. Par la suite, la Fondation Curie est créée en 1920, cette fois-ci avec un soutien privé (Henri de Rothschild). Actuellement, l'Institut Curie se consacre à la recherche (avec plus de 3000 personnes), à l'enseignement et aux soins.

- Après la libération, pour rattraper son retard vis-à-vis des grandes puissances, la France décide de faire du CNRS (créé en 1939), le lieu privilégié de la recherche fondamentale.
- Elle met aussi en place des organismes publics pour exécuter, dans les domaines où existent des enjeux nationaux forts, de la recherche appliquée, en procédant de manière sectorielle : CEA, CNES, INRA, INRIA, INSERM, ORSTOM…
- Des centres de recherche de haut niveau sont également créés dans la continuité d'une personnalité particulière comme l'Institut Pasteur et l'Institut Curie.

3. L'Allemagne, de l'après-guerre à nos jours

Nous verrons dans cette partie que l'Allemagne a hérité de son histoire quelques caractères spécifiques. L'un d'eux est la dimension *régionalisée* du système scientifique et académique qui est propice à une riche variété de systèmes universitaires locaux conférant au modèle allemand une similitude avec le modèle anglo-saxon notamment pour ce qui concerne la formation des élites au sein des universités. D'un autre côté, ce modèle présente également des ressemblances avec le modèle « continental » : comme la France, l'Allemagne s'est dotée de grands organismes de recherche.

Parmi les autres particularités, il y a l'importance que ce pays d'héritage culturel luthérien, donne à la dimension *technique* pour l'éducation. Pour les luthériens, le salut peut passer par l'ascèse du travail[14], et même les travaux les plus modestes sont une voie de réalisation possible (voir l'encadré 1.2 plus loin).

3.1 Un modèle fédéral dominant

Un point très important à souligner pour caractériser la construction du système allemand après la guerre est la *structure fédérale* imposée par les alliés (en fait surtout les Américains) à la partie Ouest du pays. Il n'est pas tout à fait exact de dire que la décentralisation allemande est un prolongement lointain de la structure du Saint-Empire, mais le retour forcé à une constitution fédérale après la guerre a fait revenir très vite des identités régionales fortes. C'est tout à fait le cas de la Bavière qui n'a jamais vu d'un bon œil la démarche unificatrice et centraliste des Prussiens entre le 19ème et le 20ème siècle – laquelle peut être vue comme une tentative « à la française » de construire par la force un État-nation. De nos jours, la dénomination officielle de la Bavière est « État libre » : *Freistaat Bayern*. Depuis la réunification et la création d'États fédérés dans la partie Est, elle a d'ailleurs été imitée par la Saxe et la Thuringe. « Libres » ou pas, tous les *Länder* jouent complètement le jeu de leurs prérogatives constitutionnelles, et opposent volontiers le principe

---

14 La vocation religieuse ou l'adjuration (*Rufung*) et la profession (*Beruf*) partagent la même racine (*der Ruf* : l'appel).

de subsidiarité aux tentatives fédérales jugées excessives, par exemple dans le domaine de l'enseignement supérieur. Ceci reste vrai même pour ceux dont l'unité était au départ quelque peu artificielle, comme le Bade-Wurtemberg (une majorité de Badois étaient contre la fusion avec le Wurtemberg) ou la Rhénanie du Nord-Westphalie.

Pour ce qui est de l'enseignement supérieur, de la formation professionnelle et même d'une partie de la recherche, les politiques sont celles des États fédérés. Cela va même au-delà, car le ministère qui coiffe ces activités s'occupe aussi de culture par exemple. Et même des cultes, théoriquement, comme le rappelle l'étrange expression de *Kultusministerium*. L'expression est surannée et plus personne n'y fait attention, mais l'idée de base était, au moins implicitement, que chaque Land gère sa culture (de la religion jusqu'à l'art et à la science) de manière aussi autonome que possible pour ne pas risquer de voir l'Allemagne retomber dans la pensée unique d'une dictature quelconque. Il serait surprenant qu'un tel contexte institutionnel ne donne pas une riche variété de systèmes locaux de science et d'innovation. Malgré tout, dans certains cas la politique de recherche nécessite une organisation à plus large échelle. Il y a donc place pour des opérations fédérales, comme l'implantation de grandes infrastructures de recherche ou la mise en compétition des universités dans des programmes d'excellence (sous le contrôle du tribunal constitutionnel de Karlsruhe).

Par ailleurs il est remarquable que l'Allemagne soit à la fois une grande nation scientifique (ce qui s'accorde aussi avec sa tradition philosophique) et un pays extrêmement pragmatique où les aspects techniques des choses comme les gens responsables des contingences matérielles sont considérés avec respect (cf. encadré 1.2). Il n'est donc pas étonnant que le système éducatif allemand ait beaucoup développé la formation professionnelle. Il existe aussi une spécificité traditionnelle qui est la formation d'ingénieurs-économistes. Ces diplômés, qui possèdent à la fois une formation technique et des connaissances en économie et management, sont très efficaces dans l'industrie. Notons que cette tradition est partagée avec les pays d'Europe centrale et orientale.

> **Encadré 1.2 : L'héritage culturel allemand**
>
> Le sociologue allemand Max Weber au début du 20ème siècle soulignait l'héritage culturel du protestantisme luthérien – différent en cela du calvinisme qui a influencé la France mais aussi les communautés anglo-saxonnes qui ont fondé l'Amérique puritaine, comme les méthodistes. La prédestination n'est pas un concept prégnant dans le protestantisme allemand : même l'être le plus fruste peut être sauvé s'il sait se rapprocher de l'excellence dans son travail quotidien ; alors que pour les *néocalvinistes*, selon Weber, les gens ordinaires (ceux qui ne sont pas « élus ») n'arriveront à rien et ont juste besoin du carcan du travail pour les empêcher de tomber dans le péché. Le calviniste ne peut pas « [...] compenser des moments de faiblesse et de légèreté en redoublant de bonne volonté le reste du temps, comme le catholique et le luthérien » (Weber, 2002, p. 191). Cela fait une grosse différence de perception du travail.

- La construction du système allemand après la guerre est caractérisée par une structure *fédérale* qui donne une forte autonomie aux *Länder* en particulier pour l'éducation, la culture et la recherche.
- L'Allemagne, qui non seulement possède une culture populaire pragmatique mais qui tend aussi à sacraliser le travail, a largement développé la *formation professionnelle*.

3.2 Un modèle mixte à la fois anglo-saxon et « continental » influencé par la France

Le système allemand apparaît un peu comme une forme mixte entre le modèle anglo-saxon et un modèle « continental » influencé par la France. Pour ce qui est du modèle international standard, on peut signaler la formation des élites dans les universités. De ce fait, les docteurs gardent un prestige important dans la société comme dans l'entreprise. Si, en plus, on possède un diplôme d'ingénieur, la carte de visite du *Pr-Dr-Ing* devient alors extrêmement impressionnante et on a une chance de devenir président d'une grande entreprise. Pour ce qui est du modèle « continental », l'Allemagne s'est également dotée comme la France de grands organismes de recherche : typiquement, la société Max Planck (*Max Planck Gesellschaft, MPG*) en recherche fondamentale, sur le même créneau que le CNRS, mais uniquement avec des laboratoires propres – répartis sur tout le territoire.

L'ancêtre de la *MPG* est la *Kaiser Wilhelm Gesellschaft* fondée en 1911. À son rétablissement en 1948, elle acquiert son nom actuel. Sa mission est de produire de la connaissance fondamentale en sciences naturelles

et sociales susceptibles de présenter un intérêt public particulier[15]. Elle se présente comme complémentaire au système universitaire sur plusieurs plans :
- conduire des recherches qui requièrent des équipements que l'université ne peut pas s'offrir ;
- savoir s'investir rapidement dans des domaines émergents internationalement où l'université allemande n'est pas présente ;
- constituer un pôle fédéral de recherche, sachant que les universités sont gérées par les États fédérés (*Länder*) et, surtout dans l'après-guerre, très sollicitées pour l'éducation et la formation.

Dans des domaines plus appliqués et sectoriels, l'Allemagne compte les *instituts Leibniz* (membres d'une association qu'on appelait autrefois la *Blaue Liste*), ainsi que le réseau des instituts Fraunhofer très actifs sur le plan du développement et du transfert de technologie notamment vers les entreprises et les territoires. Ces deux réseaux d'instituts atteignent une petite centaine de membres.

Devenue très célèbre y compris au niveau international, la société Fraunhofer (*Fraunhofer Gesellschaft, FhG*) a été fondée en 1949 pour coordonner les projets de recherche que le ministère fédéral des Affaires économiques souhaitait donner à l'industrie. C'est seulement en 1973 qu'elle obtient le statut d'institut fédéral de recherche et qu'elle reçoit des fonds institutionnels du ministère de la Recherche (le BMFT devenu entre-temps le BMBF). Le contexte des années 1970 est caractérisé par la conscience d'un gap technologique croissant avec les États-Unis. C'est cette inquiétude qui motive le gouvernement à renforcer le système d'innovation par une institution jetant un pont entre la science et les applications industrielles.

Enfin, les centres Helmholtz, anciennement appelés « grands établissements de recherche » font de la recherche à long terme sur des sujets difficiles et risqués dans des domaines d'intérêt public, qui nécessitent souvent des infrastructures lourdes. Ce regroupement correspond au créneau des grandes infrastructures de recherche. Les

---

15 Si le CNRS en France a tardé à ouvrir un département de sciences pour l'ingénieur, la MPG a jusqu'à présent fait le choix de ne pas couvrir ce champ en partant du principe que sa mission n'est pas la science appliquée. En revanche, aux sciences de la nature de son ancêtre la *Kaiser Wilhelm Gesellschaft*, elle a ajouté les Sciences humaines et sociales (SHS).

premiers ont été créés à la fin des années 1950, quand les alliés de la seconde guerre mondiale ont autorisé l'Allemagne à faire de la recherche nucléaire – et c'est aussi l'époque où l'Europe commençait à se structurer institutionnellement, notamment avec Euratom, la communauté de l'énergie atomique (traité européen de mars 1957). À l'époque on parlait de « grands centres de recherche » (*Großforschungseinrichtungen*). Certains ont été créés très tôt, comme celui de Jülich dans le domaine de la physique nucléaire, mais qui est actuellement assez diversifié dans ses activités. En 1995 est créée officiellement l'association Helmholtz pour réunir ces centres qui restent cependant très autonomes. Au total les 15 centres emploient 26 000 employés.

- En Allemagne, la structure fédérale est propice à une riche variété de systèmes universitaires de recherche et de formation de haut niveau.
- Comme la France, l'Allemagne s'est dotée de grands organismes de recherche : la société Max Planck pour la recherche fondamentale et les centres Helmholtz dédiés à la recherche à long terme sur des sujets difficiles et risqués nécessitant des investissements lourds.
- Pour la recherche appliquée, l'Allemagne fait appel aux instituts Leibniz ainsi qu'au réseau des instituts Fraunhofer qui sont des acteurs majeurs du transfert de technologie. Ces derniers ont acquis une notoriété internationale du fait de leur originalité et de leur efficacité.

Conclusion : brève comparaison des modèles français et allemands

De par leur héritage historique, la France, de tradition jacobine et l'Allemagne de structure fédérale ont un modèle de recherche et d'enseignement supérieur assez différent, notamment en ce qui concerne l'organisation des universités et l'apport de celles-ci à la recherche de haut niveau. De la même façon, l'ancrage territorial de la recherche est historiquement plus marqué en Allemagne, notamment grâce au réseau des instituts Fraunhofer qui ont l'habitude de mener leur recherche en lien avec les entreprises régionales – et aussi en proximité avec les sites universitaires.

Toutefois, on a vu que l'Allemagne s'est également dotée comme la France de grands organismes de recherche à l'instar de la société Max Planck comparable au CNRS en termes de missions fondamentales, mais un peu plus petite – ce qui est logique pour un système national

Conclusion : brève comparaison des modèles français et allemands 43

où l'Université est très développée. Les ordres de grandeur actuels sont donnés dans le tableau 1.1 suivant :

Tableau 1.1 : Comparaison des moyens alloués à la société Max Planck et au CNRS

2018	MPG	CNRS
Budget (Mrd€)	2,3	3,4
dont dotation publique	1,8	2,5
Personnel	24 000	32 000
Structures	86 instituts	1100 laboratoires

Source : sites web des institutions

Le travail de comparaison atteint vite ses limites. Par exemple, les instituts de la société Max Planck ne sont pas comparables aux laboratoires du CNRS. Ces derniers sont de natures variées ; outre des unités propres, il y a des *unités mixtes* avec les universités ou d'autres organismes. Notons que la MPG n'est pas pour autant isolée du monde, car ses instituts reçoivent beaucoup de *visiting researchers* et de doctorants. Administrativement, le CNRS est structuré par délégation régionale, tandis que les instituts Max Planck sont installés sur des sites précis, un peu en fonction de l'histoire du lieu. Ce n'est pas un hasard, par exemple, qu'il y ait un tel institut en recherche médicale à Heidelberg, un site qui possède une des facultés de médecine les plus anciennes du pays. C'est également le cas de l'institut de biochimie près de Munich…

Les grandes infrastructures scientifiques sont essentiellement portées en Allemagne par les centres Helmholtz, mais ceux-ci sont bien sûr largement ouverts à la collaboration avec les autres acteurs du système de science et de technologie, dont certains sont souvent localisés à proximité. En France, ces infrastructures sont gérées par les grands organismes (CEA, CNRS, etc.), mais de plus en plus les plateformes sont partagées et gérées en partenariat. Ainsi, le synchrotron SOLEIL sur le plateau de Saclay est sous tutelle conjointe du CNRS et du CEA. Le synchrotron européen *European synchrotron radiation facility (ESRF)* à Grenoble, dont la construction a été dirigée par un ingénieur du CEA à partir de 1986, est en fait une opération internationale dès l'origine et implique, pour ce qui est de la France, de multiples partenariats institutionnels[16]. Actuellement, les parties prenantes de ESRF sont le CNRS et le CEA pour la France, l'institut Helmholtz Desy pour l'Allemagne, ainsi qu'une douzaine d'autres institutions du monde entier. La période contemporaine inaugure, en France comme ailleurs, une logique de site plus que d'organisme.

Le tour d'horizon historique de la carte de la recherche que nous venons de faire notamment pour la France et l'Allemagne, montre bien, si nous en doutions encore, que la science n'est ni une institution récente ni un fait de nature éternel. C'est un système évolutif qui s'inscrit pleinement dans l'histoire des pays et l'aménagement des territoires. Il est également le reflet de la société, et le chapitre suivant se propose d'analyser les liens qu'il a tissés au cours du temps avec l'idée que les hommes se sont fait du progrès et des innovations technologiques.

---

16 Par exemple, le PSB (Partenariat pour la biologie structurale), lancé en 2002, est une opération conjointe de l'ESRF, de l'Institut Laue Langevin (ILL), du Laboratoire européen pour la biologie moléculaire (EMBL) et d'autres instituts locaux.

Chapitre 2

Science et innovation au prisme de l'évolution de la société

Après le premier chapitre qui a dressé la carte historique du Moyen Âge à nos jours de la recherche en Europe, nous souhaitons à présent prendre du recul sur le concept d'*innovation* en montrant les liens qu'il a tissés au cours du temps avec la science. Le rappel historique que nous allons faire prouve que sa définition et son statut dans la société ont considérablement varié dans l'Histoire et que curieusement, au tournant du millénaire, ce mot magique tend à « éclipser la diversité de significations et de représentations des décennies, voire des siècles précédents » (Godin, 2017, p. 20).

Pourtant, à l'heure où la société exprime de nouvelles craintes vis-à-vis du changement technologique qui s'immisce de plus en plus dans notre quotidien et de l'impact de la croissance économique sur l'environnement et le climat, il est utile de s'interroger à nouveau sur la relation entre *innovation* et *progrès*. La question n'est pas simple et les avis partagés, d'autant que l'innovation peut prendre également des formes sociales davantage compatibles avec l'idée que la société se fait du progrès. Ainsi, l'orientation à donner à la science et à l'innovation relève de choix politiques liés à leur statut social respectif. Nous aborderons dans ce chapitre le débat sur l'éventuelle prééminence de l'une sur l'autre sans toutefois les opposer car à la lecture de nombreux exemples issus du siècle précédent, il apparaît que les différents champs de la recherche – de la plus fondamentale à la plus finalisée – sont complémentaires et bénéficient l'un de l'autre.

Mais auparavant, il est essentiel de faire un détour théorique pour bien comprendre les concepts de science et d'innovation en donnant les définitions qui seront utiles à la lecture du chapitre et de l'ensemble de l'ouvrage.

1. L'évolution du concept de science au cours du temps

Autant l'innovation se définit par *l'action* (changer le monde), autant la science est affaire de *contemplation*. C'était en tout cas la posture de Descartes au 17ème siècle ou d'Alexander von Humboldt[17] au 19ème. Nous proposons de revenir sur la définition de ces concepts pour observer ensuite leur évolution au cours de l'histoire en tâchant d'analyser comment la science a pu contribuer aux changements techniques qui ont profondément impacté la société. Nous commençons d'abord par définir les notions de *créativité* et de *recherche* (de la plus fondamentale à la plus appliquée).

1.1 Qu'entend-on par recherche et comment distinguer le fondamental de l'appliqué ?

La *science* – au sens actuel du terme – se met en place avant l'ère moderne. Ce faisant, elle met en lumière deux figures complémentaires : celle du *savant* et celle de l'*ingénieur*, incarnant deux formes différentes de *créativité*, la créativité se définissant relativement aux notions de *nouveauté* et de *pertinence* (Sternberg, 2011). Ainsi, pour le savant une *idée créative* conduit à une découverte qui apporte une brique nouvelle à l'édifice des connaissances, tandis que pour l'ingénieur, il s'agit d'apporter, à partir des ressources disponibles, un nouvel *art de faire* conduisant à fabriquer un bien ou à fournir un service (utiles dans un certain domaine).

La première forme de créativité est à rattacher à la connaissance scientifique théorique – la *science pure* – explicitant les lois de l'univers et de la nature, et la seconde, aux applications et aux innovations (cf. encadré 2.1).

---

17 Alexander von Humboldt est présenté au chapitre précédent.

> **Encadré 2.1 : Un rappel des définitions**
>
> Les concepts de *recherche fondamentale* et de *science fondamentale* se réfèrent tous les deux au concept de la *connaissance scientifique théorique* – théorique voulant dire relatif à la connaissance pure, pas aux applications.
>
> Si la recherche est un *flux*, la science, quant à elle, correspond à un *fonds de connaissances* et au système associé.
>
> En anglais on dit « basic » mais en français on préfère « fondamental » parce que « basique » rend l'idée de quelque chose de simplifié, voire caricatural. Mais *recherche de base* et recherche fondamentale sont synonymes.
>
> En Allemand *Grundlagen* signifie fondements, base de l'édifice et « *Grundlagenforschung* » qui désigne la recherche fondamentale, a le même sens que « basic » : c'est la base sur laquelle on peut construire l'appliqué (*angewandte Forschung*).
>
> Quant à la *technologie*, elle se définit comme *l'art de faire*. Ce terme inventé vers 1750 vient du grec tardif : il désigne l'alliance du savoir-faire exercé dans un métier – la *technê*, avec la connaissance scientifique dont il procède, qu'il exploite ou qu'il incite à découvrir – le *logos* (Bienaymé, 1994). En somme, la technologie combine le *savoir* et le *savoir-faire*.

Le domaine de la *science* peut ainsi être décomposé en deux grandes activités : la *recherche fondamentale* et la *recherche appliquée* qui consistent chacune à augmenter le fonds de connaissances dans leur domaine respectif qui est la *science pure* et la *technologie*. Nous évoquerons aussi les activités de *développement* et *de commercialisation* qui relèvent du domaine de l'économie et de la société.

La recherche fondamentale

La tradition allemande de philosophie et sociologie des sciences (particulièrement l'école de Starnberg) a repéré et théorisé la science pure en distinguant deux pratiques de recherche fondamentale (*Grundlagenforschung*[18]) :

---

18 Le terme le plus courant est *Grundlagenforschung*, mais on trouve aussi les expressions *Grundforschung* ou *Basisforschung*.

- celle qui reste totalement autonome et ne vise que l'intérêt de la communauté des chercheurs, que nous appellerons la *recherche fondamentale non finalisée* ;
- celle qui privilégie des thématiques intéressantes en fonction d'enjeux sociétaux, en particulier économiques, et qu'on peut nommer la *recherche fondamentale finalisée.*

Il est très important de souligner la similitude totale, en théorie, des deux formes de recherche fondamentale du point de vue de la méthode scientifique et de l'objectif épistémique : la question est celle de la compréhension du monde ou de la construction de sens à propos du réel, de la modélisation, pas de la recherche d'applications. La différence est dans la *motivation* du chercheur et/ou le *motif* de celui qui finance la recherche : la recherche est finalisée si l'on choisit un domaine qui semble *a priori* utile à la société ; elle est non finalisée si elle n'est poussée que par la beauté de l'art ou l'intensité de la créativité.

Intéressons-nous d'abord à la recherche fondamentale non finalisée. Ce qui la définit c'est l'autonomie de son développement vis-à-vis de sources externes comme la demande économique et sociale. Rappelons que c'est exactement le but que s'est donnée l'université fondée par Wilhelm von Humbolt à Berlin en 1810 – et qui a donné le ton pendant presque deux siècles en Allemagne, influençant aussi les systèmes américain et japonais. C'est ce modèle qui est actuellement remis en cause, et la question de la finalisation est au cœur du débat. On y reviendra.

Faut-il chercher un nom propre à cette recherche « non-finalisée » ? On pourrait parler de démarche *spéculative.* L'anglais dispose d'une expression assez pratique : *curiosity-driven.* On utilise aussi le terme de *blue skies research* – au sens où cette activité scientifique est détachée des réalités terrestres (contingences matérielles et sociales). Peter Weingart (2010, p. 30) emploie l'expression « recherche fondamentale non orientée application », ce qui est lourd et peut prêter à confusion pour un lecteur pressé. Certains parlent de science *contemplative*, mais la connotation est un peu trop monacale en français. Il nous semblerait plus pertinent de choisir des adjectifs comme « libre » ou « autonome », mais pour faire simple et rester compréhensible pour tout le monde, gardons l'expression « non finalisée ».

Concernant maintenant la recherche fondamentale finalisée, nous ferons référence à l'article reconnu sur cette thématique « *Die Finalisierung der Wissenschaft* » (la finalisation de la science) de Gernot

Böhme, Wolfgang van der Daele et Wolgang Krohn (1973). Les auteurs expliquent que la science contemporaine se caractérise par la possibilité de la dualité dans la motivation du chercheur : soit la compréhension du monde ou la beauté de l'art, soit le choix d'un domaine qui semble *a priori* utile à la société. Tout en gardant les mêmes exigences de qualité et de méthode, la production scientifique peut s'ouvrir ou non à l'influence de buts externes (économiques, sociaux ou politiques) dans la détermination des cheminements ou agendas théoriques (*Entwicklungsleitfaden der Theorie*). Pour les auteurs, en revanche, la recherche fondamentale finalisée est totalement à distinguer de la recherche d'applications de la science, car la pratique et les résultats ne sont pas comparables.

Une des raisons de l'essor de la science finalisée est simplement l'ampleur que prend la recherche dans la société. Les auteurs signalent que la période contemporaine a vu le nombre de chercheurs dans le monde croître trois fois plus vite que la population totale. Il n'est pas étonnant dans ces conditions que la société et le monde politique cherchent à évaluer la recherche (vérifier par exemple une éventuelle loi des rendements décroissants) et à la contrôler ou l'orienter.

L'impact de ce changement de paradigme sur la pratique scientifique elle-même est analysé par les sociologues de l'école de Starnberg. Dans l'article cité ils évoquent en particulier le développement de travaux interdisciplinaires. Ils citent l'exemple du son qui est un concept classique de la physique, alors que la science contemporaine va de plus en plus s'intéresser au bruit qui est un objet à l'intersection de plusieurs disciplines : la physique, mais aussi la physiologie, la psychologie et la médecine du travail.

En résumé, on a affaire à de la science fondamentale (on pourrait dire science pure) à partir du moment où la fonction de la recherche est de produire du sens et non de produire un objet fonctionnel. Cependant, qu'elle soit purement spéculative ou menée dans une intension particulière, la recherche fondamentale peut déboucher sur des idées d'applications.

La recherche appliquée

La recherche appliquée produit des artefacts potentiellement utiles dans un certain domaine, c'est-à-dire de la *technologie* – au sens large, incluant par exemple les pratiques médicales. Elle devrait logiquement être évaluée selon d'autres normes que la recherche fondamentale parce qu'elle poursuit un but concret (par exemple émettre moins de gaz à effet de serre lors de la production d'électricité). Il est plus dans sa nature de se construire comme une activité planifiable, même s'il reste une part d'incertitude – sinon ce ne serait pas de la recherche. La recherche appliquée est plus planifiable justement parce qu'elle part de *résultats fondamentaux existants* qui donnent des indications précises sur les sujets à creuser et fournissent un cadre conceptuel pour avancer. Ici le paradigme économique de la technoscience peut être efficace, alors qu'il risque de produire des effets négatifs quand il prétend gérer la science fondamentale.

Sur ces domaines de la science vient ensuite s'ajuster celui de *l'économie et de la société* qui va correspondre aux activités de *développement industriel et commercial* conduisant à *l'innovation*. La logique est la transformation du monde *via* des ventes, des profits, des emplois, une utilité sociale, etc.

Ainsi il est au moins nécessaire de définir les termes caractérisant la créativité sur trois champs *découverte*, *invention* et *innovation* se distinguant par la nature des connaissances nouvelles visées. Ces concepts doivent être scrupuleusement définis sur leurs domaines respectifs (science, technologie, socio-économie) même si les réalités qu'ils recouvrent sont en forte interaction (cf. tableau 2.1).

Tableau 2.1: Les trois formes de créativité du chercheur

	Domaines	Activités		Motivation du chercheur	Activités planifiables	Résultats (nouveaux et pertinents)
La science comme articulation d'apports théoriques et d'expérimentation	Science « pure »	Recherche fondamentale	Recherche non finalisée	Comprendre le monde (projeter un sens)	non	Découverte
			Recherche finalisée	Contribuer à la résolution de questions intéressant la société	non	Découverte
	Technologie	Recherche appliquée		Produire un artefact dans un but concret	oui	Invention
	Economie et société	Développement & Diffusion (Commercialisation…)		Créer de la valeur économique et/ou sociétale Transformer le monde	oui	Innovation

On imagine bien que les motivations associées à la quête de connaissances dans chacun de ces domaines sont très composites et qu'il existe de fortes interactions. Par ailleurs, nous verrons au chapitre suivant que la *valorisation* de la recherche consiste à favoriser, en fonction des objectifs visés, l'obtention de résultats nouveaux et pertinents pour au moins l'un des trois domaines. Nous parlerons respectivement d'*impacts* scientifique, technologique et socio-économique.

> ☐ La recherche est le processus par lequel plus de connaissance est créée, quel qu'en soit le motif, c'est-à-dire la curiosité, la résolution de questions concrètes intéressant la société ou le besoin d'un usage direct.
> ☐ Toutes les formes de recherche supposent des méthodes, des codes de conduite, une certaine rigueur, mais il faut distinguer la recherche fondamentale de la recherche appliquée car elles ne poursuivent pas les mêmes buts.

1.2 Les grands domaines de la science au cours de l'histoire

Comment la créativité associée aux grands domaines de la science que nous venons de présenter dans des termes contemporains, s'est-elle exprimée dans différents contextes historiques ? Nous souhaitons montrer que l'approbation culturelle et politique de ces différents domaines a joué un rôle central dans la créativité des sociétés :

- L'Antiquité grecque est une période très créative dans le domaine de la pensée (arts, philosophie, sciences fondamentales), tout en jugeant négative l'application concrète de la nouveauté – même si *de facto* des innovations sont introduites. Si la Grèce a fourni pléthore de savants, ce n'est pas le cas de Rome qui lui succède comme grande civilisation dominant le monde méditerranéen. L'Empire romain regorge d'architectes et d'ingénieurs, mais ne s'intéresse guère aux sciences – au sens de la production de connaissances pour elles-mêmes (Lévy-Leblond, 2020).
- Le Moyen Âge chrétien anticipe le développement scientifique futur et expérimente la recherche en autorisant la réflexion sur les « lois de la nature », avec l'idée que chercher les fondements des choses est une manière de contempler Dieu dans ses œuvres. L'ère chrétienne bannit l'innovation si ce terme signifie la remise en question du dogme, tout en poursuivant *de facto* la tradition romaine d'innovations concrètes.

- La grande civilisation arabo-musulmane qui a été à l'avant-garde de la science (et de sa diffusion) du 8ème au 12ème siècle, voit ensuite sa production scientifique se réduire assez brutalement (Lévy-Leblond, 2020).
- Le siècle des Lumières et la Révolution française vont chercher à remplacer le divin par la raison, ce qui va donner un nouveau statut à la science et l'autonomiser par rapport à la religion.
- À partir du 19ème siècle, de plus en plus de poids est donné à la figure de l'ingénieur comme à celle de l'entrepreneur[19]. Ici le créatif est celui qui transforme une vision nouvelle en réalité économique et sociale. Les mondes de la recherche et de l'innovation se distinguent clairement.
- Toutefois, à partir du 20ème siècle, ces mondes commencent à coopérer très largement, bon nombre d'innovations ayant résulté d'avancées scientifiques fondamentales majeures à l'instar de la découverte de l'électron en 1897 par Joseph J. Thompson ; de la structure atomique par Ernest Rutherford en 1909 ; de la mécanique quantique impulsée par Albert Einstein au début du 20ème siècle ; de la structure des cristaux en 1934 par Eugène Wigner, etc. (Morel, 2011).

Pierre Morel (2011) nous confirme bien que cette convergence entre sciences et techniques est récente et n'a réellement commencé qu'au début du 20ème siècle. Cela va d'ailleurs dans le même sens que les propos de Clifford D. Conner (2005), qui en présentant une histoire populaire des sciences, montre que ce sont les gens ordinaires qui ont contribué à l'édification du savoir scientifique et ont produit les innovations dont la société toute entière a bénéficié. Dans l'histoire, on peut ainsi dire que les changements techniques ont été le fruit d'une certaine « créativité populaire » basée sur des méthodes très empiriques, expérimentales voire artisanales et non sur les recherches des savants qui étaient menées de façon indépendante (cf. encadré 2.2).

---

19 Voir Héraud *et al.* (2019), chapitre 4 « Entrepreneuriat, création de marché et imagination ».

> **Encadré 2.2 : L'expérimentation et les techniques à l'origine du savoir scientifique**
>
> Rappelons déjà que les plantes et les animaux qui constituent notre alimentation aujourd'hui, ont presque tous été domestiqués de manière expérimentale à une époque où l'écriture n'existait pas.
>
> Dans l'Antiquité, les compétences des architectes et des bâtisseurs ne devaient rien aux sciences fondamentales contemporaines, pas plus que l'art d'élever les cathédrales ne s'appuyait au Moyen Âge sur une véritable théorie de l'architecture. Prévalaient plutôt alors l'expérience acquise d'un chantier à l'autre ainsi que la capitalisation des connaissances issues de nombreux essais successifs.
>
> Au cours de l'histoire, ce sont les navigateurs les plus audacieux qui ont posé les fondements des disciplines essentielles comme l'océanographie, la météorologie, la cartographie, l'astronomie… et même les mathématiques.
>
> Au cours de la révolution scientifique des 16ème et 17ème siècles, la *méthode empirique*, à l'origine de nombreuses avancées, est née dans les ateliers des artisans européens, la science ayant peu contribué au progrès technologique. À titre d'exemple, la percée fondamentale formulée par Isaac Newton (et publiée en 1687 dans ses *Principes mathématiques de la philosophie naturelle*) a produit de nombreux fruits scientifiques mais a eu un impact quasiment nul dans la vie courante et notamment pour la construction navale ou la métallurgie qui restaient largement du domaine de l'artisanat et de l'empirisme.
>
> Plus tard, au 19ème, c'est le progrès des machines qui a inspiré l'élaboration de concepts physiques fondamentaux comme l'illustre la première formulation du second principe de la thermodynamique à partir d'observations macroscopiques sur le fonctionnement des machines à vapeur, observations recueillies dans une publication de Sadi Carnot en 1824[a]. Siemens est créée en 1847 en Prusse par un fils d'agriculteur – Werner von Siemens – qui a inventé un procédé de dépôts galvaniques de cuivre par pure curiosité technique. En 1868, l'ingénieur belge Zénobe Gramme améliore la dynamo à courant continu, qui marqua le départ de l'industrie électrique moderne sans qu'il ne soit fait référence aux équations de Maxwell publiées en 1860. En 1903, ce sont deux mécaniciens, les frères Wright qui donnèrent une véritable impulsion à l'aérodynamique…
>
> En résumé, dans l'histoire antérieure au 20ème siècle, la démarche empirique et expérimentale (souvent simplement artisanale) pouvait être le principal moteur des innovations, sans qu'il y ait recours aux sciences fondamentales.
>
> a Notons que par la suite des développements théoriques ont été réalisés – particulièrement avec l'approche statistique des processus microscopiques, donnant lieu à des interprétations de plus en plus fondamentales allant aujourd'hui jusqu'à des applications aux trous noirs !
>
> Sources : Clifford D. Conner (2005) et P. Morel (2011) pour un grand nombre des découvertes citées.

> - La science met en lumière deux figures complémentaires dont l'importance relative a oscillé au cours du temps : celle du *savant* motivé par la beauté de la science et celle de l'*ingénieur* poursuivant un but concret.
> - La société de la période romaine, abreuvée de pensée grecque, est toutefois par elle-même peu créative en sciences pures, alors qu'elle l'est en innovations techniques et organisationnelles. C'est une ère d'ingénieurs plus que de savants.
> - L'ère moderne développe la science fondamentale presque comme un substitut de religion.
> - Simultanément elle accepte petit à petit l'idée que le monde peut et même doit être changé ; de ce fait elle favorise l'innovation.
> - Au 19ème siècle les technologies naissent et progressent sous l'impulsion de l'industrie, indépendamment des sciences fondamentales, selon un modèle vérifié historiquement où les changements techniques sont le fruit d'une certaine « créativité populaire » basée sur empirisme, expérimentation et artisanat et non pas sur la créativité des savants.

2. Le concept d'innovation et son lien avec celui de progrès

Nous verrons dans cette partie que le mot *innovation*, devenu à la mode dans les années 1970, plonge ses racines très anciennement dans l'histoire de la philosophie et des religions. À connotation tantôt positive, tantôt négative, l'innovation est chez nos contemporains presque automatiquement associée à la technologie, et le « régime d'innovation permanente » reste un terme prisé dans les milieux du management et chez beaucoup de décideurs publics : soit comme un espoir, soit comme une contrainte incontournable. Mais pour combien de temps ?

2.1 Les racines et le sens du mot innovation à travers les siècles

Benoît Godin, chercheur au département de sociologie de l'université de Montréal, a étudié l'origine du concept et du mot ainsi que les discours qui ont été tenus en son nom[20]. La préface de Godin (2017) commence par cette remarque : « L'idée d'écrire ce livre m'est venue après avoir constaté l'écart entre la littérature volumineuse traitant de l'innovation et l'absence de réflexivité sur ce qu'est l'innovation ».

---

20 On notera l'ouvrage de Godin (2017) ainsi que l'exposé présenté à l'université de Montréal, le 16 octobre 2019 intitulé « Théologie de l'innovation ».

Le concept d'innovation et son lien avec celui de progrès

La connotation actuelle, généralement positive, du mot *innovation* est à l'opposé de celle qu'il a eu au moins jusqu'au $18^{\text{ème}}$ siècle. Plus précisément, l'innovation a oscillé entre un sens positif et un sens négatif selon les époques :
- Xénophon, quatre siècles avant l'ère chrétienne, parle de *kainotomia* pour une invention technique dans la construction de galeries de mines. Etymologiquement ce mot, qui semble correspondre assez bien au concept actuel d'innovation technique, désigne une coupure (*tomia*) par la nouveauté (*kainos*). Godin (2019, p. 6) traduit l'expression par « introduction d'une fracture dans le monde existant ». On commence à percevoir que le mot est fort et n'a pas tout à fait la connotation contemporaine d'une bonne idée qui va améliorer le sort de l'humanité. Il y a un côté inquiétant dans le changement – c'est en tout cas la perception des philosophes de l'Antiquité comme on va le voir.
- Pour Platon et Aristote, si des individus commencent à modifier les règles du jeu de l'organisation technique, économique, puis sociale et politique, on risque de s'acheminer vers un bouleversement du monde. Or, à cette époque en Occident comme d'ailleurs dans la Chine confucéenne, toute révolution est forcément négative.
- Dans la langue latine des chrétiens des $3^{\text{ème}}$ et $4^{\text{ème}}$ siècles, *Innovo* apparaît en revanche comme un terme positif : « l'innovation consiste au renouvellement de l'âme, jadis souillée par le péché originel » (Godin, 2019). Cette « innovation » est donc une manière de revenir au passé, comme un *reset* en informatique.
- Au Moyen Âge, les papes utilisent le terme *innovatio* dans un sens analogue. Innover c'est *renouveler* d'anciens édits, ce qui leur donne une nouvelle vie, ce qui en rappelle l'esprit. D'une manière qui peut paraître paradoxale aux « modernes » que nous sommes, l'innovation est positive dans la mesure où elle rafraîchit une ancienne vérité.
- La Réforme protestante, particulièrement en Angleterre, utilise le terme innovation de manière très négative. Autant *réformer* est bien car c'est pour revenir à la pureté des Ecritures, autant *innover* est mal parce qu'on applique des altérations qui n'étaient pas prévues à la base – en termes de règles, de rituels… comme le font les odieux « papistes » !

- Le dernier changement majeur se produit au 19ème siècle, où l'on commence à voir l'innovation de manière positive au nom de l'utilité publique.

L'entrée dans le 19ème siècle se traduit en effet par le renversement de la valeur symbolique attribuée au fait d'introduire une nouveauté. On peut interpréter également le « in- » d'innovation comme la projection de la « novation » cognitive dans *l'action*. La définition devient ainsi « une nouveauté appliquée à la pratique », que cette dernière soit technique, économique, culturelle... Il est admis désormais que l'innovation va changer le monde, non pas par la destruction de l'ordre social, mais par une créativité dont la société toute entière saura probablement trouver le bénéfice. À l'époque, on ne parle pas d'innovations techniques même s'il s'en produit beaucoup, mais on change la connotation du terme en introduisant une certaine foi dans le progrès : c'est l'idée d'*innovation sociale*, dont la première théorisation s'est surtout faite avec le socialisme français (Charles Fourier, Jules Lechevalier, etc.). Le courant socialiste *transforme l'hérésie en progrès* pour reprendre l'expression de Benoît Godin. Du coup, il devient possible, par extension de sens, de parler positivement d'innovations technologiques quand des produits et procédés nouveaux sont mis au point et diffusés.

En fait, l'innovation devient un instrument de réforme politique, sociale et matérielle. Il est important de souligner que c'est l'innovation sociale et non technique qui inaugure cette connotation positive. Logiquement, cela signifie que, dans l'histoire des représentations mentales, la pensée en rupture ne devient positive qu'à partir du moment où l'on pense que la société peut être améliorée – et que les innovations concrètes y contribueront. C'est largement la vision qui domine au 20ème siècle où l'on considère que les innovations utiles à la société résultent d'avancées scientifiques majeures, ce qui amène les gouvernants à créer, renforcer et financer les institutions de recherches fondamentales et appliquées, comme nous l'avons vu au chapitre précédent.

Résumons-nous. Avant le 19ème siècle, l'innovateur est décrit comme une personne *s'écartant des normes sociales* – ce qui n'est pas vraiment un compliment. La modernité a peu à peu modifié cette perception sans la contester complètement. On admet que le rebelle puisse devenir une figure positive dans certains cas. Dans ce nouveau cadre culturel, « l'innovation est un changement délibéré qui est engendré par l'homme, par opposition au changement qui est généré par l'action de Dieu, de la nature ou du hasard » (Godin, 2017, p. 3). L'innovation cesse d'être un péché dans la mesure où l'on s'autorise à changer le monde qu'a fait le Créateur. Après des siècles de contestation de l'innovation (même quand ils l'introduisaient *de facto*), les gouvernants vont en faire un *instrument politique* en le rapprochant de la notion de *progrès* pour la société. C'est la vision qui domine encore aujourd'hui bien qu'elle commence à être contestée par une partie de la population comme nous allons le voir ci-après.

- Depuis l'Antiquité, le mot innovation a oscillé entre un sens positif (nouvelle vie...) et un sens négatif (inquiétant...). Toutefois, c'est la connotation négative et condamnable qui l'a emporté le plus souvent au cours de l'histoire.
- Un changement majeur se produit au 19ème siècle, qui « positive » l'innovation en lui donnant une portée sociale. Les gouvernements vont en faire un instrument politique.
- Au 20ème siècle, ceux-ci attendent de la recherche des avancées technologiques synonymes de progrès sociétal.

2.2 Innovation et foi dans le progrès ?

L'innovation n'est pas obligatoirement à coloration technologique. Nous le savons depuis Schumpeter, lequel considère, à côté des innovations de produit et de procédé, des innovations organisationnelles et de marché. Mais il est intéressant d'observer que dans l'évolution sémantique, c'est seulement après que le terme a trouvé sa connotation positive *dans le champ social* qu'on s'autorise à l'utiliser en économie. Il ne peut pas s'agir que d'un hasard. En effet, afin que les représentations mentales puissent s'accommoder d'un régime permanent d'innovations en tous genres qui bouleversent la vie quotidienne, il fallait une acceptation générale de l'idée de *société en évolution*. Le Bien n'est plus associé au maintien des équilibres traditionnels, à des certitudes rassurantes parce qu'immuables. Le bonheur est projeté vers l'avenir, avec de surcroît un saut dans l'inconnu car nul ne peut prévoir les formes qu'il prendra. Quand on y réfléchit, c'est un véritable acte de foi dans le *progrès*.

De nos jours encore, l'acceptabilité sociale de l'innovation repose sur cette foi. Si ce sentiment quasi-religieux était remis en cause, il deviendrait beaucoup plus difficile d'innover – même si le flux des innovations ne disparaîtrait probablement jamais complètement, comme on l'a vu dans toutes les périodes passées. Comme le remarque Benoît

Godin, l'innovation fonctionne aussi comme un mot *magique*. Un fait révélateur en Europe n'est-il pas la volonté de la Commission, en 2010, de développer une « Union de l'innovation » à l'horizon 2020 afin de surmonter les problèmes auxquels nous sommes confrontés (Commission européenne, 2010) ?

Pourtant, considérer l'innovation comme un remède qui soigne les maux est, d'après le physicien et philosophe des sciences Etienne Klein, aux antipodes du *progrès* tel qu'on l'entendait au siècle des Lumières. En effet aujourd'hui, dans la rhétorique autour de l'innovation, transparait toujours l'idée que le « temps est corrupteur » et qu'il est nécessaire d'innover, non pas « pour inventer un autre monde, mais pour empêcher notre monde de se déliter » (Klein, 2016, p. 354). Innover pour que rien ne change ! Cela est en contradiction avec l'idée que l'on se faisait au 19ème siècle de l'innovation sociale grâce à laquelle la société pouvait s'améliorer. C'est également en parfaite opposition avec l'esprit des Lumières pour qui le temps est au contraire *constructeur*, à la condition, bien sûr, qu'on fasse l'effort d'investir en direction d'une certaine représentation du futur : sous cet angle, le progrès apparaît comme « une idée à la fois consolante et sacrificielle » (Klein, 2017).

Aujourd'hui beaucoup de nos contemporains n'ont plus foi en l'avenir et ont tendance à considérer le progrès comme un concept plutôt négatif. Ils douteraient des bénéfices apportés par la science et la technologie, soupçonnées d'accentuer les inégalités, d'accroitre les périls et d'élargir le spectre des risques. Car selon l'expression d'Etienne Klein (2016, p. 344), « la science pleut littéralement sur nous » avec ses retombées pratiques qui peuvent apporter le meilleur (vaccins…) comme le pire (bombe atomique…) et qui, parce qu'elles sont imprévisibles, alimentent l'inquiétude, voire la défiance. C'est la raison pour laquelle, il milite pour « faire progresser l'idée du progrès » en lui apportant un nouveau cadre qui permettrait de réintroduire ce terme, qui fut très structurant dans les discours publics, au cours de l'histoire de la modernité.

Pour redonner ses lettres de noblesse au progrès, ne faut-il pas alors construire collectivement un projet d'avenir qui fasse rêver, en lieu et place des discours catastrophiques fondés davantage sur les angoisses populaires que sur des démonstrations scientifiques ? Toutefois, la construction d'un tel projet commun porteur d'espoir oblige à réfléchir à ce que nous voulons faire socialement des savoirs et des pouvoirs que la science nous donne, et à définir les applications dont nous avons réellement besoin, d'autant que, comme le souligne Leila Temri

(2018), la prise de conscience des problèmes environnementaux est venue s'ajouter aux doutes existants quant aux effets des innovations technologiques. Il n'est pas exclu non plus d'envisager un scénario où les stratégies d'innovation seraient orientées vers la frugalité (innovations *low cost*), voire vers un appauvrissement technologique (innovations *low tech*), en opposition avec la surenchère technologique (*high-tech*) que l'on a connue ces dernières décennies et qui a laissé un certain nombre de personnes au bord de la route. Cela amène à réfléchir à la notion d'*innovation responsable*, davantage compatible avec l'idée que la société contemporaine se fait du progrès (Grundwald, 2014). Pour Stilgoe *et al.* (2013, p. 1570) par exemple, l'innovation responsable « signifie prendre soin du futur en gouvernant la science et l'innovation dans le présent » (traduction libre de Lehoux *et al.*, 2019). Nous y reviendrons au chapitre 7 à propos de l'innovation en entreprise.

Comme nous le verrons plus loin au chapitre 6, une réflexion sur les retombés de la science est complexe, car outre la maîtrise – forcément limitée – des risques inhérents aux conséquences de la science et des innovations, elle incite à distinguer les responsabilités individuelles et collectives des acteurs concernés et demande à mobiliser la notion de *valeur*, qui n'est pas universelle !

- Si nos contemporains attribuent en général une connotation positive à l'innovation, sa relation avec le progrès, au sens des Lumières ou à celui des socialistes du 19ème siècle, peut être remise en cause.
- Il semblerait qu'il se produise, dans la période la plus récente, un changement de paradigme dans les perceptions de l'innovation – pour une frange non négligeable de la population, lui redonnant le sens négatif qu'elle connut jadis. Il s'avèrerait que ce soit surtout l'innovation technologique qui soit contestée.
- Cela milite pour *l'investissement* dans un véritable projet de société en faveur d'un *futur commun désirable*.

3. Faut-il choisir aujourd'hui entre la science et l'innovation ?

Répondre positivement à cette question reviendrait à opposer les différents domaines de la science en omettant qu'un chercheur motivé uniquement par une curiosité intellectuelle puisse être « surpris » et stimulé par un autre chercheur confronté à un problème concret – et *vice versa*. Si, comme nous l'avons vu, les différents domaines de la science étaient séparés dans l'histoire, la science du 20ème siècle est en revanche truffée d'exemples où la synergie entre les recherches « non finalisée » et « finalisée » a augmenté la créativité des chercheurs et a permis des découvertes fondamentales ainsi que des innovations. Cette vision systémique du processus d'innovation a des répercussions sur la manière d'organiser la recherche et milite pour une conception des *politiques de recherche et d'innovation (R&I)* qui accorde une place importante à la recherche fondamentale non finalisée tout en favorisant ses liens avec les autres domaines de la science. Nous allons insister dans cette partie sur le fait que le processus qui conduit à l'innovation capte la créativité inhérente aux trois domaines de la science (science pure, technologie, économie et société) dans un enchainement non linéaire, rendant inefficace tout velléité de les opposer. Toutefois, il faut trouver un modèle qui puisse synchroniser les horloges car même si elle est tout à fait apte à produire des innovations, la recherche fondamentale a généralement besoin de plus de temps que la recherche appliquée.

Au-delà de ces considérations organisationnelles, se pose la question de la perception de la science et de l'innovation dans la société contemporaine, ce qui a forcément des implications politiques, tout particulièrement dans les choix qui sont faits en faveur des domaines scientifiques, du plus fondamental au plus appliqué ainsi que dans l'application du principe de « responsabilité » vis-à-vis des impacts de la science et des innovations comme nous venons de le voir.

3.1 Un processus d'innovation radicalement non linéaire

La typologie de la science en trois grands domaines, définis en fonction de la *nature* des connaissances recherchées, mais aussi de la structuration des *données statistiques* de la recherche et du développement, présente une utilité indéniable pour analyser les différents ressorts de la créativité. Cette typologie a malheureusement conditionné au 20ème siècle une certaine vision erronée du *processus d'innovation*, considérant que les innovations utiles à la société résultaient d'avancées scientifiques majeures. Ainsi, au cours des années soixante et soixante-dix, le progrès se définissait comme l'aboutissement d'un processus linéaire – science, technologie, innovation et création de valeur (cf. encadré 2.3). Or à y regarder de plus près, cette vision simplifiée – que Kline et Rosenberg (1986) ont remise en cause – ne reflète pas la manière dont naissent réellement les innovations.

> **Encadré 2.3: L'ancrage historique de la vision linéaire du processus d'innovation**
>
> Le modèle linéaire de l'innovation s'est développé au fil du 20ème siècle selon trois grandes étapes, au fur et à mesure que des communautés différentes de chercheurs se sont intéressées à l'organisation et/ou à la gouvernance de la science.
>
> La première fut portée par des chercheurs – académiques ou industriels – œuvrant dans le domaine des *sciences pures*. Cette communauté a développé l'idée que la recherche fondamentale était à la source de la recherche appliquée et de l'invention technologique : *recherche fondamentale > recherche appliquée > invention technologique*.
>
> La seconde fut associée à l'entrée des chercheurs des *Business Schools* qui étudiaient le management de la recherche et le développement des technologies. Le processus fut alors enrichi d'une maille correspondant au « développement », le terme « R&D » (Recherche et développement) apparaissant pour la première fois en 1947 dans un rapport statistique : *recherche fondamentale > recherche appliquée > invention technologique > développement*.
>
> Enfin, ce sont les économistes qui ont marqué la troisième étape en apportant le concept d'innovation : *recherche fondamentale > R&D > innovation*.
>
> Ces trois étapes correspondent également aux priorités que les gouvernements ont données successivement à leur politique de recherche : le soutien public à la recherche universitaire (recherche fondamentale), l'importance stratégique de la technologie pour l'industrie (développement) et l'impact de la recherche sur l'économie et la société (diffusion).
>
> On comprend qu'un tel modèle soit commode pour justifier les politiques publiques d'innovation. Sa simplicité conforte dans le même temps les acteurs du système de recherche et d'innovation qui trouvent en lui des arguments pour obtenir des financements publics. En outre, il justifie la généralisation de l'échelle *Technology readiness level (TRL)*[a] pour le management des projets d'innovation au sein des grandes entreprises ou des organismes de recherche.
>
> Sa simplicité de compréhension et d'usage explique la longévité d'un tel modèle linéaire, lequel ne permet cependant pas de traduire les synergies qui existent en réalité entre les domaines du processus d'innovation, ni les boucles de rétroaction qui viennent enrichir les connaissances.
>
> a L'échelle TRL a été élaborée à l'origine par la NASA dans les années 1970 pour évaluer les programmes technologiques en montrant leurs différentes étapes de maturation.
>
> Source : Godin (2006)

Nous pouvons observer en effet dans l'histoire récente des sciences qu'une recherche non finalisée (purement spéculative ou « contemplative ») peut aboutir à des résultats encourageants pour déclencher ensuite de la recherche appliquée. Ainsi, les travaux de Jules Hoffmann qui lui ont valu le prix Nobel en 2011 ont révolutionné l'immunologie et donc indirectement la médecine et tout le système de santé. Pourtant, les questions que se posait au début le chercheur, par pure curiosité scientifique, concernaient les insectes et pas du tout la santé humaine.

Inversement, une recherche finalisée peut aboutir à des résultats tout aussi fondamentaux que la recherche non finalisée et bouleverser un domaine scientifique entier. Le choix du sujet en fonction d'un enjeu concret ne condamne pas la démarche intellectuelle ou la méthode scientifique à rester très terre à terre. Ainsi, des problèmes très pratiques de fermentation ont amené Louis Pasteur à poser à la fin du 19ème siècle les fondements d'une science nouvelle : la microbiologie. Faut-il classer Pasteur (ou, en Allemagne, Liebig) en-dessous d'Einstein dans le classement des grands savants sous prétexte que la recherche est partie d'une interrogation industrielle (agricole pour Liebig) plutôt que d'observations pointues de physique et d'astronomie ? Que l'on se réfère également à Pierre-Gilles de Genne qui a reçu le prix Nobel en 1991 pour des travaux à la fois théoriques et très concrets sur les matériaux et leurs propriétés macroscopiques.

D'autres exemples au cours du 20ème siècle valident cette idée selon laquelle les recherches « non finalisée » et « finalisée » se nourrissent l'une de l'autre (cf. encadré 2.4). L'expansion des techniques et des innovations qui certes, a reposé sur un socle de connaissances scientifiques, s'est faite grâce aux synergies entre les domaines scientifiques. Comme le remarque Pierre Morel (2011 p. 54), « les nouvelles technologies se nourrissent des découvertes scientifiques et en retour fournissent à la recherche fondamentale les moyens d'investigation de plus en plus puissants dont elle a besoin ».

Faut-il choisir aujourd'hui entre la science et l'innovation ?

Encadré 2.4: Les synergies entre la recherche fondamentale pure et la recherche finalisée au 20ème siècle

Si cela n'a pas été le cas dans l'histoire ancienne, dès le 20ème siècle et plus particulièrement à partir du projet Manhattan (conception de la bombe atomique aux États-Unis), de nombreux cas attestent que la recherche fondamentale devient un déterminant de l'innovation. Toutefois, celle-ci n'a pu se concrétiser qu'en raison des profondes influences dans les deux sens qui sont apparues entre le développement des sciences et celui des technologies.

En fait, c'est dès le début du siècle, juste avant la première guerre mondiale, que l'on observe un cas particulièrement illustratif pour le management de l'innovation comme en termes d'impact macroéconomique : l'invention de la chimie organique moderne par la société BASF en Allemagne. Confrontée à un enjeu économique et stratégique majeur, la firme va requérir les services d'un chercheur « fondamental », Fritz Haber, pour résoudre une question restée sans réponse depuis plus d'un siècle, à savoir la synthèse de l'ammoniac (question posée par le français Claude Louis Berthollet lorsqu'il découvre la composition de l'ammoniac en 1785). C'est l'un des premiers cas historiques de recherche et développement privée destinée à dépasser un verrou scientifique. Il a été suivi de nombreux autres. Que l'on se réfère notamment aux grandes entreprises américaines comme Du Pont de Nemours, General Motors et Standard Oil du New Jersey qui, au cours des années 1920, ont compris l'intérêt d'organiser dans leurs propres laboratoires, une activité de recherche permanente (Bienaymé, 1994). Que l'on pense aussi au cas de la compagnie Bell Telephone qui est rentrée dès 1946 dans la course aux prix Nobel grâce aux travaux réalisés dans ses *Bell Labs* pour faire des découvertes de rupture essentielles au développement de technologies nouvelles comme le transistor, la cellule photoélectrique, le laser, etc. (Gertner, 2012).

Un exemple plus contemporain est très illustratif : le cas de la découverte de la magnétorésistance géante (GMR) à la fin des années 1980, qui a donné lieu à des applications majeures depuis cette date. Cette découverte, qui valut le prix Nobel au Français Albert Fert, conjointement avec l'Allemand Peter Grünberg, révolutionna la technologie de lecture des disques durs, pour ouvrir la voie à l'électronique nomade. Ces innovations en grappe sont nées d'une collaboration entre une unité de recherche en physique fondamentale et un laboratoire industriel de la compagnie Thomson-CSF (aujourd'hui Thales) qui mettait au point la technique d'épitaxie par jets moléculaires (Fert, 2007).

Sur la base d'analyse de cas historiques mais aussi contemporains – car la question reste d'actualité – Pascal Le Masson (2020) souligne que l'activité scientifique ne conduit pas seulement à un *impact scientifique* mais qu'elle a aussi un *impact socio-économique* fort, en ce sens qu'elle implique des innovations. Outre des exemples pour lesquels la recherche fondamentale a permis de résoudre des problèmes pratiques ou encore de faire naître des produits nouveaux (ex : le *nylon* inventé en 1935 par Wallace Carothers, chimiste chez Du Pont de Nemours), il met également en lumière qu'elle peut être à l'origine de *normes* nouvelles comme dans le secteur de l'eau potable où le nombre de critères de qualité a augmenté avec la découverte des différents polluants (bactéries, perturbateurs endocriniens…). Enfin, par l'analyse des lois fondamentales de la nature ou de l'univers, la recherche est capable de « raisonner sur des technologies génériques multi-applicatives, là où l'industrie pourrait être tentée de raisonner plutôt en termes de mono-industrie » voire « d'explorer des voies technologiques en rupture » (Le Masson, 2020, p. 63). Un exemple intéressant est le large champ d'applications des fluides super-critiques développés par un laboratoire de chimie au CEA (Hooge *et al.*, 2016).

Symétriquement, la recherche finalisée et appliquée permet le développement d'instruments scientifiques pour l'investigation des chercheurs et leur apporte des jeux de données qu'ils ne pourraient obtenir seuls (par exemple, les données collectées par l'industrie pétrolière renseignant sur la configuration du sous-sol, ou les données sur les usages que valorisent les GAFAM[21], etc.). De plus la recherche appliquée invite la science « pure » à se pencher sur ce que Pascal Le Masson appelle des « anomalies stimulantes », comme celle qui fut constatée par un fabricant d'alcool de betterave et que Pasteur se mit en tête de comprendre. Le rôle des levures dans la fermentation a ainsi été découvert… La figure 2.1 ci-dessous illustre les principaux enrichissements mutuels des domaines de la science en adoptant le symbole du *yin et du yang* : les recherches fondamentales et appliquées sont les composantes différentes d'une dualité, à la fois opposées dans leur motivation et complémentaires dans leurs résultats. L'enrichissement mutuel entre le chercheur d'un laboratoire académique et celui travaillant en lien avec l'industrie, se fait grâce à la levée *des biais et des fixations cognitifs* inhérents à chaque discipline et à chaque méthode d'investigation (Le Masson, 2020).

---

21 L'utilisation de ces données est fortement réglementée en Europe par le Règlement général sur la protection des données (RGPD).
GAFAM est l'acronyme des géants du Web – Google, Apple, Facebook, Amazon et Microsoft – qui sont les cinq grandes firmes américaines (fondées entre le dernier quart du 20ème siècle et le début du 21ème siècle) qui dominent le marché du numérique, parfois également nommées les *Big Five* ou encore « *The Five* ».

Faut-il choisir aujourd'hui entre la science et l'innovation ?

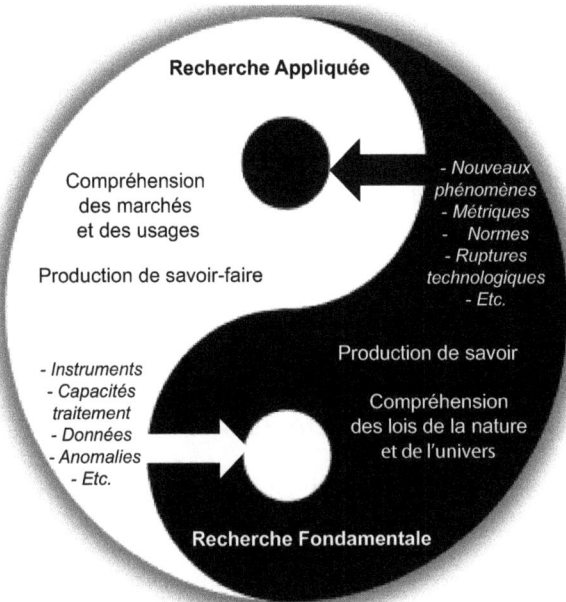

Figure 2.1: Les apports réciproques des activités scientifiques
Source : Auteurs

On est loin du modèle linéaire stipulant qu'une innovation serait « poussée par la science et la technologie ». Pour favoriser l'innovation, et mieux synchroniser les horloges entre la recherche, l'industrie et les usages, il est souvent bénéfique en effet que les questions de recherche, y compris dans le domaine de la science fondamentale, s'ouvrent aux préoccupations de terrain, alliant ainsi théorie et pratique, dans un souci d'efficacité mais aussi de ressourcement scientifique. Et réciproquement, la recherche appliquée aboutit d'autant plus facilement à l'innovation qu'elle a su mobiliser et/ou susciter de la recherche fondamentale de haut niveau. À ce sujet, des travaux (Jonkers, Sachwald, 2018) ont d'ailleurs montré, analyse bibliométrique à l'appui, qu'une excellente recherche a un *double impact* sur la science et l'innovation. L'excellence académique[22]

---

22 Notons cependant que s'entendre sur la définition de l'excellence académique constitue un autre sujet qui n'est pas anodin sur les plans politiques et organisationnels (cf. encadré 2.5).

constituerait ainsi un levier majeur pour assurer un impact économique de la recherche par l'innovation.

> ▫ La lecture linéaire du processus d'innovation – science, technologie, innovation et création de valeur – ne traduit ni les synergies qui existent entre les domaines de la science, ni les boucles de rétroaction qui enrichissent les connaissances et favorisent l'innovation.
> ▫ Le 20ème siècle a donné de nombreuses illustrations d'idées créatives nées de rencontres fructueuses entre chercheurs académiques et chercheurs industriels, où se sont croisées des démarches théoriques et appliquées.

3.2 Vers un changement de perception de la science et de l'innovation dans la société contemporaine ?

Si aucun de nos contemporains ne remet en cause le fait que nos sociétés produisent de la science, et même la financent assez largement, le physicien et épistémologue Jean-Marc Lévy-Leblond estime pourtant que « rien ne garantit qu'une civilisation entretienne une activité scientifique »[23]. Nous avons donné en première partie des illustrations historiques s'inspirant d'ailleurs de son propos. Par exemple, la disparition de la figure du savant/philosophe dans l'Empire romain qui a succédé au monde grec comme incarnation de l'Occident n'a en rien empêché le succès multiséculaire de ce nouveau système occidental – très créatif et productif sur d'autres plans, comme l'architecture, les travaux publics, l'artisanat quasi-industriel, la logistique, l'administration civile et militaire, etc. Le retour sur le temps long que nous avons fait apparaît essentiel pour mieux comprendre les enjeux des évolutions actuelles. C'est avec un recul historique que Jean-Marc Lévy-Leblond analyse l'époque présente et s'inquiète d'un retournement en cours du modèle sociétal de la science : la science fondamentale ne risque-t-elle pas de se laisser « ensevelir sous une technoscience peu soucieuse de nouvelles découvertes fondamentales » ? Un monde livré demain à la technoscience et peu intéressé par la science pure constitue un scénario prospectif parfaitement valide. Ayant fait cette démarche intellectuelle, la question est alors de savoir vers où vont nos préférences collectives en la matière.

Pour un chercheur fondamentaliste, particulièrement un physicien, l'époque est peut-être inquiétante, en effet. Rappelons qu'un certain

---

23 Entretien du 18 mars 2020 dans *Le Monde*, Cahier « Science et Médecine » (p. 8).

compromis entre, d'une part, la recherche pure et désintéressée et, d'autre part, la technoscience poussée par le politique et l'économique avait été trouvé dans l'après-guerre et jusque dans les années 1980. Ainsi, les fusées mettaient en orbite des satellites de communication et envoyaient un américain sur la lune, mais dans le même temps, les astrophysiciens avaient aussi droit à leur instrumentation en orbite (comme le télescope Hubble). Pour Lévy-Leblond, ce compromis entre les intérêts des chercheurs et ceux du monde politico-économique est remis en question de nos jours. Il signale que la course au profit est impitoyable et que « les maîtres du marché n'hésiteront pas à laisser tomber les danseuses scientifiques ». Pour lui, nous conservons certes encore un discours public hérité du 19ème siècle, à savoir que la recherche conduit à des applications, mais il relèverait « de la com pure et simple » car « les mots 'science' et 'recherche' sont immédiatement relayés par un autre : 'innovation' ». La révolution de l'innovation aurait-elle changé la donne ?

C'est sans doute l'avis d'un certain nombre de scientifiques qui expriment à ce sujet des opinions plutôt radicales. À l'occasion de son cinquantenaire, la revue *La Recherche* donne la parole à Michel Blay (président du comité pour l'histoire du CNRS) en introduction du numéro spécial « 50 ans de découvertes » (Blay, 2020). On trouve dans ce texte quelques expressions qui ne détonneraient pas au milieu de l'ensemble des billets que les scientifiques ont signés au cours de l'année 2020 (cf. encadré 2.5) – comme par exemple : « On observe un glissement de l'intérêt porté à la recherche libre et non dirigée vers des recherches sur programmes visant à l'obtention de résultats rapides pour un profit économique lui aussi rapide ». Et Michel Blay, d'ajouter à juste titre : « sans la durée et la liberté nous n'aurions pas les résultats de Serge Haroche ou d'Albert Fert ». On peut ajouter à la liste Jules Hoffmann et Pierre-Gilles de Genne, comme déjà signalé.

Ces faits sont importants à rappeler car on est en droit de se demander si les politiques actuelles ne tendent pas à s'inscrire dans une logique pure de *retour sur investissement*. Le système politico-administratif européen paraît en effet de plus en plus jugé sur ses résultats à relativement court terme, ce qui est hélas une conséquence négative de l'introduction des nouvelles méthodes de gouvernance (*New public management*) sur lesquelles nous reviendrons au chapitre 6. Cette tendance conduit les financeurs à sélectionner les projets de recherche comme s'ils étaient tous des projets appliqués au déroulement à peu près linéaire et planifiable, avec des objectifs précisément assignés. Est-ce réellement une tendance de fond ?

C'est en tous les cas avec ce prisme qu'est perçue par une communauté de chercheurs, l'importante réforme du système de la recherche publique que le gouvernement français a lancée en 2020. Le projet de la loi de Programmation pluriannuelle de la recherche (LPPR)[24], qui a été âprement débattu, est ressenti par une large partie de la collectivité des chercheurs comme une tentative de remise en cause des missions habituellement confiées à la recherche publique – dans le sens d'une marchandisation de la science et d'une gestion bureaucratique du système mettant en péril l'autonomie et la créativité du chercheur, lequel a besoin du temps long et du droit à l'erreur pour véritablement s'exprimer.

> **Encadré 2.5: Des contestations exprimées en France à l'encontre des politiques scientifiques inspirées du *New public management***
>
> À titre d'exemple, on peut citer le collectif RogueESR très présent sur les réseaux sociaux pour critiquer les politiques scientifiques actuelles. Les premières annonces, début 2020, concernant la future loi de Programmation pluriannuelle de la recherche (LPPR) ont suscité beaucoup de réactions individuelles de personnalités scientifiques ainsi que des pétitions de syndicats de chercheurs.
>
> Par ailleurs, une spécialiste de l'étude du système scientifique, Christine Musselin, a publié dans le journal *Le Monde* (11/02/2020) une tribune sur le risque de ne retenir qu'une forme d'*excellence* de la recherche dans la démarche politique de la LPPR (voir également son ouvrage publié aux Presses de Sciences Po, *La grande course des universités*, 2017). Cette question, apparemment distincte de celle du pilotage de la science par l'aval, renforce en fait la première critique : sur quels critères va-t-on décider de l'excellence ? L'évaluation par le « marché » actuel des revues est-il une base totalement saine pour décider de ce qui est de la bonne ou de la moins bonne recherche ? N'y a-t-il pas aussi un biais court-termiste et défavorable à la prise de risque scientifique dans ce système encourageant la publication à tout prix ?
>
> Enfin, on pourrait croire que les spécialistes des sciences de gestion sont parmi les moins hostiles à l'idéologie générale de cette réforme inspirée par les recettes du *New public management* pour accroître la performance du système de recherche. Ce n'est visiblement pas le cas, ou tout au moins l'approche de la LPPR ne fait pas l'unanimité des gestionnaires, si l'on en croit l'appel de plus de 140 chercheurs du domaine :

---

24 L'Assemblée nationale a adopté le projet de loi en première lecture, avec modifications, le 23 septembre 2020. Le texte avait été présenté au Conseil des ministres du 22 juillet 2020 par Frédérique Vidal, ministre de l'Enseignement supérieur, de la Recherche et de l'Innovation.

> « Nous qui enseignons le pilotage de la performance, la théorie des organisations, la conduite du changement, la gestion des ressources humaines, la stratégie et l'innovation, connaissons les écueils auxquels le projet de loi se heurte. Nous savons que les activités non routinières comme la recherche ne sauraient être efficacement contrôlées 'par les résultats' » (*Le Monde*, 5–6/07/2020, p. 31).
> Les signataires considèrent que le fléchage de plus en plus systématique des ressources est une réelle menace « à l'autonomie de la recherche et aux courants de pensée critiques ». Ils estiment que la LPPR « repose sur une vision dévoyée du management » et refusent que leur discipline « soit utilisée pour justifier une réforme injuste dans ses principes, inadaptée aux objectifs qu'elle est censée poursuivre ».
> Notre objectif dans cet encadré n'est pas de prendre parti dans l'ensemble des controverses évoquées, mais de signaler qu'il y a controverse. Et cela renforce l'intérêt, voire l'urgence, de poser la question des rapports entre science et société. Nous avons vu en effet que l'analyse approfondie de ce que sont les divers types de recherche et leurs interactions, est au cœur des débats science/société.

Revenons à la position philosophique et éthique du physicien Lévy-Leblond. Individuellement, elle est éminemment respectable, mais on peut avoir un point de vue différent en particulier si l'on est chercheur dans un autre domaine (chimie, biologie, etc.), ne serait-ce que dans la manière de définir la frontière entre la recherche fondamentale non finalisée et finalisée. Nous avons largement insisté en effet sur les synergies entre ces deux activités scientifiques et cité bien des prix Nobel qui ont su jouer simultanément sur les deux tableaux. Alors est-il pertinent de distinguer aussi nettement les domaines de la science sachant que les différentes catégories de recherches sont complémentaires et non concurrentes ? Un modèle d'organisation et de financement est à trouver pour que la créativité de tous les chercheurs puisse s'exprimer, sans léser la science pure au détriment de celle qui est susceptible – peut-être ? – de conduire plus rapidement à des innovations.

Par ailleurs, la définition de l'innovation durable et responsable est une question qui doit être traitée en même temps car elle peut influencer, de manière plus ou moins directe, les sujets de recherche et les relations entre thématiques. Cela implique de prendre en compte les préférences des citoyens, ou celles des acteurs qui les représentent dans les démocraties, ainsi que la position des conseils d'administration des grands groupes, même s'il est bien difficile d'en rendre compte de manière globale, chaque catégorie d'acteurs ayant son point de vue sur la valeur ou l'utilité de la science.

Les méthodes de gouvernance inspirées du *New public management* ne permettent sans doute pas de considérer avec le recul nécessaire ces questions qui reviennent au fond à s'interroger sur les motivations de la recherche et sur ses fonctions sociales – deux questions reliées mais distinctes. Pour autant, il est vrai que depuis le $20^{\text{ème}}$ siècle, le contexte a évolué et les budgets publics européens sont maintenant fortement contraints, incitant malheureusement les autorités à rechercher un retour sur investissement relativement rapide.

L'émergence de très grandes puissances technologiques privées est un autre facteur qui est peut-être en train de rebattre complètement les cartes. Comme elles concentrent à elles seules une bonne partie des capacités de financement, on est en droit de se demander si elles ne vont pas miser sur un investissement massif dans une recherche fondamentale – libre ? – susceptible d'accompagner les transitions du $21^{\text{ème}}$ siècle en ouvrant la voie à des ruptures technologiques dont elles pourraient bénéficier d'une manière ou d'une autre. Une piste qui reste ouverte mais qui oblige absolument à rester très vigilant sur les questions de responsabilité, d'éthique et de souveraineté, d'autant plus que ces acteurs privés sont généralement étrangers à l'Europe.

- Opposer frontalement recherche fondamentale et recherche appliquée dans la conception des politiques et l'établissement de priorités budgétaires est probablement une erreur.
- Certains scientifiques craignent que le compromis qui existait dans l'après-guerre et jusque dans les années 1980 entre les intérêts des chercheurs et ceux du monde politico-économique soit remis en question de nos jours.
- Cependant, n'y aurait-il pas un modèle dans lequel les chercheurs fondamentaux et les grands groupes privés soucieux des applications pourraient trouver un terrain d'entente ?
- Deux questions restent posées :
  - la *synchronisation des horloges* entre une recherche libre et non planifiée d'un côté et une recherche pour laquelle un retour sur investissement est attendu, de l'autre ;
  - la définition d'une innovation éthique et responsable.

Conclusion

Il semble naturel à tous les contemporains que nos sociétés produisent de la science, et même la financent assez largement. Autre évidence encore globalement partagée jusqu'à présent : l'innovation est inévitable et généralement souhaitable dans la plupart des domaines. Le retour historique que nous avons fait a montré que ces postulats n'ont pas toujours été vérifiés dans l'histoire.

Il est important de souligner que les politiques ne doivent pas imposer un mode d'organisation différencié selon les domaines de recherche, ni les mettre en concurrence lorsqu'il s'agit de les financer. Il apparaît en effet, dans le long terme, tout aussi inapproprié de réduire les crédits de la recherche fondamentale non finalisée sous prétexte qu'elle ne sert à rien de concret, que de considérer la recherche fondamentale finalisée comme de la recherche appliquée (sous-entendu incapable de modifier les grands enjeux scientifiques). Or, nous avons vu que mener ces activités en synergie augmente les chances de créer à la fois un fort impact scientifique et un impact économique et/ou sociétal. Qu'ils agissent en passionnés curieux du monde ou en citoyens impliqués, ce qui caractérise les chercheurs engagés dans une démarche *fondamentale* c'est leur approche intellectuelle (comprendre, produire du sens) et une méthode propre à chaque discipline fondamentale. La véritable question que les politiques devraient se poser est la manière d'articuler la recherche fondamentale et la recherche appliquée tant on sait que l'une est planifiable et l'autre pas. C'est également un bon moyen pour décloisonner les méthodes de recherche et d'investigation tout en permettant aux chercheurs de s'enrichir mutuellement en dépassant les biais cognitifs liés à leur discipline et au contexte dans lequel ils évoluent.

On peut comprendre la logique d'une politique visant une meilleure valorisation de la science pour augmenter le retour sur investissement des sommes consenties, mais cet objectif n'est pas atteint en orientant simplement les budgets vers plus de recherche appliquée et moins de recherche fondamentale libre, car il faut concevoir les bénéfices de la science d'une manière globale et à long terme. La recherche fondamentale n'a pas à se préoccuper directement des applications ; elle est en revanche essentielle pour asseoir convenablement la recherche appliquée. Prenons une image : dans la réalisation d'un bâtiment, on ne demande pas aux corps de métiers réalisant les fondations de se préoccuper des problèmes de couverture ou de la couleur des façades, mais si les fondations sont faites à la va-vite, les toits et les murs peuvent un jour s'en ressentir. Ce sera au maître d'œuvre de faire en sorte que l'ensemble des travaux se déroulent suivant les calendriers de chacun, et à l'architecte d'avoir la vision globale garantissant que le bâtiment final soit harmonieux et adapté à l'environnement local, selon le goût des riverains.

À côté de l'arbitrage entre les différents domaines de la science, une réflexion de fond doit avoir lieu également sur les formes d'innovation que l'on souhaite promouvoir dans la société pour répondre à l'idée que celle-ci, dans son ensemble, se fait du progrès. Cela soulève la question du sens que l'on souhaite donner à l'innovation au $21^{\text{ème}}$ siècle, question qui peut se répercuter aussi sur les domaines scientifiques à investiguer. N'observe-t-on pas en effet que l'impact du développement économique et technique sur la nature et la société sont sources d'inquiétudes croissantes ? Le mythe du progrès « technologique » n'est-il pas remis en question par une partie de la population appelant à davantage d'innovations durables, voire frugales ? Comment les recherches fondamentales et appliquées pourraient-elles créer des connaissances nouvelles permettant de mieux évaluer les risques inhérents aux conséquences de la science et des innovations ? Comment pourraient-elles aider à estimer *la valeur durable* des innovations proposées ? Comment pourraient-elles également aider à analyser la responsabilité des acteurs dans les conséquences des innovations ?

Enfin, à ceux qui s'alarmeraient des impacts négatifs du changement technologique continuel auquel nous assistons, on rappellera qu'il y a aussi des innovations « sociales » en mesure de rétablir les déséquilibres. Ici encore, la recherche peut y contribuer, et tout particulièrement dans le champ disciplinaire des Sciences humaines et sociales (SHS).

C'est toute la question de la valorisation de la science qui est posée ici. Celle-ci fait en quelque sorte le trait d'union entre l'univers académique et celui de l'économie et la société pour favoriser les retombées des expertises de la recherche et de ses applications. Toutefois, pour maximiser ce retour sur l'investissement, il est important de voir large et à long terme, tout en se préoccupant de savoir ce que la société dans son ensemble attend de la science et des innovations. Il est des époques où la valorisation de la science se concevait avant tout pour accroitre le niveau de connaissance de l'ensemble de l'humanité et d'autres où elle était principalement attendue pour ses retombées économiques. La liste des motifs pour lesquels la recherche scientifique peut être soutenue est encore plus large : la sécurité et la défense, l'assurance contre des risques majeurs plus ou moins bien cernés, le prestige national, l'image d'entreprise, l'affirmation d'une élite sociale particulière, etc. La société contemporaine doit pouvoir s'exprimer sur ses motifs prioritaires.

À côté du « pourquoi valoriser ? », se pose aussi la question de « comment y parvenir ? », avec quels modèles d'organisation et quelles politiques publiques ? Si nous souhaitons apporter dans chacun des chapitres de l'ouvrage, des éléments de réponse complémentaires à ces interrogations, nous consacrons le prochain spécifiquement au concept de valorisation des connaissances en soulignant en particulier, le rôle – parfois controversé – de la protection intellectuelle.

Chapitre 3

Valorisation et protection des connaissances : humanisme ou capitalisme ?

Le chapitre précédent a traité de la question des liens entre la science, l'innovation et le progrès. Celui-ci traite spécifiquement des connaissances, fruits de la recherche – en montrant comment/pourquoi les valoriser pour obtenir les retombées souhaitées dans l'économie et la société, mais aussi comment les protéger pour inciter les acteurs à en créer davantage. Nous verrons en effet que la connaissance n'est pas un bien comme les autres : si elle crée de la valeur économique comme le fait un facteur de production capitaliste, elle a dans le même temps les propriétés d'un *bien commun* dont l'appropriation par un nombre restreint d'agents pénalise parfois le plus grand nombre. Et ce phénomène peut être accentué lorsque la valeur recherchée dans les connaissances ne relève pas exclusivement de la sphère économique, mais rejoint également des intérêts de nature culturelle, environnementale, sociétale, etc.

Après un détour théorique sur le concept de connaissance, nous analyserons les différentes facettes de sa valorisation pour présenter en seconde partie celle qui est plus particulièrement liée au monde économique. Nous analyserons alors un des mécanismes clés de la valorisation commerciale qui est la protection de la *propriété intellectuelle (PI)*. Pour cela, nous souhaitons revenir sur une période de l'Histoire particulièrement illustrative de la relation – bijective – entre le changement technologique et la croissance économique, qui est celle de la naissance du capitalisme industriel. Nous voudrions montrer que le système de protection de la PI, et plus particulièrement celui du *brevet d'invention*, qui en constitue aujourd'hui l'outil phare dans le monde industriel pour valoriser la recherche, a pris un sens particulier avec la révolution industrielle, devenant le reflet d'une forme d'appropriation capitalistique des moyens de production – dont la connaissance fait partie.

Une approche historique de l'institution de la PI montre aussi une facette plus humaniste de la notion de brevet d'invention, inspirée de la philosophie des Lumières : la création intellectuelle comme propriété inaliénable des inventeurs. Cette vision, reprise par les réformes de la Révolution française, conduit à une ambiguïté car le brevet est né à la Renaissance sous forme d'un outil de politique mercantiliste plus que comme la reconnaissance du génie individuel. Humanisme et capitalisme ont partie liée depuis longtemps, mais dans une tension dialectique qu'il est utile de rappeler pour décrypter les pratiques actuelles et pour tâcher de comprendre les évolutions à venir qui vont résulter sans doute d'une modification de la position du curseur entre valorisation économique et valorisation sociale.

1. Analyse du processus de création et de valorisation des connaissances

Dans une société toujours plus axée sur le savoir, la connaissance est incontestablement un atout incontournable tant pour la compétitivité des nations que pour celles des entreprises. Nous allons l'analyser en faisant l'analogie avec la notion de *stock* – la recherche étant le flux qui l'alimente – mais un stock assez particulier en ce sens qu'il ne s'épuise pas quand on l'utilise. Au contraire, le stock de connaissances prend plutôt de la valeur quand il est utilisé. C'est un fonds productif à rendements croissants. La connaissance crée d'autant plus de richesse qu'on sait l'utiliser et la valoriser correctement. Cela nous conduit à poser ensuite les bases de la valorisation des connaissances au sein du système de recherche et d'innovation.

1.1 La fonction de production de la science : explications en termes de stocks et de flux de connaissances

La connaissance est un facteur de production permettant de créer de la valeur, et la recherche est le processus par lequel plus de connaissance est créée, quel qu'en soit le motif. En fait l'investissement dans la connaissance se résume en une *dynamique de flux, de stock et de fonds*. Les activités de recherche sont des *flux* permettant d'augmenter un *stock* de connaissances à valoriser ensuite sous forme de biens, de services et de marchés nouveaux. Cependant, comme nous allons le voir, le terme « stock » est d'un certain point de vue inapproprié.

Le processus de recherche est impulsé et entretenu par la fourniture de moyens financiers prélevés sur la production de valeur nationale (flux annuel du Produit intérieur brut). La recherche repose non seulement sur le *flux de moyens annuels* alloué, mais aussi sur un ensemble de *variables stock*, à savoir le socle préexistant de connaissances, de capital humain et d'infrastructures matérielles (infrastructures de recherche, bâtiments, équipements de haute technologie, etc.) ou partiellement immatérielles (compétences individuelles, équipes constituées, réseaux d'acteurs, plateformes numériques, supports logistiques, *fablabs*[25], etc.). Tous ces facteurs de production de type « stock » correspondent à des ressources accumulées dans les périodes précédentes – et ce, parfois même depuis très longtemps. Par exemple, il n'est pas nécessaire de réinventer la roue ou de recalculer le nombre π à chaque période ! Le stock de connaissances mobilisé pour produire de la connaissance nouvelle est en fait gigantesque. Pour paraphraser le titre du célèbre article de Suzanne Scotchmer (1991) – lequel paraphrase Newton, à propos de la recherche cumulative : les innovateurs sont toujours « standing on the shoulders of giants ». Ce stock de connaissances préalables est tout aussi nécessaire que le stock d'investissements matériels dédiés et les flux courants comme les salaires et l'énergie.

Cependant, pour bien comprendre la *fonction de production* de la science et de la technologie, il faut distinguer deux catégories de variables stock et leurs flux associés. Nous reprendrons ici l'analyse très pertinente d'un grand économiste parfois un peu oublié, Nicholas Georgescu-Roegen, qui a critiqué en son temps avec pertinence le modèle habituel de la fonction de production néoclassique[26].

Dans le cas d'un stock de matières premières ou de produits semi-finis hérités des périodes précédentes, la participation des facteurs de production au processus de production est une *consommation*. Le flux de consommation détruit le stock de manière irréversible. Au contraire,

---

25 Les *fablabs* sont des laboratoires de fabrications digitales. C'est Neil Gershenfeld, physicien et informaticien, professeur au Massachusetts Institute of Technology (MIT), qui est à l'origine de ce concept, à la fin des années 1990.

26 Voir par exemple Georgescu-Roegen (1971) qui applique à la science économique un concept élargi de *loi de l'entropie*. Cette approche permet à la fois de mieux comprendre ce qu'est un processus de production, objet central de la microéconomie, et d'introduire une vision réaliste des contraintes environnementales sur la croissance – un sujet qui l'a fortement opposé à des macroéconomistes comme Robert Solow.

dans le cas des machines ou des bâtiments, la variable stock n'est pas « consommée », elle est utilisée sans être détruite (à condition d'être convenablement entretenue pour en compenser l'usure). N. Georgescu-Roegen parle dans ce cas de *fonds productif*. La participation d'un fonds à la production courante est un flux de *service*. Il en va de même pour cet autre facteur de production essentiel qu'est le travail humain et les facteurs qui nous intéressent ici : les connaissances, les compétences, les équipements scientifiques et techniques, etc. Ce sont bien des fonds et non des stocks consommables. Cela fait une différence essentielle, car la science, comme toute forme de connaissance construite dans les périodes précédentes ne se *consomme* pas dans la période présente, elle s'*utilise*. Parfois, l'usage de ces fonds, loin de les dégrader, en augmente la valeur.

On voit qu'investir dans la connaissance – à condition que celle-ci soit pertinente – est un acte particulièrement créateur de *valeur*. Les facteurs cognitifs sont utilisables sans dégradation, et sont au contraire souvent enrichis par leur utilisation. Parfois ils s'oublient ou deviennent obsolètes, mais ce n'est pas à cause de leur utilisation. La meilleure manière de ne pas oublier une connaissance est au contraire de la mobiliser et de la *valoriser* comme nous le voyons ci-après. On ne peut pas en dire autant des ressources minérales et des énergies fossiles, qui sont, elles, des stocks épuisables.

> - La connaissance scientifique est un facteur de production de type « stock » accumulé dans les périodes précédentes. Contrairement au stock de matières premières, elle ne se *consomme* pas mais s'*utilise* sans se détériorer.
> - La connaissance est donc un *fonds* au sens de N. Georgescu-Roegen. Pour faire un parallèle avec les ressources naturelles, elle se rapproche plus d'une énergie renouvelable que d'une énergie fossile.
> - De plus, les facteurs cognitifs constituant ce fonds sont souvent enrichis par leur utilisation.

1.2 Les différentes facettes de la valorisation des connaissances produites

Dans une société toujours plus axée sur le savoir, pouvoirs publics et entreprises investissent dans la recherche qui comme nous venons de le voir produit les connaissances créatrices de valeur. Pour espérer percevoir encore plus de bénéfices, la fonction *valorisation* vient renforcer le rôle de la recherche dans l'ensemble du système de recherche et d'innovation en accentuant et orientant les retombées des connaissances dans l'économie et la société, c'est-à-dire son *impact socio-économique*. Pour les puissances publiques, elle revêt une importance particulière du fait des dépenses, en pourcentage du Produit intérieur brut (PIB), qui sont octroyées aux universités et aux organismes de recherche publics. Il en est de même bien évidemment pour les entreprises qui prennent le risque d'investir dans la recherche et l'innovation et espèrent en récolter les fruits par un accroissement de leur compétitivité et un meilleur positionnement sur les marchés.

Aussi évident que puisse paraître son rôle et son utilité, la valorisation des connaissances n'est pas un concept cerné de façon très précise par l'ensemble des acteurs. Pour certains, la valorisation englobe, comme nous venons de le présenter, l'ensemble des actions qui favorisent les retombées de la recherche dans le monde socio-économique alors que pour d'autres, elle désigne uniquement la *commercialisation* des résultats de la recherche ou encore elle est synonyme de *transfert de connaissances* voire de *diffusion technologique*, etc. Par un survol de la documentation internationale à ce sujet, le Conseil de la science et de la technologie du Québec (2005)[27], montre qu'il existe en effet plusieurs façons de définir la notion de la *valorisation* et que, selon les pays et les acteurs consultés, ce vocable désigne alternativement différents objets (cf. encadré 3.1).

Encadré 3.1: Principales expressions apparentées à la valorisation de la recherche universitaires

– Valorisation de la recherche et de l'expertise universitaires ;
– Valorisation de la propriété intellectuelle ;
– Commercialisation des résultats de la recherche universitaire ;
– Commercialisation de la propriété intellectuelle ;
– Commercialisation technologique ;
– Transfert technologique ;
– Transfert de connaissances ;
– Innovation fondée sur la recherche universitaire.

Source : Conseil de la science et de la technologie du Québec (2005)

---

27 Ce conseil s'est intéressé plus spécifiquement à la valorisation de la recherche universitaire.

Dans son rapport (2005, p. 9), le Conseil québécois propose néanmoins comme définition générale de la valorisation, « le fait de donner une valeur ajoutée aux activités de la recherche et à ses résultats ». Au sens premier du terme, « valoriser la recherche, écrit-il, c'est lui conférer une valeur autre que celle qu'elle a déjà, c'est rendre opérationnels (valeur d'usage) ou commercialisables (valeur d'échange), les compétences et les résultats de la recherche ».

En France, le rapport Adnot (2006) qui a été fait au nom de la commission des Finances du Sénat, s'appuie quant à lui sur la combinaison de trois définitions :

- Tout d'abord, celle donnée par le Comité national d'évaluation (CNE) pour une première approche. Ainsi, selon le CNE, la valorisation correspond aux moyens de « rendre utilisables ou commercialisables les résultats, les connaissances et les compétences de la recherche ».

- Ensuite, celle du rapport dit « Guillaume » (1998) sur la technologie et l'innovation, pour lequel la valorisation concerne les relations entre les acteurs de la recherche (grands organismes, établissements d'enseignement supérieur…) et le monde économique. La valorisation suppose ainsi une *mise en relation* de ces deux mondes. Elle n'est pas un processus automatique : elle doit être organisée et faire l'objet d'actions concertées et réfléchies. Cette définition est illustrée par la figure 3.1 ci-dessous.

- Enfin, un troisième élément concernant l'efficacité de l'action de l'État est mis en avant par le ministère de l'Éducation nationale, de l'Enseignement supérieur et de la Recherche selon lequel, la valorisation « offre la possibilité de tirer le meilleur parti de l'engagement de l'État en faveur de la recherche en faisant en sorte que la société bénéficie des résultats de cette recherche ».

Analyse du processus de création et de valorisation des connaissances

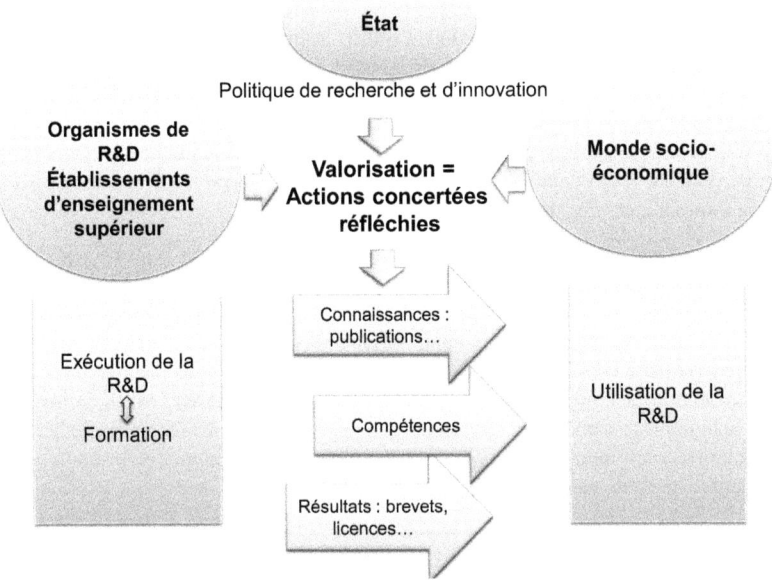

Figure 3.1: Valorisation comme mise en relation des acteurs de la recherche et le monde économique
Source : Auteurs suivant la définition de la valorisation du rapport « Guillaume » (1998)

En Allemagne, il est plus difficile de décrire une *politique de valorisation*, tout simplement parce que le terme de valorisation n'est pas aussi prégnant qu'en français (cf. encadré 3.2).

> **Encadré 3.2: Le concept allemand de valorisation**
>
> Pour bien comprendre ce que l'on peut appeler la politique allemande de valorisation il faut déjà savoir traduire le terme de *valoriser*. Comme le remarquent déjà certains textes de commentaires au niveau européen, le concept de *politique de valorisation* est assez français. En allemand on contourne parfois ce terme sans doute jugé un peu trop générique par une expression du type « utilisation économique des résultats de la recherche ». On peut voir aussi là un effet de la différence entre les deux langues, le français ayant des champs sémantiques plus larges.
>
> Dans les textes en langue allemande apparaît parfois l'expression « *Valorisierung* », mais c'est plus fréquent en Suisse qu'en Allemagne et, de plus, on l'applique souvent à des domaines de connaissance plus culturels que technologiques (*Valorisierung des Wissens*). Le vrai mot allemand correspondant à la racine « valeur » est « *Wert* ». La *Hightech-Strategie* parle de « *Verwertung von Forschungsergebnisse* ». Mais d'autres mots sont parfois utilisés en allemand, avec des connotations précisant le sens. Ainsi, *Aufwertung* implique qu'on a amélioré ou revalorisé la connaissance. Parfois le complexe recherche-valorisation est rendu par l'expression « *Forschung und Umsetzung* », en insistant sur la dimension de *mise en œuvre* dans la phase de valorisation.

Dans cet ouvrage, nous souhaitons adopter une vision très large se rapprochant de celle du ministère français que nous avons rappelée ci-dessus car elle offre la possibilité d'exploiter toutes les facettes du concept « valeur », que ce soit la facette culturelle, économique, commerciale, technologique, etc. Les retombées économiques, sociales, sociétales et économiques sont attendues à l'échelle locale (par exemple en termes d'emploi, ne serait-ce qu'autour des centres de recherche du fait des salariés directs, indirects et induits par leurs activités[28]), à l'échelle nationale (par exemple l'impact des innovations sur la croissance du PIB), voire au niveau international (par exemple l'impact des innovations en faveur du climat), etc. L'objectif d'une vision élargie est de faire le lien avec les attentes de la société qui ne sont pas figées et qui évoluent dans le temps en fonction de la représentation qu'elle se fait de l'innovation et du progrès. Ainsi, nous considérons comme expressions de la fonction valorisation, trois idées maîtresses correspondant à :

- la valorisation des connaissances pour elles-mêmes, c'est à dire pour la *beauté de la science* ; cette valorisation s'appuie sur le déploiement et l'échange du savoir et peut se mesurer en termes *d'impact scientifique* ;

---

28 On parle d'empreinte des activités de R&D (*Economic footprint*).

Analyse du processus de création et de valorisation des connaissances 83

- la valorisation qui consiste à utiliser les résultats de la science pour apporter des progrès à l'humanité et à la société ; il s'agit d'une *valeur d'usage* ;
- et la valorisation qui commercialise les connaissances, les résultats de la recherche ainsi que les compétences, ce qui correspond à une *valeur d'échange*[29].

La figure 3.2 synthétise les différentes facettes de la fonction de valorisation selon les objectifs poursuivis. Dans le cas de la *valorisation commerciale*, on va retrouver, dans le champ des disciplines à caractère « scientifique et technologique », ce qui a trait au *transfert technologique* et à l'innovation avec comme nous le verrons plus loin, un rôle clé alloué à la protection de la PI (brevet notamment). Dans celui des disciplines non technologiques, la commercialisation s'applique davantage à l'expertise des chercheurs adossée notamment aux *droits d'auteur* (œuvres artistiques, musicales, littéraires, dramatiques…) ou bien à la vente de prestations de conseil pour la stratégie, l'aide à la décision, la normalisation, etc.

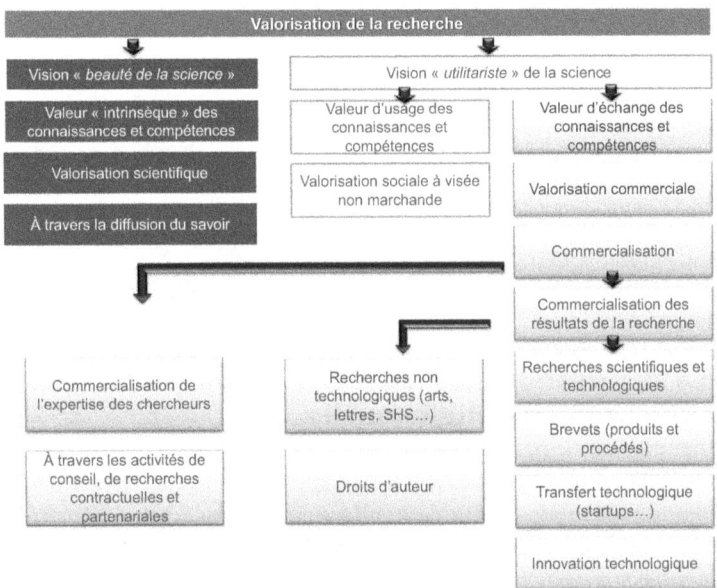

Figure 3.2: Les différentes facettes de la valorisation de la recherche
Source : Auteurs d'après le Conseil de la science et de la technologie du Québec (2005)

---

29 Valeurs d'usage et d'échange sont des expressions reprises du rapport du Conseil de la science et de la technologie (2005) cité plus haut.

Les actions de valorisation sont forcément conditionnées par le but recherché et supposent en général une mise en relation du monde de la recherche et du milieu socio-économique. Différents dispositifs sont prévus à cet effet que ce soit pour faciliter les partenariats de recherche public-privé (laboratoires communs, chaires industrielles, *clusters* recherche et industrie…) ou pour assurer spécifiquement des fonctions de transfert technologique et de diffusion (Société d'accélération du transfert de technologies, incubateurs, sociétés aidant aux dépôts de brevets, à l'innovation, etc.). Nous y reviendrons au chapitre 6.

Nous souhaitons à présent analyser plus en détail la *valorisation commerciale* des connaissances qui est sans doute celle qui est le plus communément associée à la fonction valorisation de la recherche. Du fait des externalités de la connaissance qui conduisent à des défaillances de marché, elle repose en grande partie sur le mécanisme de PI que l'on se propose de décrire en faisant un détour historique traitant plus largement des modes de production au sein de la firme.

 - Les bénéfices attendus de la valorisation sont multiples : prestige académique (*impact scientifique*), diffusion des connaissances pour augmenter le niveau général d'éducation, transfert technologique, droits d'auteur, aide à la décision, production de normes, commercialisation de nouveaux produits, retombées sociales et économiques à l'échelle locale, nationale, internationale, retombées environnementales, etc.
 - La fonction *valorisation* vient renforcer le rôle de la recherche dans l'ensemble du système de recherche et d'innovation en accentuant et orientant les retombées des connaissances dans l'économie et la société. Elle crée ainsi de l'*impact socio-économique*.

2. La valorisation commerciale des connaissances : rôle de la propriété intellectuelle

Dès lors qu'investir dans la connaissance est un acte particulièrement créateur de *valeur*, on peut se demander pourquoi les acteurs économiques ne dépensent pas plus de moyens dans la production de connaissance. Cela est lié aux *externalités de connaissance* qui génèrent des imperfections massives sur les marchés où s'échangent les connaissances, à la fois libres et coûteuses à produire. Ainsi dans ce contexte, la politique de *valorisation de la recherche au sens économique* va consister à remédier à ces défaillances en incitant les acteurs à investir dans la connaissance même dans le cas où celle-ci est suffisamment codifiée pour être facilement copiée. Nous verrons que les systèmes de protection de la propriété intellectuelle comme celui des brevets d'invention, sont sensés apporter une solution, malgré leurs défauts – de plus en plus souvent soulignés.

2.1 Le marché de connaissance et ses paradoxes

L'*information* est la forme élémentaire de la connaissance. Elle est parfaitement codifiable et aisément transférable. Quand on emploie le terme de connaissance on entend généralement beaucoup plus que de l'information. Il s'agit d'information accumulée, organisée, accompagnée de systèmes analogues à des moteurs de recherche pour trouver les informations élémentaires utiles et les articuler. Plus la connaissance est complexe, plus elle est difficile à copier, ce qui protège son détenteur de la concurrence – mais se pose le problème de sa pérennisation dans l'organisation lors du départ des experts. Plus elle est proche de l'information (par exemple la formule d'une molécule), plus les enjeux d'*appropriation* sont importants, et ce, d'autant plus qu'elle est coûteuse à produire.

Nous voyons ainsi l'importance de distinguer :
- les fonds immatériels de *type connaissance formelle (codifiée)* où il est difficile d'exclure les autres de leurs services potentiels, sauf protection institutionnelle. Il s'agit en l'occurrence des découvertes scientifiques qui sont de l'information parfaitement codifiée, mais aussi les inventions décrites dans un *brevet* (si la protection juridique s'avère insuffisante pour éviter le contournement ou lorsque le brevet est tombé dans le domaine public, sa description minutieuse rend l'invention éminemment copiable et c'est pour cette raison que dans certains cas l'inventeur n'a pas intérêt à déposer un brevet) ;
- les fonds plus ou moins encastrés dans des artefacts (installations) qui sont par nature *appropriables*. On peut plus facilement exclure les autres. Il s'agit là d'une *connaissance technologique* partiellement tacite.

Les *connaissances informelles* de type savoir-faire portées par des individus (compétences) et des équipes sont elles aussi appropriables dans la mesure où l'on peut facilement exclure les autres de leur utilisation.

Une connaissance nouvelle produite de manière privée peut fonctionner ensuite comme un bien – au moins partiellement – libre, c'est-à-dire disponible pour des personnes ne l'ayant pas payée. C'est ce qu'on appelle, en économie, les *externalités de connaissance*.

2.2 Le système de propriété intellectuelle pour remédier aux externalités de connaissance

Le problème posé par les externalités de connaissance est, comme nous le rappelle Dominique Foray, un cas d'école de « défaillance de marché » (*market failure*) repéré depuis longtemps par les économistes. Le système des PI (comprenant les lois, les agences, les tribunaux, etc.) est construit pour remédier à la situation en faisant exister un *marché de connaissances*.

« En tant qu'instrument d'incitation, ce système correspond à l'exercice d'un droit de monopole sur un dispositif ou une méthode, consenti selon les critères de nouveauté, originalité et non-évidence, en échange de la divulgation publique des connaissances codifiées » (Foray, 1995, p. 129).

Si j'investis cette année dans un bien matériel comme une usine, je m'approprie sans difficulté les services de ce fonds dans les années futures. Si par contre j'investis par la recherche dans la découverte d'un nouveau produit efficace pour un besoin du marché, il se peut qu'un concurrent se serve de cette information pour me concurrencer. L'industrie pharmaceutique par exemple le sait bien : une entreprise qui a investi un milliard d'euros dans la recherche et le développement d'une molécule efficace contre une maladie importante, sachant que n'importe quelle petite entreprise chimique saura la synthétiser si elle en connait la formule, va essayer de privatiser cette connaissance qui est proche d'une simple *information*. Pour motiver la recherche privée, il faut avoir les moyens d'exclure juridiquement les concurrents de la possibilité de s'en servir – au moins le temps nécessaire pour se rembourser de l'effort de R&D... et si possible un peu plus. Un système de droits de *propriété intellectuelle*, particulièrement l'institution des *brevets*, est donc essentiel pour le fonctionnement du système de science et d'innovation dans tous les domaines où produire de la connaissance nouvelle et pertinente est coûteux, et l'imitation, facile. Mais tout dépend de la nature précise de la connaissance, selon une échelle qui va de l'information élémentaire à la connaissance complexe.

Dans ce contexte, le brevet est devenu un instrument parmi d'autres pour s'approprier les bénéfices d'une invention, c'est-à-dire *exclure*. Pour le déposant – un inventeur individuel ou une organisation – le brevet peut cependant servir de multiples manières :
- en procurant un monopole provisoire sur un produit ou sur une partie des composantes de la production afin de retarder l'imitation et d'assurer un minimum de retour sur l'investissement en R&D ;
- en exerçant une menace potentielle (*via* des procès) sur les concurrents pour donner un avantage comparatif dans une éventuelle négociation de partage du marché, voire dans certains cas de construire une alliance stratégique dans de bonnes conditions ;
- en signalant une compétence pour attirer l'attention de partenaires potentiels, monter en visibilité, asseoir sa réputation… ;
- (surtout pour les organisations publiques) il permet aussi de se mettre en valeur vis-à-vis des financeurs, à monter dans les *classements internationaux*, etc.

À noter pour mémoire qu'il existe aujourd'hui également des formes de protection spécifiques à des domaines comme l'agriculture (Certificats d'obtention végétale), ainsi que des régimes juridiques comme les marques, les dessins originaux, le secret commercial ou les droits d'auteur notamment dans le cas des connaissances non technologiques.

En résumé, face au problème d'externalités de connaissance que nous avons soulevé, notamment en ce qui concerne la connaissance codifiée, la solution retenue est l'instauration d'un système de PI. Celui-ci réalise un compromis entre, d'une part, la nécessaire incitation à chercher et prendre des risques pour *innover* et, d'autre part, un excès de protection (le secret par exemple) qui tuerait la *diffusion* des connaissances.

Un tel compromis ne satisfait pas tout à fait les économistes, qui le voient comme une *solution de second rang* parce que l'optimum entre la protection de l'inventeur et la diffusion de l'invention propice à l'innovation ne peut pas être atteint. Cet arbitrage entre le court terme et le long terme peut conduire à des rentes de situation relativement irréversibles. Le principe est ambigu en effet, car pour faire exister un marché on biaise en fait les lois du marché ! L'établissement de ce monopole provisoire qu'est le brevet constitue une exception notable à la doxa économique, d'où l'expression de *dilemme* ou *compromis* relevé par Schumpeter : il faut accepter une atteinte à la règle de la concurrence pour créer une incitation à la production de connaissances nouvelles menant potentiellement à de l'innovation. L'optimum social serait atteint par ce compromis entre efficacité présente et efficacité à long terme. Cependant, la théorie ne définit pas clairement la durée optimale du brevet et dans la pratique, on a pu observer parfois que le brevet a servi des intérêts privés de manière abusive. Pour illustrer ce biais, un juriste du 19ème siècle cite le cas du brevet accordé à James Watt pour l'invention de la machine à vapeur en 1769 et dont la durée aurait été étendue au détriment de l'intérêt de l'Angleterre (cf. encadré 3.3).

Encadré 3.3: Le dilemme économique du monopole instauré par le brevet

À propos du dilemme décrit par Schumpeter, Hirschleifer (1971, p. 571) parle d'un antagonisme entre le désavantage statique pour l'économie que représente l'introduction d'un monopole sur une idée (frein à la diffusion des connaissances) et l'avantage dynamique d'encouragement *ex ante* à l'invention. Est-on certain que l'institution du brevet a trouvé le bon compromis ? Dominique Foray (1995) cite un exemple historique décrit par Augustin-Charles Renouard dans son *Traité des brevets d'invention* de 1844 à propos des droits de propriété concédés à Watt sur l'invention de la machine à vapeur :

> Quand, en 1775, le parlement prolongea le brevet, qui lui avait été accordé en 1769, pour 25 ans, il donna un grand pouvoir à un homme dont les idées étaient depuis longtemps devenues rigides. Watt refusa de donner des licences ; il découragea les expériences de Murdoch sur les locomotives ; et l'autorité dont il jouissait était telle qu'il entrava l'essor de l'industrie mécanique pour plus d'une génération. Si son monopole avait expiré en 1783, l'Angleterre aurait eu des chemins de fer plus tôt.

Pourrait-on procéder autrement ? Des économistes – et non des moindres, comme Kenneth Arrow – ont essayé d'imaginer d'autres systèmes d'incitation que des droits de propriété, par exemple des institutions publiques accordant une récompense aux inventeurs. Mais jusqu'à présent, et malgré beaucoup d'autres critiques et propositions de réforme, le système des brevets se maintient internationalement comme la seule solution effective.

Partant de ces constats, nous allons montrer ce qu'il en est dans la réalité en confrontant différents systèmes de PI avec leur propension à faciliter l'innovation. Grâce au détour historique que l'on se propose de faire dans la troisième partie, on verra que la PI n'est pas le seul facteur explicatif, mais que d'autres éléments de nature culturelle contribuent aussi à l'efficience du système. Cette grille de lecture différente peut nous aider aussi à mettre en perspective le concept même de valorisation des connaissances.

> ☐ La connaissance génère des *externalités* qui dépendent de la catégorie de connaissance, plus ou moins appropriable :
> – la *connaissance formelle* (i.e. *codifiée*) pour laquelle il est difficile d'exclure les autres de ses services potentiels sauf protection institutionnelle ;
> – la *connaissance informelle* de type savoir-faire, par nature appropriable (on peut facilement exclure les autres) ;
> – la *connaissance encapsulée* dans des objets (installations) ou des organisations : il s'agit de la *connaissance technologique* au moins partiellement tacite (pour laquelle on peut facilement exclure les autres).
> ☐ Les systèmes de protection de la PI, comme celui des *brevets d'invention*, sont sensés apporter une solution aux externalités de connaissance en protégeant l'inventeur.
> ☐ En restreignant l'usage de la connaissance, le brevet permet à *l'inventeur d'obtenir une rémunération proportionnelle à l'utilité de son invention*, telle que celle-ci est évaluée par le marché.
> ☐ La protection de la PI réalise un compromis entre, d'une part, la nécessaire incitation à chercher et prendre des risques pour *innover* et, d'autre part, un excès de protection qui tuerait la *diffusion* des connaissances.

3. La protection de la connaissance au cours de l'Histoire

Le brevet est une forme de PI largement utilisée, fondée sur un principe d'exclusion à motif commercial. Cependant d'autres valeurs ont prévalu dans le passé. Ainsi, on voit germer au siècle des Lumières l'idée que l'Homme est propriétaire de sa pensée, lui conférant ainsi la liberté d'agir, et c'est sur ce fondement philosophique qu'est repensé, lors de la Révolution française, le système des brevets d'invention.

Après quelques illustrations (puisées dans l'Histoire ancienne) de systèmes de protection de la connaissance, nous souhaitons analyser la place de l'invention technique et sa diffusion au cours des premières révolutions industrielles. Le système de propriété intellectuelle que nous connaissons aujourd'hui a hérité des grands principes de protection de la connaissance mis en place lors des révolutions industrielles de la fin du 18ème et du 19ème siècle. Ainsi, il est utile de prendre un peu de recul par rapport à la question précise de la PI et d'analyser, durant ces périodes à un niveau plus global, les transformations du système socio-économique – ce que Marx appelait les *modes de production*. De nos jours comme par le passé, le système des brevets est en effet l'une des dimensions fondamentales de l'organisation de la production qui reflète la société (la forme de capitalisme, l'arbitrage entre croissance globale et inégalités). Il est aussi le reflet du type de valeur que l'on souhaite « extraire » des connaissances.

Mieux comprendre, avec le recul historique, les conséquences (positives et négatives) des choix sociopolitiques de l'industrie naissante, peut aider à se poser les bonnes questions pour répondre aux défis industriels contemporains.

3.1 Les premiers exemples historiques

Déjà, Venise au 13ème siècle pratiquait une politique systématique d'importation de savoir-faire par l'octroi de protections analogues à celle d'un brevet. Les verriers vénitiens expédiaient leurs produits dans toute l'Europe et accueillaient volontiers de bons artisans de l'étranger ; par contre, l'exportation du savoir-faire était strictement interdite (Long, 1991). Cette conception de la PI s'inscrit typiquement dans un cadre de *politique économique mercantiliste*.

Plus tard, les *lettres patentes* de l'Ancien régime (du Latin *lettera patentes*, lettres ouvertes, c'est-à-dire publiques) correspondaient à un privilège octroyé par le Prince à l'un de ses sujets. Dans le domaine technologique, la protection ne visait pas l'inventeur comme de nos jours mais le plus souvent l'introducteur d'une solution technique étrangère. La fonction incitative de la PI était donc plutôt le *transfert de technologie*, et la logique politique celle de la *diffusion* contrôlée des meilleures pratiques.

La position des philosophes des *Lumières*, qui va influencer les réformes introduites par la Révolution française, est tout à fait différente. Le brevet devient le symbole du droit intellectuel inaliénable du citoyen. Au moment même où les révolutionnaires abolissent les privilèges royaux, ils maintiennent les brevets d'invention en en transformant le sens et la raison d'être. Le nouveau contexte culturel est celui de la philosophie des droits naturels. En 1791, dans son rapport à l'Assemblée nationale, le chevalier Stanislas de Boufflers écrit :

S'il existe pour un homme une véritable propriété, c'est sa pensée ; celle-là du moins paraît hors d'atteinte, elle est personnelle, elle est indépendante, elle est antérieure à toutes les transactions ; et l'arbre qui naît dans un champ, n'appartient pas aussi incontestablement au maître de ce champ, que l'idée qui vient dans l'esprit d'un homme n'appartient à son auteur (texte cité par Plasseraud & Savignon, 1986, p. 46).

L'invention est considérée comme « la propriété primitive », elle est au-dessus de toutes les autres, « qui ne sont que des conventions ». Comme on peut le voir nous basculons là, historiquement, dans un autre monde, où l'esprit humain prend une dimension sacrée. Et c'est dans ce cadre que l'*invention* est portée à un très haut niveau symbolique, en contraste total avec la vision mercantiliste du brevet des siècles précédents. Comme nous le verrons ci-après, c'est sur ce principe « libéral » que va se fonder le modèle économique des premières révolutions industrielles, considérant la connaissance émanant des chercheurs ou des ingénieurs comme un facteur de production au même titre que le capital et le travail. Une des questions posées par ce modèle capitaliste devient alors l'appropriation de cette connaissance par un système adéquat.

- Dans l'Ancien régime, la protection ne visait pas l'inventeur mais plus souvent l'introducteur d'une solution technique étrangère. La PI incitait au *transfert de technologie*. Elle contribuait à une politique macroéconomique d'attractivité, typique de ce que les historiens appellent le *mercantilisme*.
- Influencée par les philosophes des *Lumières*, la Révolution française introduit le brevet comme symbole du droit intellectuel inaliénable du citoyen. L'*invention* est portée à un très haut niveau symbolique, en contraste total avec la vision mercantiliste du brevet des siècles précédents.

3.2 L'émergence de la première révolution industrielle et du système de propriété intellectuelle associé

Le brevet passe d'un statut d'instrument de politique technologique à celui de protection inaliénable de l'individu (PI) à l'issue de la période des Lumières. Dans le même temps, la nouvelle société qui émerge des révolutions bourgeoises des 18ème-19ème siècles va consacrer l'essor du capitalisme, ce qui va en retour introduire une nouvelle approche mercantile (sinon mercantiliste) de la PI. Quelle est alors la place exacte de la PI dans la dynamique capitaliste ? La révolution industrielle est-elle principalement le fait de l'Angleterre à la fin du 18ème et est-ce lié à l'introduction précoce d'un système de PI particulièrement protecteur pour l'inventeur ? Les ressorts principaux du progrès technique et de la croissance macroéconomique ne peuvent-ils être ailleurs, par exemple dans les modes d'organisation ?

Karl Marx est le premier à introduire l'idée de *révolution industrielle* pour en faire un marqueur de l'évolution des sociétés à travers celle des modes de production. Il se réfère à Adam Smith qui, dans son célèbre ouvrage de 1776 sur *La richesse des nations*, propose une analyse des caractéristiques microéconomiques (organisation des processus de production avec division du travail) et macroéconomiques (développement des marchés et croissance) des évolutions du système anglais dont il est le contemporain. À la suite des auteurs classiques et marxistes du 19ème siècle, il a longtemps paru évident que c'est l'Angleterre qui a inauguré ce processus technique, organisationnel et institutionnel de la première révolution technologique, et que le modèle s'est ensuite propagé dans le monde – jusqu'à la seconde révolution industrielle où l'on verra émerger d'autres leaders sur la scène mondiale, les États-Unis et l'Allemagne.

L'idée que la révolution industrielle est née en Angleterre dans le dernier tiers du 18ème siècle pour se diffuser ensuite sur le continent est de nos jours fortement relativisée par certains historiens, qui soulignent l'importance des inventions et innovations qui se font en particulier en France à la même période. Un auteur comme Daniel Cohen parle plutôt de formes différenciées de l'industrialisation selon les pays[30]. Jean-Louis Peaucelle, avec d'autres historiens des faits et de la pensée économiques, remet complètement en question l'analyse que fait Smith de sa prétendue étude de cas sur la manufacture d'épingles (Peaucelle, 2005) (cf. encadré 3.4).

---

[30] Voir l'article du 1/10/1997 dans *Les Echos* « L'Angleterre : patrie de la révolution industrielle ? »

> **Encadré 3.4 : Qui a innové dans la division du travail, principe de base de l'industrie ?**
>
> Dans son célèbre ouvrage de 1776, *La richesse des nations*, l'économiste et philosophe écossais Adam Smith présente la division du travail comme le fondement du mode de production moderne et propose une sorte d'étude de cas de gestion autour de la « manufacture d'épingles ». On pourrait penser en le lisant au premier degré qu'il a lui-même visité une usine anglaise. Il n'en est rien comme l'ont souligné beaucoup d'historiens. Ross (1995) par exemple montre comment Smith s'est inspiré d'un article de l'Encyclopédie de Diderot. Jean-Louis Peaucelle a fait le travail minutieux de relire le texte de Smith et celui des *Encyclopédistes* français. Il apparaît que cette étude de cas est en fait la description du processus « industriel » de l'usine de Laigle, en Normandie. Smith s'est inspiré (sans le dire) de l'article « Epingle » écrit par le jeune Alexandre Deleyre (signant Delaire dans l'Encyclopédie de 1755) envoyé par Diderot sur place pour observer directement la fabrication des épingles.
>
> « Ainsi, les textes français du XVIIIème siècle sur la fabrication des épingles fournissent des réflexions nombreuses sur la division du travail et son intérêt économique » (Peaucelle, 2005, p. 513).
>
> Pour mémoire, Alexandre Deleyre deviendra député de la Gironde sous la convention et terminera sa carrière à Paris comme directeur de l'École normale.

Pour ce qui est de l'invention du capitalisme, les Hollandais soulignent souvent que ce sont eux qui ont ouvert la voie, avec une articulation spécifique du capitalisme commercial et de production. Il y a, on le voit, une large matière à discuter. Mais comment résumer le débat sur la révolution industrielle, en situant cet élément particulier qu'est l'invention technique et sa diffusion ?

Ce qui caractérise cette période de l'Histoire européenne, c'est :
- un nouveau mode de production fondé sur la division du travail (l'usine au sens moderne du terme) ;
- l'introduction massive de nouvelles technologies de production accompagnant l'industrialisation du système économique ;
- l'évolution du système commercial, avec l'expansion des marchés grâce au libre-échange ;
- l'appropriation capitalistique des moyens de production, y compris de la connaissance à travers la PI.

Il est certain que l'évolution s'est faite sur toutes ces dimensions à la fois, en générant une forte croissance globale. On ne peut pas nier que l'Angleterre ait constitué un théâtre typique de toutes ces évolutions et qu'elle soit un peu le prototype du système national basculant massivement vers ce nouveau monde capitaliste industriel. Ce qui est moins clair c'est le sens des causalités entre les quatre éléments systémiques cités. Ainsi :

- Est-ce la nouvelle organisation du travail qui stimule l'innovation technique (comme le suggère l'analyse de Smith) ou l'inverse ? Jean-Louis Peaucelle (2005) par exemple conteste la causalité smithienne sur la base d'observations historiques. Au minimum, on devrait considérer que la causalité va dans les deux sens, ce qui réhabilite un peu la vision technologique de la révolution industrielle. Dans la vision technologique on comprend mieux l'importance de la PI que dans la vision organisationnelle (un mode d'organisation n'est pas brevetable).
- Est-ce bien la propriété des terres (mouvement des *enclosures*) et de la connaissance (brevets) qui est la condition nécessaire de la hausse de productivité et de la croissance ? La disparition des « communs » ne crée-t-elle pas plus d'inégalité que de croissance dans le long terme ? Notons que de nos jours on imagine remplacer dans certains cas la PI par des « *creative commons* ».
- Est-ce que le nouveau modèle socio-économique et institutionnel (le mode de production capitaliste pour employer la terminologie marxiste) est né en Angleterre, puis s'est diffusé dans le reste de l'Europe et en Amérique ? Ou bien chaque pays n'a-t-il pas eu sa manière propre de développer certains domaines techniques, de gérer l'appropriation de la connaissance comme sa diffusion, de développer les infrastructures physiques et intellectuelles indispensables au développement économique ?

☐ Ce n'est vraisemblablement pas l'Angleterre qui a été l'unique source de la révolution industrielle, car de nombreuses inventions et innovations se font notamment en France à la même période. Cependant, les formes d'industrialisation diffèrent et l'Angleterre a sans doute apporté le premier prototype d'un système très organisé. La politique de PI fait partie de ce système.

> ☐ L'*appropriation capitalistique des moyens de production et de la connaissance technique* constitue un élément central mais pas unique du modèle de la révolution industrielle à la fin du 18ème siècle. L'introduction massive de nouvelles technologies ira ensuite de pair avec le développement du commerce international, grâce au libre-échange qui stimule la production de masse. Ce sont d'ailleurs les Hollandais qui ont ouvert la voie à l'articulation entre production capitaliste et échanges commerciaux.
> ☐ Une question reste posée : l'institution des brevets est-elle la condition nécessaire à la hausse de productivité et à la croissance ? On peut craindre que la disparition des « communs » ne crée plus d'inégalité que de croissance dans le long terme.

3.3 La préparation de la seconde révolution industrielle

D'une certaine manière, les Français pouvaient aussi se déclarer première puissance industrielle européenne au 18ème siècle, si l'on regarde les volumes de production de biens. Cependant la manufacture à la française ne concentre pas autant que l'anglaise l'ensemble des facteurs de production en un même lieu (l'usine au sens moderne du terme), car elle fait travailler en sous-traitance du personnel semi-rural avec un système d'ateliers dispersés. L'industrialisation anglaise reste donc après tout en grande partie une innovation *organisationnelle*. En revanche, sur le plan strictement *technique*, le pré-capitalisme européen est assez réparti géographiquement.

Les anglais innovent surtout dans le domaine énergétique, avec la machine à vapeur et l'utilisation du charbon – transformé en coke. La France a de l'avance en machines-outils et en mécanique de précision. Ce sont sans doute les Allemands qui ont la meilleure technique minière à la fin du 18ème siècle et on trouve de grandes compétences en chimie comme en métallurgie (qui est d'ailleurs un domaine de la chimie). Comment expliquer sans cela que l'Allemagne se prépare à devenir un des foyers de la seconde révolution industrielle au début du 20ème siècle. La France ne manque pas non plus de compétences en chimie. Souvenons-nous d'Eleuthère Dupont de Nemours qui part aux États-Unis (pour échapper à la Révolution française) fonder en 1802 l'entreprise qui s'illustrera un siècle plus tard en contribuant au développement de la grande chimie industrielle moderne.

Ce qui fait le succès du capitalisme industriel anglais c'est surtout des *économies d'échelle* considérables au niveau de son marché intérieur, puis à l'exportation vers son empire colonial. La politique de PI a joué là un rôle important comme instrument de soutien à l'expansion internationale britannique. Cela ne risquait pas d'arriver à un pays politiquement fragmenté comme l'Allemagne qui, malgré le Zollverein en 1834, doit attendre 1871 pour acquérir une unité politique. Bien que l'Allemagne soit restée très rurale jusqu'à la fin du 19ème siècle, le pays ne manque pas d'inventeurs (cf. encadré 3.5), sans que pour autant la nécessité d'une PI soit vraiment ressentie.

Encadré 3.5 : L'Allemagne et ses inventeurs

Depuis la fin du 19ème siècle, l'Allemagne est un champion de l'invention brevetée, mais ce n'était pas le cas avant, bien que l'invention ait toujours été très présente. Individuellement, surtout dans l'Ouest du pays (avec un pic en Wurtemberg), les Allemands se représentent volontiers de nos jours comme des *Tüftler*, c'est-à-dire des bricoleurs obsessionnels ne négligeant aucun détail. Cela mène assez naturellement à l'invention, même modeste. Les entreprises de taille intermédiaire de la Forêt Noire sont nées comme cela, dans une région restée longtemps très pauvre. Le réflexe de déposer des brevets va se répandre avec l'industrialisation du pays tout au long du 20ème siècle. Depuis Hermann Simon (1996), on parle de *hidden champions* pour caractériser ces entreprises de taille intermédiaire peu connues du grand public, mais qui innovent constamment et déposent beaucoup de brevets.

Les grandes entreprises ont aussi développé depuis plus de cent ans une forte propension à faire de la recherche. Siemens est emblématique de ce point de vue. Depuis sa création en 1847 en Prusse par un fils d'agriculteur qui a inventé un procédé de dépôts galvaniques de cuivre par pure curiosité technique, elle s'est développée et diversifiée pour devenir l'entreprise qui a le plus déposé de brevets au monde sur ses 170 ans d'existence. Le flux ne tarit pas, puisque Siemens est en tête du classement des dépôts à l'Office européen des brevets en 2018, atteignant le nombre de 2493 (pour comparaison, la première entreprise française est Valéo avec 784 brevets déposés).

L'idéologie libérale anglaise va être très vite dénoncée comme hypocrite par les économistes allemands. Le plus célèbre d'entre eux est Friedrich List (1789–1846), bien connu pour sa *théorie de l'industrie naissante*. Comme le résume Michel Boucher (1973, p. 259), List condamne l'École anglaise « pour s'être orientée presque exclusivement vers la satisfaction des intérêts et des besoins des pays industrialisés d'alors et ces derniers ne tardèrent pas à en profiter pour modifier la théorie libre-échangiste en une théorie privilégiant à outrance les bienfaits de l'exportation ».

L'économiste allemand est favorable à l'établissement de tarifs douaniers protecteurs pour les entreprises des pays en voie d'industrialisation, de manière temporaire, afin de leur permettre d'accumuler du savoir-faire *via* ce qu'on appelle de nos jours un processus de *learning by doing*.

Son raisonnement est finalement proche de celui que tiennent les économistes contemporains pour justifier le brevet, à savoir donner une protection temporaire qui enfreint les règles de la concurrence en arguant d'une imperfection de marché sur le facteur « connaissance ». De même que l'on incite les innovateurs à prendre le risque de développer des idées nouvelles en leur assurant une rente provisoire sur les inventions, de même on doit inciter les entreprises d'un pays encore largement rural à se lancer dans l'apprentissage industriel à l'abri d'une protection douanière qui consiste à taxer les produits importés pour favoriser la compétitivité de la production locale. Le reproche qui est fait aux Anglais est de s'opposer aux protections douanières sur les produits tout en insistant sur la protection des technologies *via* les brevets en gagnant ainsi sur les deux tableaux. Les pays à l'industrie naissante ont l'intérêt inverse : ne pas respecter la PI pour mieux copier et s'industrialiser, et simultanément protéger leur industrie en limitant les échanges de biens le temps de faire les apprentissages nécessaires[31].

- Au 18ème siècle la manufacture à la française fait travailler en sous-traitance du personnel semi-rural avec un système d'ateliers dispersés.
- L'Angleterre invente la grande firme qui concentre en un même lieu la production afin de réaliser des *économies d'échelle*.
- Les Hollandais ont ouvert la voie à l'articulation entre production capitaliste et échanges commerciaux.
- Les Allemands développent des technologies de manière empirique et ne se préoccuperont que bien plus tard de formaliser les inventions (PI).

---

31 Il s'agit, pour Friedrich List, de se donner aussi le temps de réaliser les infrastructures publiques comme les transports, car dans ce domaine encore les entreprises des pays anciennement industrialisés bénéficient d'externalités décisives qui peuvent être vues comme un biais dans la concurrence internationale. La concentration industrielle autour de Manchester réduit la nécessité du transport des facteurs de production, et le réseau ferré réduit le coût du transport des biens, constituant des avantages concurrentiels aussi importants que la technologie détenue.

- La question de la protection se pose pour les inventions technologiques mais aussi aux frontières pour inciter les pays encore ruraux à se lancer dans l'apprentissage industriel à l'abri d'une protection douanière.
- Si le brevet est né d'une idéologie libérale au sens de la philosophie des Lumières, on peut se poser la question de sa gestion relativement mercantiliste en Angleterre au 19ème siècle. C'est en tout cas une critique faite par des économistes allemands de l'époque qui reprochent à l'Angleterre d'utiliser le brevet pour imposer au reste du monde, leur contrôle technologique.

3.4 Que se passe-t-il lorsque la propriété intellectuelle est contestée par certains pays ?

Outre le problème à caractère intrinsèque que nous mentionnons ici, il faut prendre en considération le fait qu'à chaque période de l'Histoire il se trouve des pays qui contestent la PI ou cherchent à y échapper, ce qui fragilise l'efficacité au niveau international du marché de connaissance. Dans l'Europe du 19ème siècle, ce scénario s'est produit entre l'Allemagne, puissance montante, et l'Angleterre pionnière de la révolution industrielle. Précisons les faits historiques : au début, l'Allemagne militait pour un système de PI aussi faible que possible, et à la fin du siècle elle avait constitué pour elle-même un des systèmes de PI les plus stricts et efficaces au monde ! À tel point qu'avoir obtenu un brevet pour l'espace économique allemand était mondialement considéré comme un gage de créativité et de sérieux. L'Histoire de la France est un peu différente, en partie parce que le pays présentait au début 19ème siècle moins de contraste technologique avec l'Angleterre (et ensuite, les guerres napoléoniennes et le blocus ont coupé un moment l'économie française de la concurrence anglaise), et en partie parce que la France s'est elle-même dotée d'un système moderne de PI au moment de la Révolution.

Aujourd'hui, ni la France ni l'Allemagne ne contestent les règles de la PI. En revanche, la Chine a souvent été dénoncée comme ne les respectant pas. Le Brésil tente aussi d'y échapper dans un certain nombre de domaines. La logique d'affrontement est celle des pays nouvellement industrialisés contre les anciennes puissances bien établies. On verra sans doute un jour la Chine défendre avec détermination la PI des techniques qu'elle domine (et elle en domine de plus en plus).

> ☐ À chaque période de l'Histoire il se trouve des pays qui contestent les règles de la PI ou cherchent à y échapper, ce qui rend difficiles les rapports internationaux vis-à-vis de la connaissance (enjeux de développement et de souveraineté nationale).

3.5 De la théorie à la pratique dans le monde aujourd'hui : le cas du brevet d'invention

Au niveau macroéconomique, les avantages du *progrès techno-scientifique* sont partagés entre les deux versants que sont, en résumant, l'innovation et sa diffusion. Théoriquement, les brevets favorisent l'invention mais handicapent une diffusion plus large de l'innovation. On peut grossièrement prendre cette affirmation comme hypothèse, même si parfois le brevet est utilisé comme signal pour se faire connaître, reconnaître et pour inviter à la collaboration. Tout système national – formé des institutions de la PI et des politiques impactant l'innovation – propose un équilibre particulier en mettant le curseur à un certain endroit. Il est difficile de produire un modèle économique global qui calculerait la position optimale du curseur, mais ce qui est certain avec les exemples donnés plus haut, c'est que cet optimum est variable dans le temps et dans l'espace. D'où d'inévitables conflits.

Le réglage légal du système de brevet lui-même est au cœur de cette problématique. La différence entre la PI américaine et celle du reste du monde est un bon exemple. Le niveau de protection américain de l'inventeur est le plus fort du monde : grande étendue du brevet (tout ce qui ressemble de près ou de loin à l'idée déposée est protégé) et principe du *first to invent* (même si je n'ai pas déposé mon idée avant un concurrent je peux obtenir d'un juge l'*antériorité* en fournissant des preuves matérielles comme des cahiers de laboratoire). Le système japonais est traditionnellement à l'opposé du système américain, avec des droits assez étroits, qui protègent donc bien l'idée initiale au sens strict mais facilitent le contournement (on entend par là le fait de revendiquer une invention différente, mais proche d'une idée déjà protégée). Dans le système de la PI, il y a non seulement la loi mais aussi la manière dont elle est interprétée par les juges – et aux États-Unis les juges ont toujours pleinement joué leur jeu. Au total, le système américain apparaît très protecteur de l'inventeur, le système japonais peu protecteur, et le système européen en situation intermédiaire.

Sachant cela, on ne sera pas très étonné d'observer que, depuis la fin de la seconde guerre mondiale, les États-Unis accumulent les grandes innovations de rupture, alors que le Japon a développé un mécanisme de rattrapage technologique particulièrement efficace par accumulation d'innovations incrémentales. Les brevets ne sont pas les seuls responsables de cette situation – on peut opposer la culture très individualiste des Californiens à l'héritage partiellement confucéen des Japonais[32] – mais le tout fait système avec une certaine cohérence dans chaque pays. Les institutions s'expliquent par la culture et réciproquement. Ajoutons que les grands pays savent jouer avec leur système pour avancer leurs pions dans la compétition internationale. Par exemple, les États-Unis n'ont pas hésité à déroger à un grand principe dans les années 1980 en décidant de breveter le vivant lorsque sont apparues les techniques de manipulation génétique[33].

Au sein même de l'Europe, les nations ont hérité de traditions culturelles variées, mais partagent malgré tout un ensemble de valeurs que l'on pourrait qualifier d'*individualisme tempéré*. Comme nous l'avons vu plus haut, elles ont un héritage industriel différent qui joue tant sur les dépôts de brevet, que sur l'innovation : différences de spécialisation économique, de perception du brevet (humaniste *vs* mercantiliste), etc. Cependant, la réalité est complexe et les liens entre la recherche, l'invention et l'innovation ne sont pas clairement prévisibles.

Nous verrons dans les chapitres 5 et 6 que la caractérisation des systèmes d'innovation nationaux, impulsée par les politiques publiques de l'après-guerre, peut expliquer certaines différences entre les pays européens, et en particulier entre la France et l'Allemagne, cette dernière déposant plus de brevets par habitant à l'Office européen des brevets

---

32 Il est extrêmement impoli au Japon d'affirmer qu'on a pensé le premier à quelque chose et de laisser entendre que l'individu puisse être en avance sur le groupe – surtout si on n'est pas le chef. Cette caractéristique culturelle ne prédispose pas à « penser en rupture ». Par contre, cela peut favoriser la diffusion des bonnes idées et l'invention incrémentale.

33 La Cour d'appel de l'office américain (US-PTO) déclare en 1985 que tout ce qui est le fruit de l'ingéniosité humaine peut être breveté – l'ADN aussi s'il a été modifié. Une souris transgénique est brevetée en 1988. Mais il faudra attendre 1992 pour qu'elle soit acceptée par l'OEB. Plus récemment, un débat s'est instauré en Europe sur le point de savoir dans quelle mesure le Certificat d'obtention végétale (COV) peut être remplacé par un brevet. Les grandes industries semencières y sont favorables, mais pas les petites. Précisons qu'un semencier peut repartir sans autorisation d'une variété protégée pour en créer une autre.

(OEB) (cf. encadré 3.6). Mais qu'en est-il de leur propension à innover ? Les systèmes d'innovation sont-ils un peu plus axés sur l'encouragement de l'invention ou au contraire plus orientés vers la diffusion des idées ? La France, qui a longtemps pratiqué une politique de grands projets, constitue forcément un contexte différent de celui de l'Allemagne, un pays plutôt connu pour ses politiques de diffusion sectorielle des technologies génériques.

> **Encadré 3.6: L'office européen des brevets**
>
> Les pays européens ont construit un outil institutionnel commun qui est l'Office européen des brevets (OEB) dont le siège est à Munich. Ce dernier n'a pas fait disparaître les offices nationaux, mais l'ensemble est articulé. Au bout du compte toute invention importante finira à l'OEB, même si dans un premier temps elle peut seulement faire l'objet d'une demande de protection nationale.

- Théoriquement, les brevets favorisent l'invention mais handicapent une diffusion plus large des idées et par conséquent de l'innovation, même si parfois le brevet est utilisé comme signal pour se faire connaître et pour inviter à la collaboration.
- Les pays européens conservent des particularités culturelles dans la nature de leur système d'innovation qui peuvent expliquer une différence quant aux nombres de brevets déposés et d'innovations effectivement réalisées.

Conclusion

Nous avons vu que le système de la propriété intellectuelle (comprenant les lois, les agences, les tribunaux, etc.) permet de créer un *marché de connaissances* qui vise à atténuer les imperfections liées aux externalités. Toutefois, ce marché n'est pas totalement efficace pour favoriser l'innovation dans la mesure où des forces antagonistes sont en jeu :

- la protection individuelle de l'inventeur (qui court le risque de ne pas rentabiliser son investissement dans la connaissance) ;
- et le partage des inventions, susceptibles de faire naître des innovations.

La première révolution industrielle, celle de la fin du $18^{\text{ème}}$ siècle, s'est inspirée de la philosophie des Lumières – accordant au citoyen un droit inaliénable de propriété sur sa pensée. Cependant, elle va utiliser le système pour valoriser la connaissance à des fins de croissance économique, voire de suprématie nationale. Ce fut le cas, à l'époque, de la Grande-Bretagne, mais également de la France ou de l'Allemagne avec des modèles de production légèrement différents mais qui reposaient tous sur un modèle de PI fondé sur l'appropriation de la connaissance.

On a pu observer que l'histoire de l'institution des brevets trouve un écho de nos jours au moins à deux niveaux. La première question concerne la pertinence du brevet d'invention eu égard à l'objectif qu'il poursuit, c'est-à-dire favoriser l'innovation, qui est alors vue comme un *progrès techno-scientifique* capable de tirer la croissance économique. La seconde a trait à l'adéquation du modèle de production et du cadre juridique issus des premières révolutions industrielles aux nouveaux défis de transitions auxquels la société du $21^{\text{ème}}$ siècle est confrontée, lesquels requièrent un foisonnement d'idées en faveur d'innovations de rupture souhaitables pour tous.

En effet, alors que nous sommes en train de vivre une nouvelle révolution industrielle, les cartes des modèles de production sont rebattues. Après la troisième révolution née d'internet et popularisée par Jeremy Rifkin (2011), Pierre Veltz (2017) parle maintenant d'un nouveau capitalisme productif au sein d'une société hyper-industrielle où services, industrie et numérique convergent vers une configuration inédite. Désormais, comme nous le verrons au chapitre 7, les entreprises créent de la valeur autrement, en innovant largement dans les services aux usagers, ce qui requiert notamment des connaissances non technologiques, pas nécessairement codifiées. De plus, les filières industrielles évoluent vers des écosystèmes d'affaires très imbriqués, ce qui nécessite de partager davantage la connaissance pour être en capacité d'innover. En outre, les frontières de ces écosystèmes sont généralement supranationales, et se posent alors des questions de souveraineté et d'arbitrage entre intérêt national et industriel, notamment en ce qui concerne la connaissance.

Par ailleurs, dans ce monde en transition, des considérations d'ordre éthique reviennent régulièrement en scène et en particulier on s'interroge de nouveau sur la relation entre innovation technologique et progrès. Il se trouve que la connaissance joue un rôle particulièrement important pour réconcilier ces deux notions, pourvu qu'elle soit orientée vers une *innovation durable* qui tienne compte de l'environnement et du bien-être de la société. Pour ce type de question tout aussi urgente que complexe, avec un degré d'incertitude très élevé, le partage et l'utilisation de la

Conclusion

connaissance peuvent favoriser grandement l'innovation (mise en commun d'analyse, de verrous à débloquer…), voire dans certain cas, en faciliter l'appropriation par le grand public.

Si le discours politique va dans ce sens, il est de la responsabilité des entreprises, quand elles portent des nouveautés sur le marché, d'élargir leur champ de vision au-delà de la compétitivité, pour aller vers une innovation qui soit responsable et durable en préservant l'environnement, ainsi que l'emploi, la paix sociale, le vivre-ensemble, etc. C'est une autre façon – moins commerciale – de *valoriser* la connaissance et l'arsenal juridique doit suivre également. Outre la mise en place de la responsabilité sociétale de l'entreprise (RSE) et des entreprises à mission (Levillain, 2017) – nous y reviendrons, la fonction de valorisation de la recherche et le système de PI ont un rôle particulièrement important à jouer. Dans ce nouveau contexte, d'autres types de protection des connaissances s'offrent-ils à nous ? C'est un point essentiel à investiguer dans la mesure où la protection de l'invention peut contribuer à celle de l'innovation et, à coup sûr, impacte la décision et la manière d'innover de manière responsable.

Après avoir, dans les trois premiers chapitres du livre, clarifié les principaux concepts utilisés en les replaçant dans une perspective historique et culturelle, nous souhaitons restituer, au chapitre suivant, la place et le rôle de l'investissement en R&D dans un système de recherche et d'innovation. Nous prenons comme illustration les statistiques agrégées de la France et de l'Allemagne qui reflètent la situation actuelle des deux principaux contributeurs à l'effort global de la recherche en Europe.

Chapitre 4

Cadre d'analyse national de l'investissement dans la recherche et comparaison statistique France-Allemagne à l'époque contemporaine

L'objet de ce chapitre est de présenter la situation actuelle de la France et de l'Allemagne à travers une approche statistique comparant les efforts de recherche consentis dans le contexte économique et industriel qui caractérise chacune de ces deux puissances européennes. Nous ferons également une comparaison en termes de brevets déposés et de publications académiques que nous situerons relativement aux autres pays à l'échelle européenne et internationale.

Outre un panorama statistique des deux plus gros contributeurs à l'effort global de la recherche en Europe, nous révèlerons également les problématiques méthodologiques et les questions de fond qui seront traitées dans les chapitres suivants. Il restera à vérifier en effet le lien entre la recherche scientifique effectuée sur un territoire national, la recherche appliquée menée par ou à l'intention des filières industrielles, et la propension des acteurs à innover pour créer effectivement de la valeur, ce qui permet de justifier l'investissement consenti dans le système de recherche national.

1. Mesurer l'effort de recherche : pourquoi et comment ?

Comme toute mesure, l'estimation de l'effort de la recherche d'un pays implique de mobiliser des modèles théoriques afin de construire des données statistiques que l'on peut observer sur des séries chronologiques et sur différents champs géographiques. Tout modèle censé représenter la réalité oblige à faire des choix simplificateurs et induit un certain nombre de biais qu'il faut avoir à l'esprit pour comparer et interpréter les résultats. Ici les résultats qui nous intéressent sont sous forme de ratios entre les *budgets de recherche* mesurés dans un pays – qui correspondent à un flux d'investissement dans la connaissance – et la production totale de valeur du pays concerné (PIB). La question de savoir si cet investissement est utile au pays dépasse le champ du présent chapitre. Cependant, comme nous souhaitons dès à présent poser les briques permettant d'y réfléchir dans la suite de l'ouvrage, nous allons resituer cet investissement dans l'ensemble des éléments du système de recherche et d'innovation en montrant comment il donne l'impulsion nécessaire à la création de valeur économique et sociétale.

1.1 Recherche et revenu national

La mesure internationale la plus standard de *l'effort de recherche* est le ratio des dépenses courantes de recherche et développement (R&D) par rapport à la production totale de valeur du pays concerné (PIB), les deux flux comptables étant observés sur une année. Il s'agit bien d'un rapport de flux et non de stocks.

- La R&D est sensée mesurer *l'accroissement* du *stock de connaissances scientifiques et techniques* produit dans le pays sur la période. Le stock n'est pas évalué comptablement. Comme nous l'avons expliqué au chapitre précédent, c'est en grande partie un bien commun planétaire car la connaissance est très imparfaitement appropriable. La recherche exécutée dans un pays (*Dépense intérieure de recherche et développement*, DIRD)[34] est mesurée par la comptabilité nationale comme le flux de contribution annuelle du pays au stock global de connaissances (cf. encadré 4.1). La question de savoir quelle partie est susceptible de bénéficier au pays plutôt qu'au reste du monde est un vrai sujet (théorique et stratégique) que nous évoquons à plusieurs reprises dans nos propos mais que nous avons choisi de ne pas traiter en tant que tel dans cet ouvrage afin de rester centrés sur notre problématique principale qui est le processus de valorisation. La question de savoir *qui* bénéficie le plus, au bout du compte, de la valorisation est très complexe et demande un recul temporel important pour être sérieusement abordée. Par ailleurs, les données quantitatives disponibles ne sont pas d'une grande aide pour tenter d'y répondre.

---

34 Elle comprend les dépenses courantes (masse salariale des personnels de R&D et dépenses de fonctionnement) et les dépenses en capital (achats d'équipements nécessaires à la R&D).

- Le PIB est une mesure de la richesse économique produite sur la période et le même périmètre, selon les conventions habituelles des comptabilités nationales. Notons que l'on ne parle pas ici de Produit national brut (PNB) car, comme pour la recherche, ce qui nous intéresse c'est la production sur le territoire et non le critère de nationalité (qui devient d'ailleurs de plus en plus flou dans un monde globalisé). La partie non consommée de ce « revenu national » peut s'accumuler en *patrimoine économique*. Les divers actifs matériels et immatériels qui le composent constituent un stock – qui est rarement estimé, mais dont voit bien qu'il contribue à la production future. C'est ainsi que le flux net de formation de capital productif (investissement) détermine les potentialités de PIB des périodes à venir.

Encadré 4.1: Définitions se référant à la France et utilisées dans les comparaisons avec l'Allemagne notamment

La *Dépense intérieure de recherche et développement (DIRD)* représente la somme des travaux de recherche et développement (R&D) exécutés en France quelle que soit l'origine géographique de leur financement.

La *Dépense nationale de recherche et développement* (DNRD) représente quant à elle, la somme des efforts financiers des acteurs implantés en France quel que soit l'endroit où les travaux de R&D seront finalement exécutés.

La différence entre DNRD et DIRD tient au solde des flux financiers avec l'étranger, que ce soit pour les administrations dans le cadre des programmes européens (programme-cadre, Euratom, Eureka, CERN, etc.) et internationaux (Agence spatiale européenne…), ou pour les entreprises. En France, ce solde est en hausse, de l'ordre de 3600 M€ en 2017 (source INSEE, février 2020).

Pour simplifier, nous ne considérons que la DIRD dans les comparaisons entre pays qui sont faites dans ce chapitre.

Rapporter la recherche au PIB revient à faire l'analogie entre les deux processus d'accumulation (de connaissance et de patrimoine économique). De même qu'une partie non consommée du PIB peut s'accumuler en capital productif matériel (comme des machines ou des infrastructures publiques), une autre partie peut être investie en connaissance *via* la recherche. De ce point de vue, le système de la science fonctionne comme un fabricant d'actifs productifs. Cette conception est logique comme démarche intellectuelle, mais il faut garder à l'esprit qu'elle est réductrice dans la manière de considérer la science.

Il y a plusieurs façons de lire le ratio DIRD/PIB. De manière pragmatique, cela sert à mesurer l'effort de recherche en le pondérant par la taille économique du pays. Mais on pourrait aussi bien diviser la DIRD par la taille démographique du pays, et c'est ce que nous ferons plus loin avec des indicateurs de recherche par tête. Utiliser ce ratio (ce qui est très courant dans la littérature et les médias) c'est implicitement le considérer comme l'équivalent d'un *taux d'investissement* : c'est la partie de la richesse produite qui est affectée à produire plus de connaissances et donc potentiellement plus de valeur économique à l'avenir – sous la forme de biens nouveaux, de procédés de production plus efficaces, d'augmentation de la qualité des biens, etc. Cette affectation se fait au détriment, d'une part de l'investissement en capital productif matériel et, d'autre part de la consommation finale. La DIRD présente donc un coût d'opportunité d'autant plus difficile à assumer que les capacités de financement sont contraintes, ce qui milite en faveur d'une forte justification économique au bienfondé de ladite dépense.

Autrement dit, on fabrique un indicateur qui est assez naturellement lié à la notion *d'innovation*, car calculer combien la nation investit d'argent (DIRD) dans la production de savoirs scientifiques et techniques – plutôt que d'alimenter la consommation finale ou d'investir dans le capital productif matériel – amène logiquement à se demander si cette connaissance produira de l'argent en retour dans les années suivantes. Si le savoir produit massivement de l'argent, ce n'est pas par la *découverte* ou *l'invention*, mais bien par *l'innovation*. Il s'agit d'une vision un peu mercantile, mais beaucoup d'acteurs voient en effet dans le financement de la « science » une manière de favoriser à terme l'émergence de biens, services et marchés nouveaux[35] – bref, de l'innovation au sens de Schumpeter.

---

35 On peut aussi tenir un tel raisonnement d'économiste en regardant ce que la nation investit en *éducation et formation*, avec la perspective que cette augmentation de valeur du *capital humain* produira plus de valeur économique dans les périodes futures. C'est la vision développée par toute une école d'économistes – dont le prix Nobel 1992, Gary Becker.

En écho à la vision mercantile de la recherche qu'exprime implicitement la DIRD, rappelons que le PIB lui-même ne reflète pas l'utilité publique (le « Bonheur national brut »), car il n'est qu'une des composantes du bien-être collectif. Il ne prend pas en compte par exemple les services gratuits comme les activités domestiques et il n'est pas calculé net de la dégradation de l'environnement due aux activités productives et de consommation. Les chiffres d'intensité de la recherche (avec le PIB en dénominateur) que fournissent les institutions statistiques sont utiles parce qu'il vaut mieux avoir une mesure de quelque chose plutôt que rien, mais il ne s'agit pas pour autant d'en faire l'*alpha* et l'*oméga* de la réflexion.

D'un point de vue philosophique ou politique, on peut – nous dirons même qu'on doit – considérer que la recherche accroît la connaissance scientifique et technique en gardant à l'esprit que cette dernière contribue à la culture, à la satisfaction intellectuelle des citoyens (si possible pas seulement celle des chercheurs, ce qui pose la question de la vulgarisation), à la démocratie (en formant des citoyens mieux informés et moins naïfs), au prestige national (*via* les récompenses scientifiques et autres objets de classement international, cf. encadré 4.2), etc. Il s'agit donc, lorsqu'on compare l'intensité de recherche dans le temps ou dans l'espace, de penser aussi l'ensemble des *raisons* pour lesquelles on organise et on finance une telle activité. La position du physicien et épistémologue Lévy-Leblond que nous avons évoquée au chapitre 2, à savoir qu'une civilisation se doit d'entretenir une activité scientifique, nous rappelle que les motifs pour lesquels la société et ses gouvernants allouent des moyens à la création de connaissances nouvelles, ne sont pas uniquement mercantiles. Nous l'avons largement souligné également au chapitre précédent à propos des différentes lectures de la valorisation de la recherche.

> **Encadré 4.2 : Le classement international des universités : objectifs et limites**
>
> Face au rôle de plus en plus important joué par la science dans la compétition internationale, le système médiatique a mis au point au fil des ans, un classement international des établissements d'enseignement supérieur dont le fameux « classement de Shanghai », lancé en 2003 en Chine et qui se base sur la contribution des chercheurs aux publications mondiales (hors sciences humaines et sociales et hors mathématiques).
>
> Un tel classement doit être utilisé avec prudence car on ne peut juger du potentiel scientifique d'un pays à l'aune du nombre de publications sorties de ses laboratoires, d'autant que ce sont les établissements les plus gros en termes d'effectifs (chercheurs et professeurs, *juniors* comme *seniors*) qui ressortent le plus. Le nombre d'étudiants est neutre. En outre, ce classement ne rend compte ni de la PI (notamment des brevets), ni de la contribution à la formation par la recherche (doctorats).
>
> Ceci dit, une telle photographie montre l'évolution dans le temps de la répartition géographique des plus grands pôles de recherche. Sur la période 2015–2019, on peut constater :
>
> - le maintien de la puissance académique des États-Unis ;
> - la montée en puissance de la Chine (qui consacre 2,2% de son PIB à la R&D, comme la France) ;
> - la faiblesse relative de l'Europe.
>
> Source : Pierre Papon (2020).

- La recherche exécutée dans un pays (DIRD) est mesurée par la comptabilité nationale comme le *flux* de contribution annuelle du pays au *stock* global de connaissances qui forme le *capital productif immatériel*.
- Ramené à la production totale de valeur du pays concerné (PIB), ce *taux d'investissement* est justifié par un retour économique attendu à plus long terme grâce à l'innovation (dans une vision très économique, qui est celle de la comptabilité nationale).
- Cependant, l'investissement dans la science s'explique également par des motifs non directement économiques, à savoir la contribution à la culture, à la satisfaction intellectuelle des citoyens, à la démocratie, au prestige national, etc.

1.2 Le financement de la recherche comme impulsion au processus qui aboutit à l'innovation

L'impulsion financière, traduite par la part du PIB consacrée à la recherche et à l'innovation, relève de l'ensemble des investissements privés dans la recherche, mais aussi des décisions de politiques publiques visant à financer le système de recherche et d'innovation. Nous verrons que la différence de nature et d'intensité de la recherche entre la France et l'Allemagne s'explique en grande partie par la composition sectorielle de leur économie. Pour simplifier, la France est spécialisée en agroalimentaire, dans le secteur du luxe, les services à valeur ajoutée largement fondés sur la connaissance comme le *B to B* (*Business to Business*) ; l'Allemagne dans l'industrie manufacturière, les marchés de niche et les secteurs de pointe (où sont aussi actives les entreprises de taille intermédiaire formant le *Mittelstand*)[36]. Les activités de recherche et d'innovation et les flux financiers qui les alimentent sont bel et bien conditionnés par la structure économique nationale et les acteurs qui la composent, même si d'autres facteurs de nature culturelle sont également à considérer dans l'analyse.

La figure 4.1 schématise l'articulation des trois piliers du processus d'innovation – décrits au chapitre 2, que sont la recherche fondamentale, la recherche appliquée ou technologique et le développement industriel et commercial, chacune de ces activités produisant des résultats sous la forme notamment de publications, de brevets[37] ou de produits et services innovants. La figure fait apparaître les *retombées* générées par les activités du processus d'innovation en termes économique et sociétal, que ce soit au niveau des entreprises (chiffre d'affaires…) ou à un niveau global (valeur ajoutée sectorielle, PIB, emploi…), à condition toutefois qu'il y ait un véritable relais au niveau des autres acteurs économiques et institutionnels pour valoriser les connaissances produites : politiques d'accompagnement

---

36 Il faut cependant noter que dans plusieurs domaines les deux pays présentent les mêmes points forts. C'est le cas de l'automobile (malgré une surspécialisation allemande), de l'aérospatial et de la défense (avec une surspécialisation française). Par ailleurs les deux pays sont plutôt faibles dans des domaines où excellent les États-Unis et l'Extrême-Orient (informatique et internet). La plus importante différence est sans doute dans la structure par taille et nature des entreprises : d'après l'Institut Montaigne, les Entreprises de taille intermédiaires (ETI) se développent en France, innovent et créent beaucoup d'emplois, mais leur nombre n'est encore que de 5 800 contre 12 500 en Allemagne.

37 Publications et brevets sont les *outcomes* de la recherche.

en faveur de l'innovation, politiques industrielles, mise à disposition des financements nécessaires... Nous y reviendrons largement dans l'ouvrage et tout particulièrement pour montrer – au chapitre 6 – que la mesure de l'innovation, dont la logique est la transformation du monde *via* des ventes, des profits, des emplois, une utilité sociale, etc., est difficile car les indicateurs disponibles ne sont guère représentatifs, et surtout il faut beaucoup de recul pour remonter à la source d'une innovation et en estimer l'*impact* pour l'économie et la société.

Il est important de souligner aussi le renforcement mutuel de l'ensemble des retombées. Par exemple, *via* l'éducation et la vulgarisation scientifique, le bien-être des citoyens et la qualité de la démocratie sont impactés positivement par la recherche fondamentale. De même, une population cultivée est plus créative et productive – ses *capacités absorptives*[38] lui permettent de mieux repérer et mobiliser toute nouvelle information opérationnelle (au sens utilitariste) qui pourrait émerger dans son environnement, ce qui ne peut que favoriser l'innovation et le développement économique. On observe également que la création de connaissance dans un domaine de créativité (par exemple recherche fondamentale, recherche appliquée, technologique ou développement industriel et commercial) en facilite l'acquisition dans un autre. C'est « en passant ses journées dans une fabrique d'alcool »[39] pour comprendre les difficultés éprouvées par un distillateur d'alcool de betterave, que Pasteur a découvert le rôle des levures dans la fermentation – nous l'avons déjà évoqué au chapitre 2.

---

38 Nous employons ici à dessein le terme popularisé en économie par Cohen et Levinthal (1990) pour souligner le fait que la recherche, qu'elle soit individuelle ou collective, ne fait pas seulement émerger en cas de réussite une connaissance nouvelle visée, mais augmente aussi la capacité des acteurs à comprendre et adopter des connaissances externes. Une recherche non aboutie apporte aussi des bénéfices potentiels, car c'est un entraînement intellectuel. De la même manière, une personne qui s'est cultivée pour son plaisir est aussi, généralement, plus efficace dans ses activités professionnelles.

39 Extrait d'une lettre de Madame Pasteur à son beau-père, voir en particulier, Pierre Darmon (2014).

Mesurer l'effort de recherche : pourquoi et comment ?

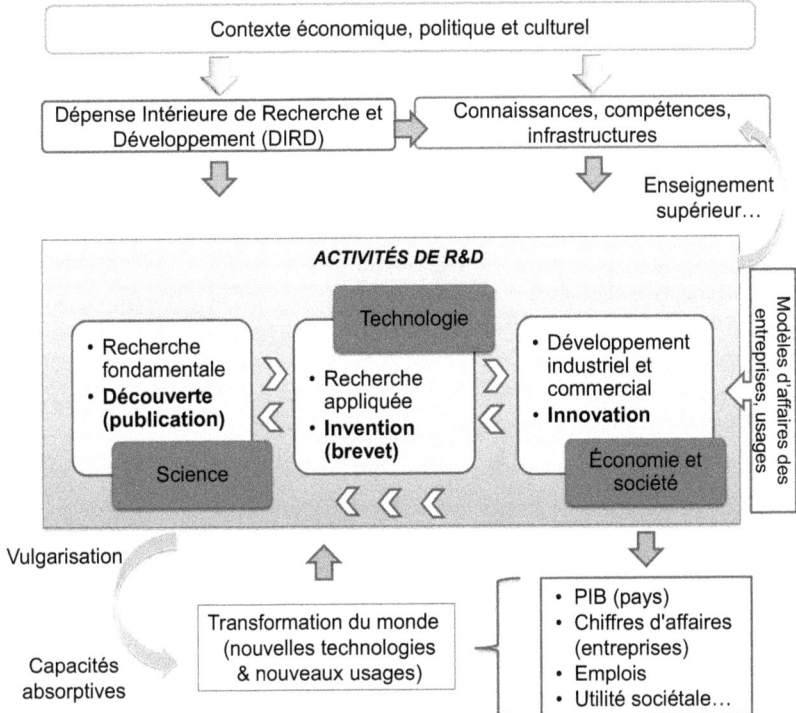

Figure 4.1: Le processus d'innovation dans son contexte avec l'impulsion donnée par la DIRD
Source : Auteurs

Le cœur du schéma est surplombé par les *facteurs de production* de la recherche que sont les flux de moyens courants et les services de fonds accumulés par le passé, c'est-à-dire la connaissance scientifique et technique, les compétences individuelles et collectives, ainsi que les infrastructures. Ces facteurs de production dépendent bien entendu du contexte et notamment de la structure économique du pays considéré.

À un niveau microéconomique, la création de valeur issue de la R&D est favorisée lorsqu'il existe des interactions entre le laboratoire de recherche et l'entreprise, dont le *modèle d'affaires* se cale sur les nouveaux besoins, voire les nouveaux usages. Cela se fait en général dans le cadre de *partenariats public-privé* (PPP). Les synergies peuvent également avoir lieu directement avec les usagers puisque la recherche (notamment en sciences humaines et sociales) est susceptible de fournir une grille d'analyse pour appréhender, projeter et intégrer les aspirations des citoyens et conduire à une *innovation participative*, favorisant ainsi le passage du PPP au *public-private-people partnership* (PPPP).

Le processus d'innovation se lit de *manière systémique*. Les flèches blanches dans le cadre « activités de recherche » illustrent un premier enchaînement qui va de l'amont scientifique jusqu'à l'innovation en aval, mais aussi un effet de retour vers l'amont, car le développement de produits, de procédés innovants ainsi que leur usage dans la société font remonter des questions de recherche et entretiennent ainsi une boucle créative. De même, des flèches rétroactives indiquent les synergies qui existent entre chaque composante du processus.

Les grandes boucles de rétroaction n'ont pas été représentées de manière exhaustive. L'une d'elles indique que les capacités absorptives de la population dépendent des activités scientifiques et de leur *vulgarisation*. La seconde montre que le socle de compétences détenues par les chercheurs et le personnel d'appui résulte en grande partie du degré d'excellence de l'enseignement supérieur et de la recherche, voire plus largement du système d'éducation et de formation. La performance des *infrastructures de recherche* est, quant à elle, le reflet de l'expertise scientifique mutualisée des chercheurs, mais elle bénéficie aussi de la qualité de la gouvernance, notamment en matière l'allocation de moyens et de choix technologique pour les équipements hautement spécialisés (calcul intensif, laser, télescope, synchrotron, séquençage ADN, etc.), etc.

- Les *infrastructures de recherche* contribuent largement à la science qui, en retour, impacte leurs performances.
- La *création de valeur économique* par la recherche est favorisée lorsque celle-ci est menée dans le cadre de partenariat public-privé et en interaction forte avec les nouveaux usages.
- Cette création de valeur se répercute au niveau des branches d'activité sectorielles et à un niveau macroéconomique pourvu qu'il y ait un véritable relais des autres acteurs économiques et institutionnels : valorisation des connaissances grâce à des politiques de recherche et d'innovation appropriées, à des politiques industrielles coordonnées, etc.

2. Bilan comparatif France–Allemagne en 2017

L'intensité globale de recherche pour la France et l'Allemagne, comme l'intensité publique ou privée, sont à mettre en parallèle avec ce que l'on a coutume d'appeler les *outcomes* de la recherche qui sont d'une part les publications scientifiques mesurant la créativité des chercheurs et d'autre part, les dépôts de brevet qui reflètent celle des inventeurs mobilisant la recherche appliquée. Dans l'Europe de la recherche, il s'avère que l'Allemagne devance la France sur l'ensemble de ces indicateurs statistiques et ce, sur la durée. Quant à la comparaison internationale qui sera faite en troisième partie, elle n'est pas en faveur de l'Europe, les États-Unis restant très bien positionnés et l'Asie étant en train de prendre une avance considérable. Cela augure-t-il de grands bouleversements pour les années à venir ?

2.1 Les objectifs européens en politique de recherche et les réalisations vingt ans après

L'Europe, au cours des années 1990, s'est beaucoup préoccupée de *politique de recherche*. Dans le cadre de la « stratégie de Lisbonne », la Commission et les États membres se sont fixés comme objectif de consacrer 3% du PIB au financement de la R&D[40]. Nous n'entrerons pas ici dans le détail des raisons de cet engagement. Signalons seulement que les motivations officielles étaient très liées aux enjeux économiques et stratégiques. Aussi bien en termes de volume (pourquoi 3% ?) que de nature de la recherche (fondamentale ou appliquée ?), les raisonnements à la base des politiques étaient fondés sur l'observation d'un certain déclassement de l'Union européenne (UE) vis-à-vis des États-Unis et de l'Asie en matière de recherche susceptible de déboucher sur des innovations et donc de la croissance économique.

Après deux décennies de politique de R&D, visant à la fois l'effort des secteurs publics nationaux et l'incitation des entreprises, où en sommes-nous ? La première constatation c'est que l'objectif de Lisbonne n'a pas

---

40 L'Union s'est fixée au tournant du siècle pour objectif de la décennie à venir de devenir « l'économie de la connaissance la plus compétitive et la plus dynamique du monde ». C'est l'engagement pris par les pays membres au Conseil Européen de Lisbonne des 23 et 24 avril 2000. Cela devait se faire « au moyen de politiques répondant mieux aux besoins de la société de l'information et de la R&D ».

été atteint pour la plupart des pays membres. Pour l'ensemble de l'Union, la dépense intérieure de R&D (DIRD), tous secteurs confondus, a faiblement progressé pour atteindre 2%. On est bien loin de l'objectif ! La France a oscillé entre 2 et 2,5% sur la période sans montrer une tendance positive notoire. L'Allemagne a par contre progressé vers les 3% (en partant d'une situation proche de la France dans les années 1990).

Avant d'examiner les chiffres les plus récents, reprenons le constat fait en 2014 en France par France Stratégie[41]. L'examen en tendance longue de l'effort de recherche aboutit aux conclusions résumées dans l'encadré 4.3 suivant.

Encadré 4.3: Un retard significatif de la France pour l'effort de recherche

En pourcentage du PIB, l'effort global de R&D de l'Allemagne a augmenté de façon presque continuelle depuis 1994 alors qu'il a dans l'ensemble stagné en France au cours des deux dernières décennies. En Allemagne, la tendance haussière est principalement attribuable au secteur privé (secteur des entreprises). Dans ce domaine, la diminution lente observée en France entre 1993 et 2007, qui est pour une grande partie liée au processus de désindustrialisation, ne s'est inversée que depuis la réforme du Crédit d'impôt recherche (CIR) en 2008, mécanisme sur lequel on reviendra au chapitre 5.

Source : France Stratégie (2014, p. 51).

Ce constat permet de commencer à positionner un certain nombre de points qui structureront notre présentation pour la suite. On voit d'abord l'importance de *distinguer au moins deux composantes dans la R&D totale* (DIRD) : celle exécutée par les « administrations » (DIRDA) et celle exécutée par les entreprises (DIRDE)[42]. Cette distinction ne recouvre pas totalement la différence entre recherche fondamentale (finalisée ou non) et appliquée (menant à l'invention, voire à l'innovation), mais on

---

41 France Stratégie, *France-Allemagne : performances comparées*, décembre 2014. Cette note travaillait sur les données disponibles jusqu'en 2011.

42 Le rapport de l'Observatoire des sciences et des techniques (OST) de 2006 précise dans sa note méthodologique que la R&D des entreprises est formée par les dépenses intérieures exécutées par l'entreprise elle-même et les dépenses externes sous-traitées qui « sont incluses dans le budget total de R&D des entreprises ».

observe que la DIRDE est largement appliquée, alors que la DIRDA est plus composite, car elle comprend aussi bien le financement des organismes publics, comme le CEA ou l'INRAE – visant, en sus d'un socle de recherche fondamentale[43], des applications, que le financement de recherches plus théoriques dans les universités et le CNRS.

Par ailleurs, la *structure économique* – en particulier industrielle – des pays joue un rôle important. La nature des branches où se spécialisent les pays est un facteur explicatif fort, car les niveaux de recherche nécessaires à la poursuite d'une activité compétitive sont extrêmement variables. Il est impossible de survivre sans R&D dans l'automobile ou la pharmacie. En revanche, dans l'industrie du luxe ou les services, la recherche (au sens du cadre comptable actuel) paraît moins systématique. Cette remarque ne signifie pas que ces deux derniers domaines n'innovent pas, ne produisent pas régulièrement des connaissances nouvelles, mais cet effort n'est pas visible dans les statistiques : pas de recherche au sens formel, pas de brevets (éventuellement des marques ou dessins déposés), etc. Ceci nous amène à questionner la mesure de la connaissance et le *biais technicien* considérable du système d'information statistique disponible. La créativité peut s'exprimer de manière très variée, au niveau de l'ensemble de la société. Même en termes purement économiques, de larges pans de l'innovation dépendent de connaissances non « technologiques »[44]. Le problème fondamental est que la *technologie* est plus facile à mesurer et comptabiliser que les autres champs de la créativité. Donc, même si la DIRD comprend aussi les dépenses de recherche fondamentale, le total de tout ce qui est mesuré laisse de côté une partie de la créativité du système.

Il s'agit aussi de rentrer plus dans le détail des composantes de la recherche et de l'éducation. La comparaison France-Allemagne par

---

43 Au CEA par exemple en 2017, la recherche fondamentale représente un quart des activités de recherche civile et elle est subventionnée à plus de 70% par l'État (source : Cour des comptes 2017 ; données actualisées avec un rapport de gestion interne, 2017).

44 Nous entendons ici par *connaissances technologiques* – dans un sens restreint mais cohérent avec l'esprit de la comptabilité – les connaissances faisant potentiellement l'objet de brevets d'invention ou d'autres formes de droits de propriété intellectuelle. Le problème est que les facteurs déclenchant ou favorisant l'innovation forment un ensemble beaucoup plus large : idées issues de la recherche fondamentale, connaissances informelles, savoir-faire, culture scientifique, technologique, managériale, etc.

exemple demande à regarder de plus près *l'effort public*. Nous verrons que les bonnes performances relatives de l'Allemagne sur l'intensité globale DIRD ne sont pas seulement dues à une dynamique industrielle notable (DIRDE) – bien connue depuis longtemps, mais aussi dans la période récente, à un accroissement du financement public, ce qui n'a pas été le cas en France. L'effort public allemand correspond largement au financement de la recherche fondamentale dans des organismes publics. L'effort public français est paradoxal : certes la DIRDA finance de la recherche universitaire et celle des organismes, dont une part non négligeable de science fondamentale, mais une grosse partie de la dépense publique consiste à aider les entreprises à faire de la recherche *via* le Crédit impôt recherche (CIR).

Le redressement de la DIRDE en France après 2008 s'explique en effet par un effort public exceptionnel (quasiment unique dans le monde) pour inciter fiscalement les entreprises à dépenser de l'argent en recherche. La France n'est pas une oasis fiscale, comme chacun sait, … sauf en matière de recherche. Les Allemands se posent depuis des décennies régulièrement la question d'introduire ou pas un CIR, mais la résistance à cette idée reste très forte[45] – pour plusieurs raisons que nous n'aborderons pas ici, mais retenons déjà que le contexte culturel et institutionnel joue un rôle essentiel, qu'il ne faut pas perdre de vue quand on réalise des comparaisons statistiques internationales.

Derrière ces considérations de politique publique se cache comme on le voit un *enjeu méthodologique* pour la mesure, à savoir qu'il faut distinguer dans l'effort de recherche la dimension du *financement* et celle de *l'exécution*. Comment considérer en effet la recherche des entreprises françaises ? En 2017, les 33 Mrd€ de dépenses des entreprises françaises – plus précisément des entreprises présentes et actives en France, car on est dans une comptabilité PIB et non PNB – sont fortement financées par les pouvoirs publics *via* le CIR. Le manque à gagner n'est pas négligeable pour les finances publiques, puisque le CIR a coûté la même année 6 Mrd€ en réduction d'impôt. En gros, un cinquième de la recherche *privée* est une dépense *publique* (principalement le CIR, bien qu'il y ait d'autres formes de subvention).

---

45 Tout récemment, en 2019, un dispositif similaire au CIR a été instauré en Allemagne (*Gesetz zur steuerlichen Förderung von Forschung und Entwicklung*), mais il ne sera effectif qu'à partir de l'année comptable 2020 et il se révèlera certainement moins massif qu'en France, en raison de plafonds de crédits.

La même année, en Allemagne, les entreprises ont dépensé 69 Mrd€, avec nettement moins de subventions publiques. Dans le cas de ce pays, la recherche privée apparaît vraiment privée ! Pour compléter le tableau et montrer la complexité de la réalité, notons que les filiales de groupes allemands bénéficient aussi du CIR français quand elles font de la recherche sur le territoire français, ce qui leur permettra peut-être d'innover un jour et de vendre dans le monde entier de nouveaux produits... en grande partie au bénéfice du siège en Allemagne. Ici encore, on voit qu'il faut bien distinguer la *production de connaissance* (découverte, invention) et la *valorisation de la connaissance* (innovation).

Retenons qu'une petite partie de la DIRDE allemande correspond ainsi à une dépense publique française au titre du CIR – pour les filiales que les entreprises allemandes localisent en territoire français, lesquelles ont naturellement les mêmes droits à bénéficier du crédit d'impôt que les entreprises dites « nationales ». Ceci illustre l'imbrication des systèmes de recherche et milite d'ailleurs pour plus de convergence des politiques nationales en Europe – tout en tenant compte des spécificités, car il faut bien articuler gouvernance et territorialité au sein de « l'espace européen de la recherche ».

- Si l'objectif de la stratégie de Lisbonne en 2000 (consacrer 3% du PIB au financement de la R&D à l'horizon 2010) n'a pas été atteint par la France, il l'a été de justesse par l'Allemagne notamment grâce à la dépense de recherche exécutée par les entreprises (DIRDE) dont les secteurs d'activité nécessitent de la R&D technologique (industrie manufacturière, marchés de niche, secteurs de pointe).
- Les entreprises françaises, quant à elles, sont positionnées sur des secteurs économiques pour lesquelles la recherche (au sens du cadre comptable actuel) paraît moins systématique : secteur du luxe, services...
- Cela révèle un *biais statistique* en faveur de la *connaissance technologique.*
- Après 2008, la DIRDE française s'est redressée grâce à l'instauration du Crédit impôt recherche (CIR) qui correspond en réalité à une dépense *publique :* environ un cinquième de la recherche *privée* est financée sur fonds *publics.*

2.2 L'intensité de recherche par rapport au Produit inrérieur brut

Le bilan comparatif entre les deux plus gros pays contributeurs à l'effort de recherche européen implique d'exploiter les dernières données disponibles et de faire des extrapolations lorsque l'information est manquante (encadré 4.4).

> **Encadré 4.4 : Méthodologie pour l'exploitation des données disponibles**
>
> Nous exploitons dans les paragraphes « L'intensité de recherche par rapport au PIB » et « Une approche complémentaire mettant l'accent sur le facteur humain », les dernières données disponibles d'*Eurostat* à la date de rédaction (mi 2020), à savoir celles qui correspondent à 2017. L'avantage de l'institut européen est qu'il autorise des comparaisons aisées entre les pays membres de l'Union. Les chiffres sont fournis par les instituts nationaux, mais un minimum de cohérence est assuré pour une meilleure comparabilité des statistiques au niveau européen. Signalons que les comptables nationaux de tous les pays sont déjà censés respecter, au niveau du terrain, des normes et définitions identiques comme celles du *Manuel de Frascati* pour la recherche datant de 1963 (OCDE, 1963). En revanche, il arrive que certains chiffres soient manquants ici et là pour certaines années, ce qui complique la réalisation de courbes comparées en série longue. Curieusement, les séries concernant la France comportent des trous sur beaucoup d'années (problème de communication entre l'Institut national de la statistique et des études économiques – INSEE – et l'Europe ?). Heureusement, on dispose des chiffres pour les deux années extrêmes : 2007 et 2017, ce qui va nous permettre de faire un bilan 2017 et une analyse d'évolution sur 10 ans.

Les tableaux 4.1 et 4.2 ci-dessous donnent la valeur du ratio DIRD/PIB en 2017 ainsi qu'en évolution 2007–2017 en France, en Allemagne et pour l'ensemble de l'Europe des 28, avec sa décomposition en trois secteurs (cf. encadré 4.5) :

– celui de l'État, à savoir les organismes publics de recherche,
– l'enseignement supérieur et la recherche,
– les entreprises.

Il y a aussi de la recherche faite par des *organisations privées à but non lucratif*. Cela peut introduire des écarts entre la somme des trois secteurs et le total de la DIRD. En France on connait le chiffre correspondant, mais pas en Allemagne. Cependant, comme les changements sont marginaux, ils ne perturberont pas trop nos analyses.

> **Encadré 4.5: Les notions de recherche publique et privée**
>
> Le sens des mots est également différent d'un pays à l'autre. En France on tend à considérer l'enseignement supérieur comme assimilable au secteur public. Nous avons donc décidé d'additionner la recherche exécutée par les universités à celle des organismes, créant ainsi un bloc DIRDA. Cependant, dans certains pays les institutions universitaires sont très autonomes vis-à-vis de l'État et constituent de ce fait une catégorie bien distincte, à côté de l'administration publique et des entreprises. Heureusement, dans le cas des comparaisons avec l'Allemagne, ces questions institutionnelles n'ont pas trop d'impact. Signalons toutefois que les universités allemandes sont principalement financées par les *Länder* et non par le niveau « national » – c'est-à-dire fédéral (*Bund*), à la différence des organismes de recherche comme la société Max Planck, institution fédérale qui est un peu l'équivalent du CNRS. Signalons aussi que la recherche d'un organisme comme le CNRS est très liée à celle de l'université *via* les laboratoires mixtes, alors qu'en Allemagne de telles structures communes n'existent pas entre organismes publics et universitaires. La notion globale de DIRDA fait donc un peu plus sens en France qu'en Allemagne. Lorsque c'est possible (comme dans les analyses qui suivent) nous distinguerons la recherche académique de celle des organismes au sein de la DIRDA.

Tableau 4.1: Intensité de recherche (DIRD/PIB) globale et par secteur institutionnel – année 2017

%PIB	Secteur d'État	Enseignement supérieur	Entreprises	Total (DIRD)
France	0,28	0,45	1,42	2,25
Allemagne	0,41	0,52	2,09	3,02
UE-28	0,23	0,45	1,36	2,07

Source : Eurostat

Remarque : la différence entre la somme des chiffres des secteurs institutionnels et la DIRD totale dans le cas de la France et de l'Europe correspond à la recherche des organisations à but non lucratif (non renseignée dans le cas de l'Allemagne).

Tableau 4.2: Variation de l'intensité de recherche (DIRD/PIB) globale et par secteur institutionnel sur la période 2007–2017

Accroissement du ratio sur la période (en point de %)	Secteur d'État	Enseignement supérieur	Entreprises	Total (DIRD)
France	-0,05	+0,06	+0,14	+0,23
Allemagne	+0,07	+0,12	+0,38	+0,57
UE-28	0	+0,05	+0,24	+0,30

Source : Eurostat

Remarque : la différence entre la somme des chiffres des secteurs institutionnels et la DIRD totale est importante dans le cas de la France. Sauf erreur dans les chiffres publiés par Eurostat, cela correspondrait à une augmentation sensible de la recherche des organisations à but non lucratif qui n'est pas comptabilisée ici. L'interprétation est partiellement plausible car le tableau des « personnels de recherche » d'Eurostat indique une augmentation de 40% sur la période pour ce secteur. En France (comme au Royaume-Uni) la recherche des organisations non gouvernementales apparaît de moins en moins marginale.

L'analyse des *tableaux* permet de conclure sur quelques points importants :

- Il est clair que l'Allemagne a confirmé son avance en recherche, avec un accroissement du ratio supérieur à la moyenne européenne et atteignant le fameux objectif des 3% établi au Conseil européen de mars 2000 à Lisbonne. Ajoutons qu'avec ses presque 100 Mrd€ de dépenses de R&D (exactement le double de la France) le système allemand constitue une véritable masse critique : 31% de l'Union à 28. Il pèse désormais plus que l'ensemble formé par la France et le Royaume-Uni, ce qui n'était pas le cas en 2007.
- La France, au contraire, fait à peine mieux que la moyenne de l'Union (DIRD/PIB = 2,25% contre 2,07%), avec une croissance des dépenses ramenées au PIB moins forte sur la décennie (+0,2 points de pourcentage, contre +0,3 en moyenne pour l'Union).
- Ce sont les entreprises qui ont le plus tiré la croissance de l'effort de recherche français (+0,4 point de %), avec l'aide massive de l'État comme nous l'avons vu, mais dans le même temps les organismes publics ont vu leurs moyens décroître (-0,05 points de %).

– L'enseignement supérieur s'en sort mieux que les organismes et c'est au final le seul secteur institutionnel qui se rapproche un peu du niveau d'effort allemand ramené au PIB (0,45% contre 0,52%). Il y a là une forme de normalisation historique de la France, autrefois très caractérisée par le mode de production scientifique et technique *via* les organismes publics aux dépens des universités.

❑ En 2017, le système allemand pèse 31% de l'effort de recherche de l'Union à 28. C'est plus que l'ensemble formé par la France et le Royaume-Uni, ce qui n'était pas le cas en 2007.
❑ Le ratio DIRD/PIB pour la France est à peine supérieur au ratio moyen de l'Union (2,25% contre 2,07%), avec une croissance sur 2007–2017 moins forte qu'en Allemagne (0,23 point de % contre 0,57), celle-ci ayant augmenté ses efforts de recherche à la fois dans le public et le privé.
❑ Sur la période, la France a diminué, relativement à son PIB, la subvention aux organismes de recherche publics et plutôt favorisé l'enseignement supérieur, ce qui rapproche un peu le pays de la norme internationale.

2.3 Une approche complémentaire mettant l'accent sur le facteur humain

Il convient d'approcher la recherche également par des mesures moins « économiques ». On peut déjà pondérer les dépenses non pas par le PIB mais par la population. L'écart entre la France et l'Allemagne se réduit alors un peu : au lieu d'un facteur 2, on trouve un rapport de 1,65 lorsqu'on calcule la recherche en Euros *par habitant* (toujours pour 2017) :

France	749 €/h
Allemagne	1200 €/h
UE-28	620 €/h

Une manière encore plus cohérente de « personnaliser » la recherche est de travailler sur les statistiques en ressources humaines. Ici l'unité de mesure est l'Equivalent temps plein (ETP). Pour prendre un exemple dans le secteur public, un chercheur CNRS est compté 1, alors qu'un universitaire est compté 0,5. Ce dernier est en effet supposé travailler à mi-temps pour la recherche et occuper l'autre partie de ses journées à enseigner, encadrer, évaluer les étudiants, etc.[46]

En considérant l'ensemble du personnel de R&D (chercheurs et encadrement administratif et technique), sur les 1,7 millions d'ETP de l'Europe : 25% travaillent en Allemagne contre 15% en France – ce qui fait un rapport de 1,67. Ce dernier est à comparer au rapport démographique : 1,24 (82,5 millions d'habitants contre 66,8). L'Allemagne apparaît donc plus spécialisée en personnel de recherche que la France (indice de spécificité 1.67/1.24 > 1). Selon toute logique, le leadership européen de l'Allemagne patent en termes budgétaires se répercute aussi en ressources humaines.

À côté de l'effort public, une raison expliquant la forte spécificité allemande en recherche est à chercher du côté des structures économiques comme nous l'avons vu. Le pays, c'est bien connu, a réussi à ne pas se désindustrialiser, en misant entre autres sur des marchés de niche et des secteurs de pointe[47]. De ce fait, beaucoup de chercheurs travaillent dans des entreprises innovantes, grandes et petites. On connait cette particularité nationale (en fait, on devrait plutôt dire régionale, car ce n'est pas uniforme sur le territoire) du *Mittelstand* qui est formé d'un grand nombre d'entreprises de taille intermédiaire à la fois innovantes, exportatrices et financièrement autonomes. Nous avons indiqué plus haut par une note que les entreprises du Mittelstand sont, en nombre, plus du double des ETI françaises. Elles sont aussi plus anciennes et positionnées sur des créneaux mondiaux où elles doivent défendre leur position sur le plan technologique. Au total, cela représente un bon nombre de postes de recherche.

Même en se limitant aux Petites et moyennes entreprises (PME, avec moins de 250 employés), on observe que leur contribution au chiffre d'affaires (CA) global des entreprises est de 36% en Allemagne contre 34,5% en France. Cette information vient du *European Innovation Scoreboard* 2019, qui par ailleurs classe nettement mieux les PME allemandes pour leur propension à innover (l'indicateur est le ratio : dépense de R&D/CA).

---

46 On peut rajouter un troisième mi-temps bureaucratique comme l'affirment beaucoup d'universitaires… mais les chercheurs des organismes peuvent en dire autant.

47 L'Allemagne a maintenu une part relativement élevée de son industrie manufacturière : 20 % du PIB en 2018 contre 10 % en France, selon la Banque mondiale (2020).

Certaines régions atteignent un record d'entreprises moyennes intensives en recherche, ces *hidden champions* au sens de Simon (1996) – dont le modèle a été décrit dans les vallées de la Forêt Noire, mais que l'on trouve aussi un peu partout, même à l'Est, de nos jours.

À l'opposé, en caricaturant un peu, la recherche appliquée française, est traditionnellement celle des grands groupes. Les PME sont nombreuses mais trop conservatrices dans leur stratégie (quand elles en ont…). Ce qui commence à changer, heureusement, c'est du côté des entreprises de services à haut contenu de connaissance – aussi connues par leur acronyme anglais KIBS : *Knowledge-Intensive Business Services*. Simone Strambach (2008) en a montré l'importance pour catalyser l'innovation dans les territoires. C'est un des domaines où, mesurée en emploi, la position de la France est actuellement meilleure que celle de l'Allemagne d'après le *Scoreboard* 2019[48]. La ressource humaine de qualité et créative étant proportionnellement moins positionnée dans l'industrie elle-même, et plus dans le *B to B*, les statistiques françaises enregistrent aussi moins d'activités de R&D classique (R&D comptablement mesurable en tant que telle), mais cela n'empêche pas tous ces facteurs de créativité de fonctionner pleinement dans le système[49].

Côté allemand, il est révélateur que les éléments parmi les moins satisfaisants du *Scoreboard* sont la propension des PME à collaborer en externe, l'utilisation du *capital-risque*[50] et le taux de création : même innovantes, les entreprises préfèrent travailler seules pour créer dans le long terme[51], et leur population se renouvelle peu.

Au contraire, la population des *jeunes entreprises innovantes* est particulièrement dynamique en France comme le soulignait déjà en

---

48 *European Innovation Scoreboard* (2019)

49 Même si toute l'activité de conseil n'est pas de la sous-traitance de recherche (cela peut être par exemple du conseil juridique ou managérial), elle peut fortement contribuer à l'innovation du client.

50 Le capital-risque finance en fonds propres ou assimilés, les entreprises non cotées en bourse et les projets innovants à fort potentiel.

51 En comparant les réseaux d'innovation régionaux de l'Alsace et du pays de Bade, Héraud *et al.* (1995) constataient à l'époque que les entreprises de l'échantillon badois coopéraient moins avec d'autres organisations pour innover que les alsaciennes – mais en revanche plus avec leurs clients (*learning by using*). Les résultats du *Scoreboard* confirment cette tendance culturelle du *Mittelstand* à compter avant tout sur ses propres forces (ou sur ses partenaires directs), une stratégie à double tranchant.

2014 le document de France Stratégie. La presse spécialisée témoigne qu'en 2018 et 2019 les montants investis en capital-risque ont continué à afficher une croissance particulièrement forte en comparaison des autres pays européens. Cela conforte les chiffres de l'Organisation de coopération et de développement économiques (OCDE)[52]. Or l'intensité de ce type d'investissement constitue un indicateur de la dynamique associée à la création et à la croissance des nouvelles entreprises – en particulier, celles qui innovent. Ces évolutions, soutenues en France par plusieurs initiatives publiques sur lesquelles nous reviendrons, devraient à terme modifier le profil d'un pays où la recherche et l'innovation ont longtemps été l'apanage des grands groupes et des « champions nationaux » en quasi-collusion avec l'État.

- La DIRD par habitant est de 750 € pour la France, 1200 € pour l'Allemagne et 620 € pour UE-28.
- L'Allemagne comprend plus de PME et surtout d'ETI faisant de la recherche que la France.
- La démographie des *jeunes entreprises innovantes* est particulièrement dynamique en France. Cette population se renouvelle moins en Allemagne.
- La position de la France est meilleure que celle de l'Allemagne en ce qui concerne l'intensité des investissements en *capital-risque*, ce qui facilite la création et la croissance des nouvelles entreprises innovantes.
- Mesurée en emploi, la position de la France est actuellement meilleure que celle de l'Allemagne concernant les entreprises de services à haut contenu de connaissance. Les *activités créatives* de ce type d'entreprises sont mal représentées dans le cadre statistique conventionnel. On sait par contre, par des études spécifiques, qu'elles construisent un contexte territorial favorable à l'innovation.

2.4 Les dépôts de brevets en France et en Allemagne

L'Allemagne dépose deux fois et demie plus de brevets que la France à l'Office européen des brevets (OEB). Une des explications est que l'économie française est positionnée plus largement sur les services, où

---

[52] D'après les statistiques de l'OCDE (2018), concernant l'investissement en capital-risque, la France devance l'Allemagne (0,064% du PIB contre 0,043%). Le Royaume-Uni se situe légèrement devant la France (0,077% du PIB) mais loin derrière les États-Unis (0,552% du PIB) où le capital-risque est beaucoup plus développé qu'en Europe, faisant des américains les premiers investisseurs au monde dans ce domaine.

l'innovation passe rarement par la case invention brevetable, alors que l'Allemagne est beaucoup plus spécialisée dans les activités industrielles, et particulièrement là où le brevet est indispensable comme dans les technologies de production.

Une autre explication est à trouver dans l'histoire qui, comme nous l'avons vu au chapitre précédent, fait apparaître l'Allemagne comme un pays d'inventeurs depuis la fin du 19ème siècle. Des politiques publiques sectorielles incitent aussi les acteurs des filières technologiques à travailler leurs champs de connaissance. Les entreprises allemandes ont donc tendance à améliorer leurs pratiques dans les domaines qu'elles ont choisis, ce qui les amène à adopter, puis adapter les meilleures technologies.

La France est également un pays d'inventeurs. Outre le fait qu'elle a introduit – à l'époque révolutionnaire – le concept moderne de brevet, comme nous l'avons déjà mentionné, elle a produit beaucoup d'inventions entre le 19ème et le 20ème siècle. De nos jours, la France reste le pays d'Europe qui dépose le plus de brevets après l'Allemagne : respectivement 10 163 et 26 805 dépôts auprès de l'OEB en 2019. On voit cependant que l'écart reste important, même rapporté au nombre d'habitants (153 brevets par habitant en France contre 332 en Allemagne). Ajoutons que les pouvoirs publics ne ménagent pas leurs efforts pour soutenir la recherche en entreprise, puisque la France est quasiment au maximum mondial de soutien à la R&D (0,4% du PIB), particulièrement grâce au CIR, alors que l'Allemagne est au plus bas (moins de 0,1% du PIB)[53]. Apparemment l'entreprise allemande n'a pas besoin de l'incitation publique pour faire de la recherche (nous verrons en effet que ce sont principalement les entreprises qui, en Allemagne, déposent les brevets).

Une question que l'on peut se poser est de savoir dans quelle mesure la technologie est *poussée par la science*. Pour apporter un début de réponse à travers la comparaison des deux systèmes nationaux, comparons la production technologique (mesurée en dépôts de brevets) à la production scientifique (nombre de publications dans les revues internationales). Le rapport des productions technologiques Allemagne/France est celui des chiffres cités plus haut : 26805/10163 = 2,64. Pour le ratio scientifique, prenons les parts mondiales respectives sur la période 2015–2017

---

[53] Source : MESRI-DGRI-SITTAR, GESIR juillet 2018, cité dans *L'état de l'enseignement supérieur de la recherche et de l'innovation en France*, 2019.

indiquées dans MESRI (2019), soit 4,5%/3% = 1,5. Une interprétation un peu à l'emporte-pièce de ces chiffres consisterait à dire que l'Allemagne transforme mieux la science en technologie. Il faut naturellement nuancer le propos en considérant notamment les différences sectorielles rappelées plus haut.

Il est intéressant d'analyser aussi les ressemblances et les différences de spécialisations en science comme en technologie. En science, la France est très spécialisée en mathématique, physique et informatique, alors que l'Allemagne a un profil plus équilibré[54]. En technologie, on ne sera pas étonné de trouver parmi les domaines de brevets privilégiés en France l'informatique et la communication numérique, mais on trouve aussi les produits pharmaceutiques. L'Allemagne dépose, elle, beaucoup de brevets en mécanique et en génie chimique. Quelques spécialisations technologiques sont communes aux deux pays : le domaine des transports et la chimie fine organique.

La dimension institutionnelle est importante pour expliquer les différences en matière d'inventions brevetables. En analysant la liste des 50 plus grands déposants à l'OEB en 2019, on constate que la France place le CEA comme premier organisme public dans le classement (30ème déposant, avec 597 demandes[55]), alors que l'Allemagne ne classe la société Fraunhofer qu'en 44ème rang avec 468 demandes. Ce sont les entreprises allemandes qui occupent une grande partie des premiers rangs.

---

[54] Les statistiques données par MESRI (2019) font apparaître des indices de spécialisation qui ne dépassent pas 1,59 pour l'Allemagne alors qu'en France on atteint 1,92 en géophysique et géochimie. On rappelle que l'indice de spécialisation d'un pays dans une discipline est le rapport entre la part mondiale de publications du pays dans cette discipline et sa part mondiale toutes disciplines confondues.

[55] Site CEA actualité, publié le 26 mars 2020 http://www.cea.fr/Pages/actualites/institutionnel/classement-oeb-2020.aspx

Positionnement des principaux indicateurs de la science 129

- En 2019, la France est le pays d'Europe qui dépose le plus de brevets après l'Allemagne : respectivement 10 163 et 26 805 dépôts auprès de l'Office européen des brevets (OEB).
- L'avance de l'Allemagne se mesure également par habitant : 153 brevets par habitant en France contre 332 en Allemagne.
- L'Allemagne incite, par ses politiques publiques, les entreprises à se spécialiser dans leur champ de compétence et à adopter puis adapter les meilleures technologies.
- Ce sont les *entreprises* allemandes qui occupent une grande partie des premiers rangs dans le classement de l'OEB.
- Concernant les organismes de recherche publics, le CEA figure à la première place des déposants français à l'OEB en 2019, et à la 30ème place du classement général alors que la société Fraunhofer se situe au 44ème rang.

3. Positionnement des principaux indicateurs de la science et de la technologie sur les cartes européenne et mondiale

Pour compléter ce panorama statistique des efforts de recherche en France et en Allemagne, nous souhaitons positionner ces deux puissances européennes relativement aux pays voisins – Royaume-Uni notamment, aux États-Unis et aux grands pays asiatiques au premier rang desquels se trouve la Chine, désormais seconde puissance scientifique mondiale en termes de publications. Même si la propension d'un pays à innover ne se réduit pas à ce qu'indiquent les indicateurs statistiques faisant état des publications scientifiques et des dépôts de brevets d'invention – les *outcomes* de la recherche, il n'en reste pas moins qu'un aperçu des grandes tendances d'évolution de son système de recherche dans un contexte mondial en pleine effervescence, est précieux pour le projeter dans le futur.

3.1 Les emplois dans la recherche en Europe

Le graphique 4.1 ci-dessous donne la proportion de personnel de recherche (chercheurs et personnel d'appui) dans l'emploi total en 2017 pour l'ensemble de l'Union européenne.

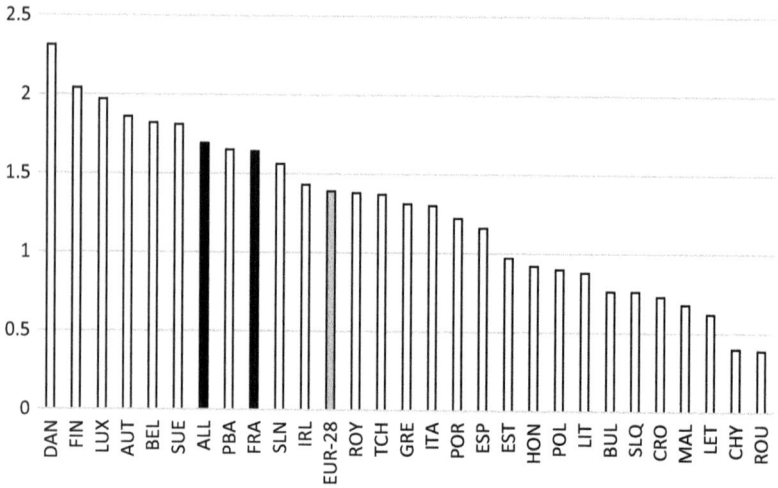

Graphique 4.1: Le classement des pays de l'UE selon le pourcentage de personnes travaillant pour la recherche dans l'emploi total (2017)
Source des chiffres : Eurostat

Le rang de la France reste convenable malgré un léger déclassement par rapport à l'Allemagne et aux « petits » pays du Nord. On observe en revanche qu'une nation de grande tradition scientifique et technique comme le Royaume-Uni se retrouve actuellement à peine dans la moyenne européenne lorsqu'on mesure, comme c'est fait ici, la recherche de manière exhaustive en termes de personnels affectés de tous statuts. Le système britannique continue à produire de la science de très haut niveau, si l'on en juge par la *scientométrie* (et les classements internationaux de quelques établissements prestigieux), mais il n'est plus un système complet depuis le début de la désindustrialisation et après des décennies d'austérité budgétaire remontant à l'ère Thatcher. Pour l'instant la France a plus ou moins échappé au processus de déstructuration de son système de recherche – en particulier grâce à l'exceptionnelle générosité de sa politique de soutien à la recherche privée. Cependant une menace se profile du côté de la recherche publique qui n'a plus tout à fait les faveurs des gouvernements successifs depuis une vingtaine d'années[56].

---

56 Dans un article du Monde du 20/12/2019, le Président directeur général du CNRS, Antoine Petit, appelle de ses vœux une « grande loi ambitieuse et vertueuse sur la recherche ». Il propose un plan pluriannuel d'emplois, « tant pour les chercheurs et

Pour qu'une nation soit créative et efficace en science et technologie, il est nécessaire qu'elle soit pourvue d'un système de recherche équilibré, avec des activités fondamentales et appliquées, des chercheurs de haut niveau et du personnel d'appui. Il lui faut des savants capables de produire de la connaissance disruptive, mais aussi des équipes travaillant sur la *science ordinaire* au sens de Thomas S. Kuhn – car les diverses disciplines ne sont pas en permanence en phase de révolution scientifique, de rupture de paradigme. Le pilotage de la science par la compétition et la sélection des chercheurs et des projets – adaptation du *New public management* – présente à la fois des avantages et des inconvénients, et le trop-plein d'évaluation fait perdre un temps précieux, voire devient contre-productif en termes de créativité.

Nous avons déjà abordé ces thèmes dans le chapitre 2 interrogeant la place de la science et de l'innovation dans la société car la question n'est pas seulement celle des politiques de recherche les plus appropriées. Les évolutions – positives ou négatives – du système de recherche des pays reflètent aussi celles des représentations mentales des sociétés dans le long terme.

3.2 Évolutions de la position des trois principaux pays européens producteurs de science et de technologie

Avant de clore ce chapitre nous présentons trois graphiques (4.2 à 4.4) qui rendent compte des évolutions sur quatre décennies de la position des trois principaux pays européens producteurs de science et de technologie. Il est traditionnel d'évoquer le Royaume-Uni, l'Allemagne et la France parmi les grandes puissances dans ces champs de la connaissance, mais comme nous le verrons, la carte mondiale est en plein bouleversement.

---

les chercheuses que pour les personnels d'appui à la recherche, de manière à enrayer la baisse continue constatée depuis près de vingt ans ». Il évoque, rien que pour le CNRS, une perte de plus de 3000 emplois en dix ans, soit 11%.

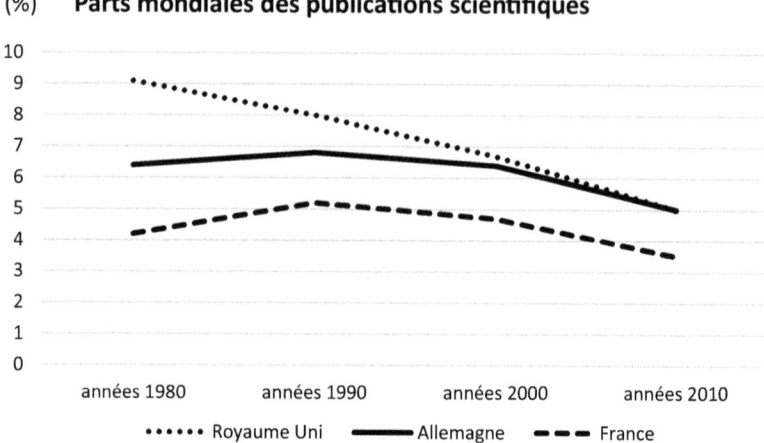

Graphique 4.2: Évolution de la production scientifique sur quatre décennies de l'Allemagne, de la France et du Royaume-Uni
Sources : Observatoire des sciences et des techniques (OST), rapports 2002, 2004, 2006 ; puis site du Haut Conseil de l'évaluation de la recherche et de l'enseignement supérieur (Hcéres)

Tout d'abord, on constate une tendance globale à la réduction des parts mondiales pour ces trois pays européens, un phénomène qui tient à la montée en puissance d'autres régions du monde que l'Europe, comme nous le verrons. Cependant, l'effacement du leadership britannique est particulièrement notable. Il est tentant de relier le début de ce déclin à l'ère Thatcher. L'évolution est assez similaire entre la France et l'Allemagne, mais en termes de niveau, il apparaît clairement que la science allemande garde un temps d'avance et va sans doute devenir la référence européenne.

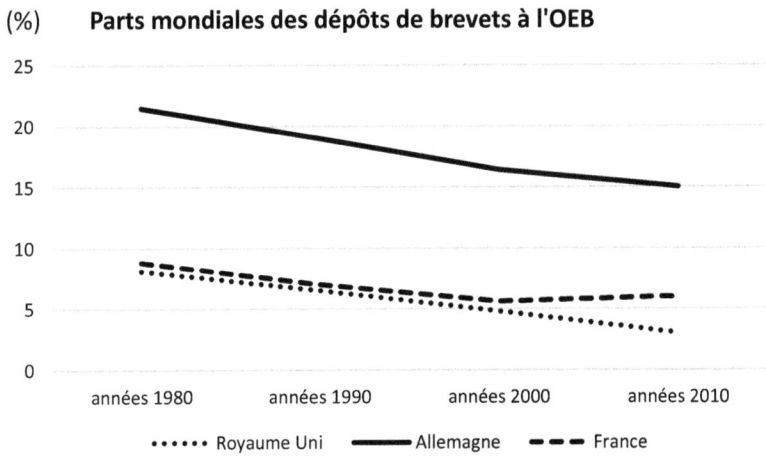

Graphique 4.3 : Évolution de la production technologique sur quatre décennies de l'Allemagne, de la France et du Royaume-Uni
Sources : OST et Office européen des brevets

La part des brevets déposés par l'Allemagne dans le système européen diminue, faisant de la place aux autres grandes puissances exportatrices mondiales qui cherchent à se protéger sur notre continent pour leurs nouveaux produits, mais l'Allemagne reste de très loin le grand pays inventif en Europe. On remarque par ailleurs que la France consolide son rang de seconde puissance technologique selon cette mesure. L'instauration du CIR n'est certainement pas pour rien dans cette évolution. Cependant, le renforcement des dépôts de brevets traduit plus sûrement un mouvement d'invention que d'innovation. Il reste à vérifier si la forte propension des établissements industriels à faire de la recherche appliquée sur le territoire national les amène à y produire et commercialiser les produits innovants qui en découlent. La capacité technologique et sa mise en œuvre ne se limitent pas à l'invention technique.

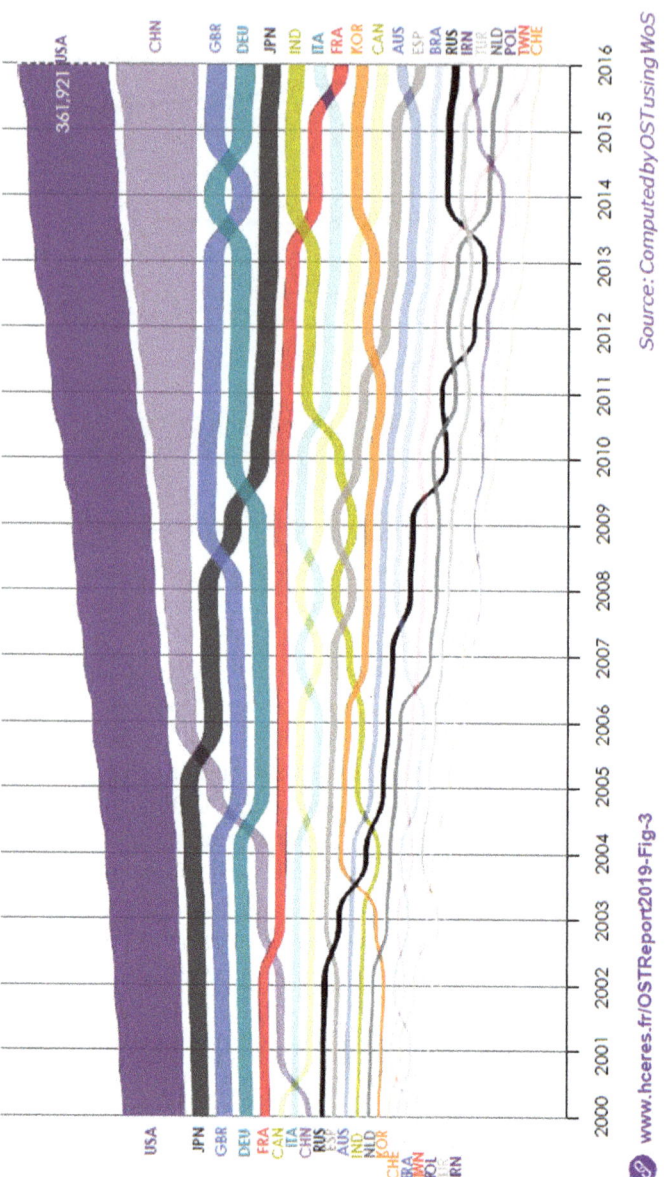

Graphique 4.4 : Évolution de la production scientifique : le classement des principales puissances scientifiques mondiales

Source : OST in Hcéres (2019)

Ce qui apparaît dans cette statistique comparative des scores de publications scientifiques des principales puissances mondiales en part relative (épaisseur du trait) et selon le rang (en ordonnée) depuis le début du millénaire, c'est une perte de rang régulière de la France (8ème rang en 2016 avec 3,1% des publications mondiales), qui s'est fait dépasser successivement par la Chine (second rang, 17,7% des publications), l'Inde (6ème rang, 3,6%), et tout récemment l'Italie qui occupe désormais le 7ème rang. La carte du monde est en train de changer. Si la France ne fait pas un effort (en particulier budgétaire) pour redresser la barre, elle se marginalisera, y compris au sein de l'Europe. Les efforts fournis en incitation à la recherche privée (CIR) semblent donner des résultats, comme nous l'avons souligné plus haut, mais il ne faudrait pas que ce soit aux dépens de l'appui à la recherche fondamentale, car le système de science et technologie forme un tout. La science fondamentale est indispensable à un système d'innovation dynamique car les domaines ne sont pas étanches – et de surcroît la science fondamentale remplit d'autres fonctions sociétales.

En matière de brevets, signalons pour finir que la France se maintient dans sa situation de deuxième déposant européen derrière l'Allemagne en valeur absolue, mais rapportée au nombre d'habitants, la situation apparaît très différente : l'Allemagne est dépassée par la Suisse, les Pays-Bas, le Danemark et la Suède ; avant la France s'intercalent en plus la Finlande, l'Autriche et la Belgique.

Conclusion

L'impression d'ensemble concernant la place de la France et de l'Allemagne en matière de recherche, c'est que ces deux pays – qui contribuent traditionnellement beaucoup à la créativité scientifique et technique de l'Europe – arrivent à garder leur rang sur le continent, mais subissent la concurrence croissante des nouveaux venus comme la Chine et l'Inde, et ce aussi bien en science qu'en technologie. Ce n'est plus l'Amérique qui est prise comme référence systématique comme à la fin du 20ème siècle.

Dans ce contexte global, la France a réussi, grâce à une politique incitative très ambitieuse, à redresser la barre de la recherche appliquée des entreprises. Par ailleurs, elle sort son épingle du jeu en Europe en ce qui concerne les montants investis en capital-risque qui ont continué à afficher une croissance particulièrement forte, notamment en comparaison avec l'Allemagne, où la dynamique entrepreneuriale paraît un peu bloquée. Et nous aurons au chapitre suivant, l'occasion de montrer qu'actuellement, elle investit massivement dans la valorisation de la recherche et dans l'innovation.

La France est par contre en train de perdre du terrain en science fondamentale, y compris vis-à-vis de l'Allemagne. La situation allemande est enviable dans la mesure où les entreprises n'ont pas besoin de schémas incitatifs notoires pour faire de la recherche, ce qui a permis à l'effort public de se concentrer sur la recherche fondamentale. Le système de recherche et d'innovation semble donc plus sain du côté allemand.

Il faut cependant compléter l'analyse en rappelant que la France s'est considérablement désindustrialisée, à la différence de l'Allemagne, depuis les années 1980. Ceci constitue certainement un point de faiblesse stratégique, mais d'un autre côté les indicateurs d'innovation sont quelque peu faussés dans la mesure où l'économie de services est mal représentée dans les référentiels classiques comme ceux de la propriété intellectuelle. Au total, la comparaison des systèmes est en défaveur de la France, mais peut-être un peu moins gravement qu'il apparaît sachant que l'instrument de mesure est biaisé. Par ailleurs, le changement de paradigme industriel (l'usine du futur) peut être une occasion de rebondir grâce à une nouvelle articulation des activités manufacturières avec les services. Ce qui reste malgré tout inquiétant, c'est la baisse de l'effort de financement de la science pure – et/ou une forme d'organisation de la recherche publique défavorable à long terme aux grandes découvertes, comme semblent le montrer les statistiques de publications.

Pour comprendre la situation actuelle notamment en France et en Allemagne, nous allons analyser au chapitre suivant, l'évolution des politiques publiques de recherche et d'innovation depuis la seconde guerre mondiale jusqu'à nos jours en Europe et dans ces deux pays, en montrant comment elles ont été influencées par les rapports que la société occidentale dans son ensemble entretient avec la science et l'innovation. Nous verrons que les choix politiques qui en résultent ne sont pas anodins en termes d'organisation et de financement des grands domaines de la recherche. Pourtant très marquée au départ par la tendance internationale de l'après-guerre visant à privilégier la science pure, pourquoi la France est-elle derrière l'Allemagne pour ce qui est de sa dépense publique de recherche et sa production scientifique ?

Chapitre 5

Évolution des politiques de recherche et d'innovation et répercussions sur l'Université en France et en Allemagne

Les politiques de recherche et celles d'innovation apparaissent relativement séparées à la fin de la seconde guerre mondiale. Parmi les politiques de recherche qui se développent dans l'après-guerre, on observe de grands programmes de type mission sur les technologies stratégiques (particulièrement militaires) d'un côté, et une politique de recherche scientifique de l'autre. Trois quarts de siècle après, la plupart des pays développés affichent surtout des stratégies visant l'innovation, la science apparaissant comme une des dimensions de la stratégie globale. L'idée qui va de plus en plus s'imposer est de donner au système de recherche et d'innovation la capacité de répondre aux grands défis sociétaux.

Nous nous proposons de rappeler l'histoire de cette évolution, d'abord au niveau mondial et à partir du cas américain, puis en regardant sa déclinaison au niveau de l'Union européenne (UE), de la France et de l'Allemagne. Cela permettra de mieux interpréter les politiques actuelles qui résultent de ces héritages. Nous analyserons tout particulièrement les motifs de la politique de recherche, autrement dit la place de la science dans la société, en essayant à chaque fois de replacer la stratégie dominante dans la grille de lecture proposée par Henry Ergas qui, dans son article de 1986, oppose *politique de mission* et *politique de diffusion*.

Nous proposons d'illustrer notre réflexion en nous référant plus spécifiquement aux cas de la France et de l'Allemagne. Pour chacun de ces pays, nous montrerons l'implication de l'évolution des politiques de recherche et d'innovation sur l'Université qui est une institution centrale dans le paysage, surtout outre-Rhin, tant pour la création que pour la diffusion des connaissances.

1. Les débuts américains et l'évolution mondiale des visions politiques jusqu'à nos jours

Un acte fondateur des politiques contemporaines de recherche est le document commandé fin 1944 par le président américain Franklin D. Roosevelt au dirigeant de l'une de ses administrations, Vannevar Bush. Nous allons voir comment il a marqué une première vague de politiques aux États-Unis mais également en Europe et au Japon, centrées autour de la science : « *policy for science* ». Les vagues de politiques qui suivront dans le monde, considèrent la science plus comme un instrument, au service des nations. À partir de l'an 2000, c'est l'innovation qui est placée au cœur des politiques de recherche avec une vision beaucoup plus systémique qui va se développer jusqu'à nos jours : « *policy for technological innovation* ».

1.1 Naissance après-guerre aux États-Unis d'une politique de recherche centrée sur la science

En 1941, le président américain Franklin D. Roosevelt a créé l'*Office of scientific research and development,* une agence à la structure originale, qu'il présida pour soutenir l'effort de guerre. Grâce à l'action déterminante de cette agence, la science américaine a réalisé de véritables percées, avec des applications couronnées de succès non seulement dans le domaine très connu du nucléaire et de l'informatique, mais aussi en médecine. La démarche de Roosevelt et de Bush est visionnaire. On peut résumer ainsi la commande, qui aboutira au fameux rapport de Vannevar Bush (1945), *Science the endless frontier* :

- La science a beaucoup contribué à l'effort de guerre. La connaissance scientifique nouvelle accumulée est actuellement protégée par le secret militaire. Comment, sans compromettre la sécurité militaire, pourrait-on la mettre à la disposition du monde ?
- La guerre est en train d'être gagnée, mais pas celle contre les maladies. Comment faire pour continuer à mobiliser le système de recherche médical pour sauver des vies[57] ?
- Que peut faire le gouvernement pour aider les efforts de recherche à la fois publics et privés ? Une suggestion : mieux les mettre en relation.

---

57 Aux États-Unis, le nombre de morts liés à deux ou trois maladies est plus élevé que celui de soldats américains tombés au combat.

– Quels programmes imaginer pour détecter et développer les jeunes talents afin d'avoir autant de bonne recherche que pendant la guerre ?

Cette initiative déclenche la première génération de politiques de l'après-guerre – nous la nommons *phase 1*, non seulement pour les États-Unis, mais pour beaucoup de pays, particulièrement l'Europe et le Japon. Cette période met en œuvre des politiques dont la science est l'objet plus que l'instrument. Dans leur livre très célèbre sur lequel nous reviendrons plus loin, Michael Gibbons, Camille Limoges, Helga Nowotny, Simon Schwartzman, Peter Scott et Martin Trow parlent d'une approche « *policy for science* » (Gibbons *et al.*, 1994). Les trajectoires scientifiques se développent avec une certaine autonomie (Vannevar Bush insiste sur la nécessité de donner du temps et de la liberté aux chercheurs pour obtenir de la bonne science) et au bout du compte la société s'y retrouve avec de belles retombées techniques, économiques et sociétales.

Ces *politiques scientifiques* sont initiées de manière centrale. On peut *a posteriori* les qualifier de politiques de mission – *mission-oriented policies* – selon la typologie qu'Ergas a faite en 1986 (cf. encadré 5.1) tant les moyens sont concentrés vers des objectifs stratégiques pour l'État. Cependant, leur mise en œuvre relève partiellement des acteurs décentralisés, *i.e.* des différentes communautés scientifiques impliquées.

Encadré 5.1: Typologie d'Henry Ergas (1986) *mission-oriented policies vs diffusion-oriented policies*

Parmi les grandes catégories de politiques de science et d'innovation, on a coutume de distinguer – en empruntant les termes proposés par Henry Ergas dans son article de 1986, les politiques de mission (*mission-oriented policies)* et les politiques de diffusion (*diffusion-oriented policies*). Les premières privilégient les projets stratégiques pour l'État et concernent généralement des questions de *souveraineté nationale* comme la défense et l'espace, tandis que les secondes visent à l'accroissement des capacités d'innovation de la société en concentrant leurs actions sur le *transfert de technologie* et la coopération entre la recherche fondamentale et la recherche appliquée. Si les politiques de mission sont caractérisées par la centralisation du processus de décision et la concentration de l'aide publique sur un petit nombre de technologies, les politiques de diffusion sont quant à elles, axées sur des *technologies clés* et des *politiques génériques* comme l'aide aux Petites et moyennes entreprises (PME) ou la mise en réseau des acteurs publics et privés (Gassler *et al.*, 2008).

- La période d'après-guerre (*phase 1*) met en œuvre des politiques dont la science est l'objet plus que l'instrument.
- Ce sont des *mission-oriented policies* impulsées par l'État mais laissant une certaine marge de manœuvre aux différentes communautés scientifiques impliquées.
- Même si des retombées concrètes étaient clairement attendues, notamment dans le domaine de la santé, le modèle de recherche développé était basé sur le principe de la *sérendipité*.

1.2 Un tournant à la fin des années 1960

À partir de la fin des années 1960 se met en place, au niveau mondial, un autre régime politique : « *science in policy* ». Les politiques typiques de cette période consistent à aller chercher de manière systématique les résultats de la science pour les « valoriser ». C'est une vision « utilitariste » de la science selon l'expression que nous avons employée au chapitre 3 à propos des différentes facettes de la valorisation. Pour donner tout de suite un exemple dans le cas de la France (nous y reviendrons plus loin), on crée en 1967 l'Agence nationale pour la valorisation de la recherche (ANVAR). C'est une démarche emblématique de cette phase de l'évolution des politiques (*phase 2*), au sens où l'on n'attend plus passivement les retombées. La science doit être mise au service de la nation – à commencer par l'industrie. Edqvist (2003) parle du modèle « *science as a problem solver* » pour caractériser cette génération de politiques.

Au cours des années 1980, la politique de R&I prend de moins en moins la forme d'intervention directe et ciblée (*via* des grands programmes notamment en faveur du nucléaire ou de l'espace) et repose davantage sur la construction d'un environnement favorisant la compétitivité et le développement d'un ensemble de technologies génériques. Les politiques de mission laissent peu à peu leur place aux politiques de diffusion, dont les retombées économiques attendues semblent supérieures (Ergas, 1987). L'air du temps est donc plutôt favorable à orienter le dispositif politique global vers le modèle *diffusion-oriented policies*. C'est typiquement ce que décident les États-Unis dans les années 1990, sous la présidence de George H. W. Bush.

À la fin du 20ème siècle les politiques de R&I vont être conçues de manière encore plus systémique avec l'introduction du concept de *Système national d'innovation (SNI)* et cette tendance va se développer jusqu'à nos jours (*phase 3*). Comme dans un écosystème naturel, chaque espèce (les laboratoires de recherche, les entreprises, les gouvernements, les collectivités, les consommateurs, etc.) contribue au système et en bénéficie. La fonction globale du système est de produire de la connaissance et des innovations, et les relations interindividuelles nécessaires pour y parvenir sont innombrables. Difficile de piloter spécifiquement acteur par acteur. Le processus d'innovation cesse d'être perçu comme un processus linéaire – on a enfin assimilé Kline et Rosenberg (1986) – et les politiques appliquées aux systèmes d'innovation sont forcément plus holistiques que sous l'hypothèse de division du travail cognitif entre acteurs. Dans un monde où dominent les rétroactions, la gouvernance doit parier sur les capacités d'auto-organisation du système et introduire les bons schémas incitatifs plutôt que de vouloir tout programmer.

Durant cette troisième phase de l'histoire, il est plus difficile de caractériser en une expression simple la relation entre les politiques et la science. Gibbons *et al.* (1994) signalent cependant que le système est vu par les pouvoirs publics comme devant être orienté vers l'innovation : « *policy for technological innovation* ». Un peu plus tard, Edqvist (2003) qualifie cette phase de « *science as a source of strategic opportunity* ». Autrement dit, l'efficacité de la politique est principalement jugée à l'aune des résultats en termes de développement socio-économique. Pourrait-on qualifier cette dernière génération de politiques comme étant orientée vers des grands défis d'innovation ?

On constate en effet dans plusieurs pays une politique fortement axée sur de tels enjeux. Inspirée par le modèle de la DARPA[58], elle se donne comme objectif de s'appuyer sur la science pour créer des innovations de rupture en finançant des recherches risquées à fort impact. C'est le cas par exemple aux États-Unis de l'initiative *Brain research through advancing innovative neurotechnologies (BRAIN)* qui vise à révolutionner notre compréhension du cerveau humain, ou encore celle de la Corée du Sud qui a lancé en 2018 le projet I-Korea 4.0 centré sur les thématiques numériques pour répondre à la 4ème révolution industrielle. Le Japon se positionne lui aussi sur des programmes de recherche très ambitieux pour promouvoir l'innovation de rupture et ce qui est très intéressant à relever, c'est que les questions de recherche sont formulées comme des idéaux à atteindre (cf. encadré 5.2). Nous verrons au chapitre 8, avec la notion d'*inconnu désirable*, que c'est une manière intelligente de mobiliser la science à des fins d'innovation.

---

58 La *Defense advanced research projects agency* créée en 1958 est une agence du département de la défense des États-Unis. Sa mission est d'harmoniser les travaux académiques et les avancées pratiques de l'armée américaine.

> **Encadré 5.2 : Les grands programmes de R&D japonais formulés en objectifs désirables**
>
> Au Japon, le Conseil pour la science, la technologie et l'innovation (CSTI)[a] – qui dépend du Premier ministre – a opéré à partir de 2014 le projet *ImPACT* (*Impulsing paradigm change through disruptive technologies program*) pour « promouvoir un changement de modèle à l'aide d'un programme de technologies novatrices ».
>
> En 2018, ce sont 16 programmes de technologies de rupture qui ont été mis en œuvre sous la responsabilité de directeurs de programme dotés d'une autorité et d'une autonomie renforcée (*heavy weight programme managers*), à l'image de ce qui se pratique à la DARPA américaine. Ces programmes s'inscrivaient dans cinq grands défis thématiques :
>
> - "Japan-style value creation for the new century";
> - "Living in harmony with the world";
> - "Smart community that links people with society";
> - "Realize healthy and comfortable lives for everybody";
> - "Realize a resilience that is keenly felt by every individual Japanese".
>
> Doté d'un budget de 55 milliards de yens (environ 435 M€) pour cinq ans, le projet *ImPACT* s'est terminé en mars 2019 et c'est le programme baptisé *Moonshot research and development system*, annoncé en 2018, qui prend la suite avec un budget de démarrage de plus de 100 milliards de yens pour cinq ans (de l'ordre du milliard d'euros). L'objectif est de se projeter dans la « société 5.0 » centrée sur l'homme, conciliant à la fois la croissance économique et la résolution des défis sociétaux. Là encore, les questions soumises à la R&D sont formulées par le CSTI en lien avec les ministères, comme des *cibles désirables* à atteindre dans le long terme – en l'occurrence 2050 :
>
> - ☐ "Realization of:
>   - a society in which human beings can be free from limitations of body, brain, space, and time;
>   - ultra-early disease prediction and intervention;
>   - AI robots that autonomously learn, adapt to their environment, evolve in intelligence and act alongside human beings;
>   - sustainable resource circulation to recover the global environment;
>   - a fault-tolerant universal quantum computer that will revolutionize economy, industry, and security.
> - ☐ Creation of the industry that enables sustainable global food supply by exploiting unused biological resources."
>
> a Précédemment appelé Conseil pour la politique en matière de science et de technologie, il a été renforcé et rebaptisé en 2014.
>
> Source : site Cabinet Office, Government of Japan et *ImPACT* (2017) *https://www8.cao.go.jp/cstp/english/moonshot/top.html*

- Dans le monde, les politiques typiques de la fin des années 1960 (*phase 2*) sont axées sur la valorisation des résultats de la science : « *science as a problem solver* » (vision « utilitariste »).
- Au cours des années 1980, le dispositif de politique *mission-oriented* glisse peu à peu vers un modèle *diffusion-oriented policies.*
- Dès la fin du 20ème siècle (*phase 3*), entre en jeu la notion de *Système national d'innovation (SNI).*
- Les relations entre acteurs sont favorisées pour produire de la connaissance orientée vers le développement socio-économique.
- La science (fondamentale notamment) est de nouveau mobilisée pour innover en rupture dans l'objectif de relever les grands défis sociétaux : « *science as a source of strategic opportunity* ».

1.3 Un parallèle avec les modes de production scientifique

Gibbons *et al.* (1994) ont développé à propos du système académique, leur fameux concept des deux *modes de production scientifique*. Dans le *mode 1*, la science se construit discipline par discipline au sein d'institutions classiques comme les facultés et selon les normes et systèmes d'évaluation propres à chaque domaine. Le *mode 2* est axé sur une approche *interdisciplinaire*, les collectifs de chercheurs s'organisant autour de projets qui ont souvent des applications en vue – ou des enjeux précis. Cela implique une plus grande porosité entre les institutions, mais aussi une distinction moins prégnante entre les catégories de recherche. Par exemple, au sein d'une même équipe (ou consortium de laboratoires), on trouvera des théoriciens comme des instrumentalistes, des chercheurs préoccupés par des questions fondamentales et d'autres, par les applications.

Précisons un point : le système académique n'a pas globalement basculé dans le mode 2, et ce dernier a sans doute toujours existé. Ce qu'avancent les spécialistes des institutions scientifiques, c'est que ce sont bien deux modes de fonctionnement qu'il est pertinent de distinguer. Gibbons, Limoges et leurs collègues sont convaincus que le second mode se développe plus que le premier à partir des années 1980. Quant aux grands choix politiques, ils basculent massivement vers cette vision au 21ème siècle : la troisième phase est typique du mode 2, alors que les deux premières concevaient plutôt le monde en mode 1. En effet, les politiques *pour* la science et les politiques *de valorisation* de la science font l'hypothèse d'un développement relativement autonome de la science, alors que les politiques globales d'innovation l'envisagent comme un élément inclus dans un système plus large (comme dans le modèle de Kline et Rosenberg, 1986).

Le Tableau 5.1 ci-dessous relie notre périodisation des politiques à la typologie des modes de production scientifique. La correspondance n'est cependant pas aussi nette que ce que montre le tableau, car le mode 2 émerge en phase 2 pour s'épanouir en phase 3.

Tableau 5.1 : Les grands modèles de politiques de R&I selon les modes de production scientifique proposés par Gibbons *et al.* (1994)

	Mode 1 Science construite discipline par discipline	Mode 2 Approche de la science interdisciplinaire autour de projets avec objectifs précis
Phase 1 : Après-guerre Politiques pour la science – *mission-oriented policies*	Développement relativement autonome de la science (vision « linéaire » du processus d'innovation)	
Phase 2 : Fin des années 1960 Politiques de valorisation de la science – *diffusion-oriented policies*		
Phase 3 : 21ème siècle Politiques d'innovation technologique – *mixed policies*		La science comme un élément inclus dans un système plus large (vision systémique du processus de R&I).

2. L'évolution de la politique européenne

L'histoire des politiques communautaires de R&I s'articule également en trois grandes phases. Si la politique visait d'abord la science puis sa valorisation, le paradigme a changé à l'aube du millénaire pour l'Union comme dans les États membres. Le continent a dû en effet répondre à plusieurs défis majeurs : non seulement une crise financière mondiale en 2008, mais aussi l'émergence des nouvelles grandes puissances asiatiques très concurrentielles (dans le domaine industriel et, de plus en plus, dans les sciences et techniques). Ajoutons les questions écologiques et climatiques, qui ne sont pas vraiment une nouveauté, mais qui ont passé un cap notoire d'importance. Les politiques de R&I ont forcément reflété tous ces bouleversements, avec la définition de missions particulières sur ces enjeux au sein de la stratégie globale.

2.1 La première phase : les politiques visant la science

Pour l'Europe, qui se met en place institutionnellement après la guerre, la première génération de politiques visant la science (phase 1) s'inspire de la même philosophie que celle vue à propos des États-Unis. Il s'agit de reconstruire le continent en mettant au cœur du dispositif la démocratie et la réconciliation des nations, mais aussi la science, avec tous les bénéfices qu'on peut en attendre. Rappelons qu'à l'origine de l'Union européenne il y a, à côté de la Communauté européenne du charbon et de l'acier (CECA), le projet Euratom qui organise la collaboration pour le développement du nucléaire civil. Par la suite, l'Agence spatiale européenne (ESA) a coordonné à partir de 1975 les efforts – sur un périmètre géographique un peu différent car le Canada est membre associé – en matière de lanceurs, de satellites et de systèmes de télécommunications utilisant l'espace. Il s'agit là de politiques de mission de coopération scientifique, technique et industrielle ciblées sur des technologies spécifiques[59]. Dans les collectifs de recherche répondant aux appels d'offre, commence *de facto* à émerger un fonctionnement de type mode 2 à la Gibbons *et al.*, *via* les arrangements contractuels avec l'agence publique et les partenariats noués à cette occasion.

Dans un périmètre international un peu différent, mais toujours centré sur l'Europe, le CERN à Genève est un bel exemple de mission scientifique dans l'esprit de Vannevar Bush (1945), avec le développement de la science comme objectif central (*science, the endless frontier*). Il s'agit d'une organisation entre États qui incarne parfaitement le modèle de la « *big science* » à l'européenne. Les grands programmes et infrastructures de recherche scientifique doivent beaucoup à l'organisation militaro-industrielle héritée de la seconde guerre mondiale. D'une certaine manière, les grandes plateformes scientifiques, souvent internationales de nos jours, sont inspirées dans leur conception des dispositifs stratégiques

---

59 Les activités de l'ESA couvrent l'ensemble du domaine spatial, depuis les sciences fondamentales (astrophysique, observation de la terre) jusqu'aux applications (vols habités, télécommunications).

nationaux de *mission* en matière de défense des années 1940 et 1950, comme ceux inaugurés par les États-Unis.

> - Comme aux États-Unis, la première génération de politiques de R&I européennes est axée sur la science.
> - Les politiques orientées « mission » font le pont avec le monde industriel et sont ciblées sur des technologies spécifiques (programmes industriels stratégiques). Une approche pluridisciplinaire de la science autour de projets stratégiques commence à émerger.
> - Les grandes infrastructures de recherche européennes comme le CERN, incarnent parfaitement le modèle de la « *big science* » importés des États-Unis.

2.2 La seconde phase marquée par le lancement des programmes cadres

La seconde génération de politiques européennes, typique de la phase 2 « *science in policy* », correspond au lancement en 1984 des politiques de « Recherche et développement technologique » (RDT) dans le domaine civil. La décision politique est prise en 1983 par le Conseil européen comme le rappelle l'encadré 5.3. La politique de RDT, particulièrement celle des Programmes-cadres de recherche et développement (PCRD), est une des politiques structurelles de l'Union, la troisième plus importante en termes de budget après la politique agricole commune et les fonds structurels à destination des territoires (Héraud, 2015). Avec les PCRD dans les années 1980, l'Europe a contribué à consolider à travers ses pays membres, le nouveau modèle *diffusion-oriented*.

> **Encadré 5.3: Les premiers *Framework programmes* européens pour la R&D technologique**
>
> Le Conseil européen institue en 1983 le premier programme (FP1 pour utiliser le sigle anglais, *Framework programme*) pour la période de 1984 à 1987. L'idée est de promouvoir un développement scientifique et technique équilibré au sein de la Communauté. C'est un mécanisme d'*appel à projets* (nouvelle manière de financer la recherche qui se généralise aussi dans les États membres à cette époque). Comme il s'agit non seulement de stimuler la recherche mais aussi de contribuer à l'intégration européenne, les enveloppes financières sont distribuées à des consortiums de laboratoires représentant plusieurs pays de l'UE. Les critères de sélection des projets intègrent explicitement cet objectif de plurinationalité, à côté de l'intérêt scientifique et technique des projets. On porte aussi une attention spéciale aux activités qui contribuent à la définition ou à la mise en œuvre des autres politiques communautaires.

appliquée a d'ailleurs bien évolué par rapport à la phase 2, notamment avec l'instauration en 2007, dans le cadre du septième programme-cadre, du *Conseil européen de la recherche* (*ERC selon le sigle anglais*) qui s'adresse à une « recherche à la frontière de la connaissance ». Les huitième (H2020) et neuvième programme (Horizon Europe) font d'ailleurs de l'excellence scientifique, une priorité (cf. encadrés 5.4, 5.5 et 5.6).

Encadré 5.4 : Le Conseil européen de la recherche

Institué en 2007 dans le cadre du septième PCRD, puis poursuivi dans le huitième (Horizon 2020), le Conseil a distribué plus d'un million d'euros par an pour financer des jeunes chercheurs prometteurs en début de carrière (*ERC starting grants*) et des chercheurs expérimentés et renommés (*ERC advanced grants*).

Avec Horizon 2020, le programme monte en puissance (13 Mrd€ sur la période au lieu de 7,5 Mrd€) et cet appui à la recherche fondamentale d'excellence monte à 17% du budget total[a], ce qui est considérable lorsqu'on se rappelle que jusqu'au tournant du millénaire l'UE s'interdisait de financer de la recherche autre qu'appliquée. Le dispositif va se poursuivre dans le 9ème programme (Horizon Europe). Cela montre l'évolution de la pensée en matière de politique de R&I.

a L'ERC mobilise 13,1 Mrd€ sur les 77 Mrd€ du budget total du programme Horizon 2020.

Une des innovations majeures du programme Horizon Europe, est l'orientation de la recherche et de l'innovation vers des *missions spécifiques* dans l'objectif de relever les grands défis sociétaux (pilier 2 du programme). L'innovation de rupture fait partie de la stratégie de ce programme cadre avec la création sur le modèle de la DARPA, du *Conseil européen de l'innovation* comme l'ont fait le Japon et la Corée du Sud. Son rôle est de définir des missions centrées sur des objectifs sociétaux à fort impact et donnant lieu au lancement de plusieurs projets pluridisciplinaires, à haut niveau de risque, sélectionnés en fonction de leur capacité à soutenir la création et le développement de nouveaux marchés (cf. encadré 5.5).

> **Encadré 5.5 :** ***Le Conseil européen de l'innovation* (CEI) pour « l'innovation de rupture »**
>
> Le dispositif a déjà commencé à fonctionner expérimentalement sur certains domaines et il a bénéficié depuis 2018 à plus d'un millier d'entreprises en Europe. L'enjeu est de faire passer des innovations radicales, donc à haut risque, de l'étape du laboratoire à celle de la commercialisation. On vise particulièrement les startups et les PME. La raison d'être de cette nouvelle initiative est de lutter contre la tendance de beaucoup de jeunes organisations innovantes à s'expatrier hors d'Europe pour réussir leur développement. Par rapport à l'Amérique du Nord ou à l'Asie, en effet, le constat est fait depuis longtemps que les jeunes pousses européennes ont plus de mal à passer le cap de la phase initiale (deux à trois ans) du développement, et qu'elles n'arrivent pas rapidement à opérer à l'échelle mondiale. L'objectif du CEI est de favoriser le passage des découvertes scientifiques à des innovations de rupture notamment grâce à des entreprises capables de se développer rapidement et à large échelle.
>
> Comme le dit Carlos Moedas, commissaire européen à la Recherche, à la Science et à l'Innovation et initiateur du dispositif : « Avec la création de l'EIC, nous ne nous contentons pas de mettre l'argent sur la table. Nous mettons en place tout un système d'innovation pour placer l'Europe à l'avant-garde des technologies et des innovations stratégiques ».
>
> Un tel dispositif réorganise des instruments existants avec deux nouveaux instruments de financement complémentaires :
>
> - le *Pathfinder* (845 M€ sur 2019–2020) qui attribue des subventions pour soutenir les technologies de pointe et financer les idées visionnaires menant au développement de technologies radicalement novatrices avec un focus sur la « *deep-tech made in Europe* » (*Human-centric Artificial Intelligence (AI), Novel medical devices, Future technologies for social experience*, etc.) ;
> - l'*Accélérateur* (1,3 Mrd€ sur 2019–2020) qui se substitue en partie aux financements privés pour aider les startups et les PME ayant des projets d'innovation de rupture très risqués, à se développer : financement mixte (« *Blended finance* » avec subvention, prêts garantis, avances remboursables et prise de participation au capital avec des acteurs privés (« *Equity shares* »).
>
> Pour la période 2021–2027 le budget prévisionnel du CEI est de 10 Mrd€ avec environ 1/3 pour le *Pathfinder* et 2/3 pour l'Accélérateur.
>
> Sources : site de la commission européenne « *Enhanced European Innovation Council (EIC) pilot* » et le rapport de l'*European Innovation Council* (2020)

À noter également la création très récente sur le même modèle, de la *Joint European Disruptive Initiative* (JEDI) qui porte l'ambition de repousser les frontières de l'innovation par une méthode de gouvernance radicalement fondée sur l'excellence – ce qui implique la rapidité de l'action poussée par les pouvoirs publics, l'acceptation d'un haut niveau de risque et le renoncement au principe de retours géographiques équitables (*fair return*) entre les pays. Partant de l'idée que la technologie devient centrale dans l'économie contemporaine, cette fondation se donne comme objectif d'aider le financement de la recherche technologique en essayant d'anticiper les ruptures tout en défendant les valeurs européennes d'éthique et de développement durable. Ainsi, les objectifs scientifiques sont clairement finalisés autour de grands enjeux sociétaux : environnement, énergie, numérique, etc. Pour coller à l'actualité, des programmes concernant la pandémie de Covid-19 sont lancés en 2020.

Encadré 5.6 : Les huitième et neuvième programmes-cadres européens

Dans le 8ème PCRD (H2020) qui a couvert la période 2014–2020, l'*excellence scientifique* (budget : 24,4 Mrd€[a]) devant garantir des recherches de classe mondiale à long terme, était l'une *des trois priorités* affichées à côté de la *primauté industrielle* (17 Mrd€) visant à soutenir les technologies clés pour la compétitivité des entreprises européennes (TIC, nanotechnologies, matériaux, procédés de fabrication, espace...) et la réponse aux *grands défis sociétaux* en matière de santé, d'énergies propres, de transports intelligents, de lutte contre le changement climatique ou de sécurité (29,7 Mrd€). H2020 a soutenu la recherche collaborative et interdisciplinaire afin d'ouvrir des voies nouvelles vers les *technologies futures et émergentes* (*FET* en anglais).

Quant au 9ème PCRD (Horizon Europe) qui va courir sur la période 2021–2027 avec un budget encore plus conséquent (de l'ordre de 100 Mrd€), il est conçu également pour renforcer la science européenne. En outre, il vise à trouver des solutions nouvelles aux défis auxquels le monde est confronté (adaptation au changement climatique, cancer, santé des océans et des eaux naturelles, villes neutres en carbone et intelligentes, santé des sols pour une alimentation durable) et à les convertir en opportunités pour les entreprises et les sociétés européennes. L'organisation du programme prévoit d'affecter :

- 25,8 Mrd€ au premier pilier relatif à *l'excellence scientifique* ;
- 52,7 Mrd€ au second avec des *missions spécifiques* relatives à la recherche collaborative, aux grands défis mondiaux et à la compétitivité industrielle européenne ;
- 13,5 Mrd€ au troisième, dédié à l'*innovation* (une Europe plus innovante) pour lequel un Conseil européen d'innovation est créé sur le modèle de la DARPA.

Source : Commission européenne (2014) & *European Commission* (2019)

[a] prix courants 2013

- Au début du millénaire, la stratégie de Lisbonne constitue un tournant dans la manière de considérer la science et la société. Désormais, l'intervention publique concerne sans distinction tous les domaines de la connaissance, y compris la science fondamentale. L'ancienne vision de la division des tâches et de la division des domaines de la connaissance (mode 1) s'efface.
- La science fondamentale fait partie des PCRD depuis 2007 avec la création du *Conseil européen de la recherche* (*ERC*).
- L'attente de l'Europe vis-à-vis de la recherche qu'elle finance est sa capacité à promouvoir l'innovation et à relever les grands défis sociétaux.
- Pour ce faire, elle déploie des instruments qui s'apparentent aux modèles *mission-oriented*, l'objectif à atteindre étant ciblé sur la *percée scientifique* et l'innovation, notamment de rupture.

2.4 La mixité des politiques : recherche, innovation et aménagement du territoire

Un autre aspect de l'évolution des politiques européennes renforce notre argument selon lequel on s'oriente à partir du tournant du siècle vers une philosophie plus globale et orientée innovation. C'est l'autorisation d'utiliser les *Fonds structurels* à financer de la matière grise. La politique d'aménagement et de cohésion du territoire européen laisse la place à une conception plus compétitive et plus orientée vers l'innovation. Pour l'obtention de fonds européens, les régions sont d'une certaine manière mises en concurrence autour d'opérations visant le développement « fondé sur la connaissance » de l'économie et de la société. De cette manière, on peut dire que la politique régionale est mise au service de la politique d'innovation européenne (Héraud, 2003).

Désormais, on incite les collectivités territoriales à ne plus penser « qu'est-ce que l'Europe peut faire pour aider mon territoire à se développer ? », mais « en quoi mon territoire peut-il contribuer à la compétitivité de l'Europe dans la nouvelle économie fondée sur la connaissance ? ». Les fonds européens vont vers les *développeurs des territoires*, des acteurs visionnaires capables de proposer des projets collectifs originaux et prometteurs. Un certain nombre de pays – dont la France – vont par ailleurs s'appuyer sur cette politique européenne pour réformer leur système d'aide au développement des territoires en passant d'une logique de redistribution et d'infrastructure, à une logique d'appel d'offres pour projets innovants. Plus tard, avec la S3 (*Smart specialisation strategy*), cette idée sera reprise et enrichie en insistant sur la dimension entrepreneuriale et en suggérant que les politiques révèlent les porteurs de projets potentiels sur les territoires plutôt que de fixer bureaucratiquement les priorités régionales.

Le financement de ces projets va aussi de plus en plus passer par des schémas multi-acteurs (privé/public) et multiniveaux (local-régional/ national/européen). Dans ce nouveau dispositif la politique nationale dédiée à la recherche est partiellement incluse dans les projets, en profitant de la présence en région d'établissements universitaires dynamiques et ouverts à la valorisation ou d'infrastructures de recherche des grands organismes. En abondant les budgets des acteurs locaux de la recherche au gré des projets territoriaux, l'État pratique *de facto* un *policy mix* entre politique de recherche, politique universitaire et politique régionale. Quant à la stratégie globale qui anime ces interventions des pouvoirs publics, c'est manifestement le développement économique et social *via* l'innovation.

- La phase 3 des politiques européennes de R&I est bel et bien axée sur l'innovation en mobilisant les acteurs à tous les niveaux. Elle s'appuie notamment sur la matière grise des territoires pour renforcer le développement économique de l'Europe.
- Ainsi, grâce à des appels à projet, les *Fonds structurels européens* vont vers les *développeurs des territoires*.
- Les États, quant à eux, pratiquent un *policy mix* entre politique de recherche, politique universitaire et politique régionale.

3. Le cas de la France

Les rapports à la science et à la recherche en France reflètent les spécificités culturelles et institutionnelles du pays, mais ce dernier n'échappe pas aux grandes tendances internationales que l'on peut observer depuis la fin de la seconde guerre mondiale. Nous ne chercherons pas l'exhaustivité en faisant l'historique des politiques françaises[60], mais plutôt à évoquer les faits marquants qui illustrent le changement de paradigme dans le rapport à la science : les raisons de la financer ont évolué, à l'image des attentes en matière de *valorisation*. Nous évoquerons également les réformes successives de l'Université comme illustration de cette évolution.

---

60 Le lecteur pourra se référer notamment à Barré (2016) pour une analyse des réformes du système français de recherche et d'innovation de 1963 à 2013.

3.1 L'évolution des politiques de Recherche et d'innovation depuis l'après-guerre jusqu'à nos jours

Il est possible de positionner la France sur les trois grandes phases qui, depuis la fin de la guerre, ont scandé l'attitude des sociétés développées face à la recherche scientifique :

– Jusqu'au milieu des années 1960 (phase 1) la science est considérée comme un moteur du progrès, et la recherche trouve des valorisations de manière aléatoire selon le modèle de *sérendipité* conforme à l'esprit de Vannevar Bush (1945). Cette vision de la valorisation se rapproche de celle qui est faite au nom de la « beauté de la science » comme nous l'avons évoqué au chapitre 3. Le progrès scientifique est vu comme un élément essentiel au bien-être et au développement de la nation. Il faut donner des moyens à la science et la laisser se développer dans un grand esprit de liberté – sans pouvoir anticiper avec précision les bénéfices qu'on en retirera. Cette période colbertiste d'après-guerre, a d'ailleurs permis à la France de dégager des budgets conséquents pour des grandes missions publiques à versant scientifique pur. La recherche fondamentale dans des grands domaines comme la physique des hautes énergies pouvait se développer à son rythme, selon ses agendas propres. Le CNRS a été relancé, de grands instruments ont été créés, par exemple en radioastronomie, etc. De surcroît, la défense nationale était prête à financer des recherches très en amont et se félicitait, en France comme aux États-Unis, de voir des retombées civiles se produire au fil des résultats de cette recherche amont.

Si la France est un des pays européens qui a imité le plus la stratégie américaine en investissant dans la science fondamentale, elle a également lancé, à l'instar des États-Unis, des grands programmes technologiques dominés par les priorités de la défense et de l'indépendance stratégique du pays (aérospatial et nucléaire notamment). Ses politiques *mission-oriented* se sont ensuite diversifiées sur des domaines plus transversaux comme les télécommunications, le numérique ou les matériaux nouveaux. Influencées par la politique américaine d'après-guerre, elles procéderont à la manière militaire, y compris dans le secteur civil (cf. encadré 5.7).

> **Encadré 5.7: le Minitel impulsé par une politique de mission de type militaire**
>
> En matière de politique de mission fortement pilotée par l'État, le dernier exemple français, presque caricatural, fut l'aventure du Minitel dans les années 1980. Avant l'expansion mondiale d'internet, la France innove avec le premier outil décentralisé d'échanges d'information (télématique), mais l'expérience est menée de la manière la plus centraliste qui soit. L'État, à travers la Poste, va jusqu'à mettre le terminal gratuitement à disposition d'un grand nombre de citoyens. L'opération est pilotée par l'administration et des opérateurs industriels nationaux, depuis la technologie et l'industrialisation jusqu'à la construction de la demande. La seule différence avec une politique de mission militaire, c'est que la mission est civile !

– Entre les années 1960 et la fin du siècle (phase 2) prédomine clairement la vision politique de la science comme *producteur de solutions*. La recherche appliquée revient au centre du débat, ainsi que la volonté de *valoriser* sur le plan commercial les résultats de la science fondamentale, comme l'illustre parfaitement la création de l'Agence nationale pour la valorisation de la recherche (ANVAR) en 1967. Il faut noter qu'en 1979 celle-ci se verra assigner un objectif un peu différent, à savoir l'appui à l'innovation des entreprises, mais au départ l'intention politique s'inscrit dans une vision très linéaire : il faut aller chercher les idées en amont dans les laboratoires publics pour les transférer vers le monde économique. Par ailleurs, les années 1970 sont celles de la refondation du système universitaire français (nous y revenons au paragraphe « Un aperçu des réformes universitaires »). La création de nouveaux établissements beaucoup plus autonomes, suite à la loi Faure de 1968, bouleverse le paysage quelque peu routinier des anciennes facultés en instaurant le concept d'Unité d'enseignement et de recherche (UER), qui deviendra Unité de formation et de recherche (UFR). L'Université s'ouvre à des fonctionnalités multiples et développe l'interdisciplinarité. Quant au CNRS, il va s'intéresser de plus en plus aux applications et créer de la mixité avec les universités : les Unités mixtes de recherche (UMR) sont créées en 1966 et se multiplient dans les années 1990.

Cette seconde phase est marquée également en France par la « fin du colbertisme » (Mustar, Larédo, 2002). Les grands programmes qui caractérisaient la politique de mission vont perdre petit à petit de l'ampleur et ne concerner plus qu'un nombre limité de secteurs dans les années 1990. C'est le cas par exemple de l'aéronautique qui bénéficie encore d'avances remboursables ou bien du spatial avec notamment le développement de Galileo (également fortement soutenu par l'Union européenne).

– À la fin du 20ème siècle (phase 3) se profile en France comme ailleurs le nouveau mode de conception des politiques de R&I qui est beaucoup plus *systémique*. L'idée de SNI se développe, ainsi que celle des systèmes territorialisés. Le paradoxe apparent de la France, pays de tradition centraliste, est de décliner la nouvelle donne systémique en redécouvrant ses territoires, d'où l'innovation politique majeure des années 2000, les *Pôles de compétitivité*. Il s'agit d'un « rassemblement, sur un territoire bien identifié et sur une thématique ciblée, d'entreprises petites, moyennes ou grandes, de laboratoires de recherche et d'établissements de formation » pour reprendre la définition de la Délégation à l'aménagement du territoire et à l'action régionale (DATAR). La déclinaison territoriale de la politique de R&I a été renforcée avec la création des Sociétés d'accélération de transfert de technologie (SATT), les Instituts de recherche technologique (IRT), les Instituts Carnot, etc. en lien avec l'autonomie des universités. Nous reviendrons au chapitre suivant sur ces instruments de valorisation (au sens commercial mais aussi social par l'encouragement des liens entre acteurs, la création d'emplois, etc.).

Politiquement, la science se retrouve incluse dans un système complexe de production de connaissances. Les actions spécifiques ciblées sur la recherche (pour la produire ou pour la valoriser) laissent peu à peu la place à une stratégie globale visant à développer des *écosystèmes de recherche et d'innovation*.

> ☐ L'évolution des politiques de R&I françaises suit les trois grandes phases : *mission science* ; *valorisation commerciale de la science* ; puis *écosystèmes d'innovation*.
> ☐ Au cours de la phase 2, le colbertisme à la française s'efface peu à peu en faveur des politiques de diffusion destinées à l'ensemble du tissu industriel.
> ☐ À la fin du 20ème siècle, avec la phase 3 et ses écosystèmes d'innovation, la France renoue avec ses territoires et crée les *Pôles de compétitivité*.

3.2 L'organisation des interactions entre la recherche et l'innovation

En 2010, Jean-Yves Mérindol[61] porte un jugement plutôt sévère sur le système de valorisation français en remettant en cause le modèle linéaire

---

61 Jean-Yves Mérindol a été président de plusieurs établissements universitaires, mais aussi conseiller Enseignement supérieur et Recherche à la présidence de la République de mai 2012 à octobre 2013.

implicite dans les politiques de recherche habituelles. Non seulement la question n'est pas de conduire des résultats scientifiques fondamentaux vers les applications industrielles, mais plus profondément « nous ne sommes plus dans un schéma qui permette d'identifier clairement où est la science fondamentale, où est la science appliquée » (Mérindol, 2010, p. 40). Il estime que la meilleure politique d'innovation, en tout cas celle qui fonctionne mieux aux États-Unis qu'en France, c'est de mettre en place un système favorisant la mobilité des personnes et des idées entre le monde académique et le monde industriel. Transposer les recettes d'un pays à l'autre n'est pas forcément une bonne idée, mais tant qu'à observer un système étranger pour réfléchir sur le système français, Jean-Yves Mérindol recommande plutôt l'observation du système américain que du système allemand. Dans le même temps, il salue comme un évènement important la création, en 2005, de l'Agence nationale de la recherche (ANR) qui attribue des financements à la recherche publique sur programme. L'idée est américaine, mais comme nous le verrons dans la quatrième section de ce chapitre, une institution de ce type existe aussi en Allemagne : la *Deutsche Forschungsgemeinschaft* (DFG).

La question centrale qui se pose est de mieux organiser l'interaction entre le monde académique et les nouveaux producteurs de connaissances que sont les industries et divers acteurs du monde socio-économique. Pour aller dans ce sens, une réorganisation institutionnelle majeure a ainsi été menée autour des années 2010 avec la création de deux grands opérateurs spécialisés :

- en 2010, le Commissariat général à l'investissement[62] qui gère le Programme d'investissements d'avenir (PIA) créé en 2009 pour relancer l'investissement en France suite à la crise économique[63] ;
- en 2012, Bpifrance qui regroupe les instruments de financement des entreprises.

Ces opérateurs ont pour mission, à côté des agences existantes (ANR, ADEME, CDC[64], etc.), la transformation du paysage de la recherche partenariale et de l'innovation (Chouat *et al.*, 2019).

---

62 CGI, devenu en 2017 le Secrétariat général pour l'investissement (SGPI)
63 En novembre 2009, une commission présidée par Alain Juppé et Michel Rocard présentait un rapport intitulé *Investir pour l'avenir*. Ce rapport avait pour objet d'évaluer les investissements jugés nécessaires pour augmenter les perspectives de croissance à long terme de l'économie française.
64 Agence de la transition écologique, Caisse des dépôts et consignations.

Plus récemment, d'autres mesures ont été prises avec en particulier la création en 2018 du Conseil de l'innovation pour mieux piloter la politique d'innovation et du Fonds pour l'innovation et l'industrie (cf. encadré 5.8). À signaler également le lancement du plan *deep tech* mis en œuvre par Bpifrance pour soutenir les startups ou encore l'aménagement du dispositif Allègre[65] dans le cadre de la loi PACTE[66] afin d'élargir les possibilités pour les chercheurs de se consacrer aux activités d'invention et d'innovation (Chouat *et al.*, 2019).

Encadré 5.8: Les grands défis de l'innovation

Créé le 15 janvier 2018, le Fonds pour l'innovation et l'industrie (FII) a été doté de 10 Mrd€ sur 4 ans, *i.e.* 250 M€ par an déclinés comme suit :

- 120 M€ par an pour financer les cinq grands défis choisis par le Conseil de l'innovation :
  1. Comment améliorer les diagnostics médicaux par l'intelligence artificielle ?
  2. Comment sécuriser, certifier et fiabiliser les systèmes qui ont recours à l'intelligence artificielle ?
  3. Comment développer le stockage de l'énergie haute intensité pour une mobilité « zéro fossile » ?
  4. Comment automatiser la cybersécurité pour rendre nos systèmes durablement résilients ?
  5. Comment produire biologiquement et à coût réduit des protéines à très forte valeur ajoutée ?
- 70 M€ par an pour soutenir l'émergence des startups à forte intensité technologique (*deep tech*) issues des laboratoires ;
- 60 M€ par an pour des grands plans industriels de la filière microélectronique et le secteur des batteries pour les véhicules électriques.

Source : Conseil de l'innovation (2019)

Ainsi munie d'un ensemble de dispositifs conséquents, la France fait partie des pays qui dépensent le plus en matière de soutien à l'innovation avec 9,7 Mrd€ en 2020 (cf. figure 5.1). Cet ensemble de dispositifs inclut

---

[65] La loi Allègre sur l'innovation et la recherche (1999) a impulsé au CNRS une évolution franche en direction de l'application de la recherche car elle a permis aux chercheurs et universitaires de créer une entreprise de type startup et de déposer des brevets.

[66] La loi du 22 mai 2019 relative à la croissance et la transformation des entreprises, dite loi PACTE, est une loi présentée par le gouvernement d'Édouard Philippe, destinée à faire grandir les entreprises françaises et repenser leur place dans la société.

le *Crédit impôt recherche (CIR)* cité au chapitre précédent et qui consiste à consentir aux entreprises une réduction d'impôt calculée sur la base des dépenses de R&D engagées, soit une réduction globale de 6 Mdr € en 2017 (cf. encadré 5.9). Il comprend également des *aides au financement pour les PME* afin de corriger les imperfections du marché du capital liées au risque élevé de l'investissement en connaissance – par rapport à celui de l'investissement productif matériel (Hall, 2002). Ces *défaillances de marché* qui sont significatives en Europe où le capital-risque est sous-dimensionné, tendent à rationner le financement des innovations, surtout pour les PME. En effet, ce sont les firmes les plus grandes qui ont un accès privilégié au financement de l'innovation, ce qui pénalise les PME, voire rend difficile le maintien en vie des startups : chaque nouvelle entreprise connait ce moment critique de la « vallée de la mort » situé entre la fin de la concrétisation du projet et son décollage commercial.

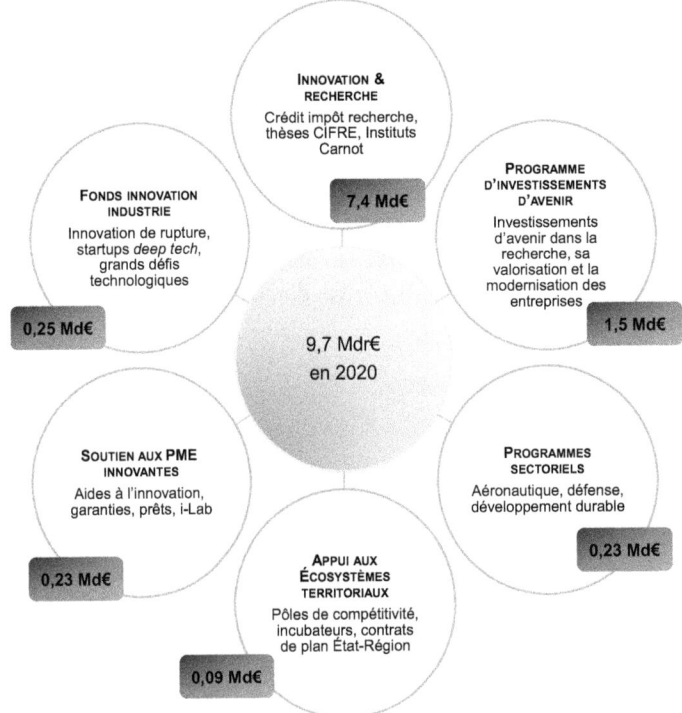

Figure 5.1: Les chiffres clés du soutien à l'innovation en 2020 en France par les acteurs publics (État, régions et Europe essentiellement)
Source : Conseil de l'innovation (2019)

> **Encadré 5.9 : Le Crédit impôt recherche (CIR)**
>
> L'existence de *défaillances sur le marché des connaissances* constitue la principale justification de l'intervention des politiques pour aider les entreprises privées à investir dans la R&D. En effet, comme nous l'avons vu au chapitre 3, même s'il existe un système de propriété intellectuelle, certaines connaissances ne sont pas appropriables. Ainsi les acteurs économiques se comportent parfois en « passagers clandestins » et innovent en imitant leurs concurrents au lieu d'investir eux-mêmes dans la R&D. Une telle situation conduit à un *sous-investissement global en R&D* par rapport à un niveau optimal du point de vue de l'intérêt général (Arrow, 1962).
>
> Le Crédit impôt recherche (CIR) s'inscrit dans ce cadre. Créé par la loi de finance de 1983, il vise la production de technologies nouvelles en subventionnant la recherche appliquée des entreprises. Ce n'est pas pour autant, au sens strict, un instrument de *politique scientifique*, dans la mesure où l'objectif est de stimuler l'effort d'*innovation* des entreprises. On ne l'a pas créé pour trouver des débouchés aux chercheurs – ni collectionner les brevets comme on accumulerait des publications scientifiques. Le CIR n'est pas (en tout cas sûrement pas principalement) au service de la science, ni envisagé en appui de domaines technologiques précis.

Le graphique 5.1 compare le financement public de la R&D des entreprises privées qui comprend les aides directes (subventions) et indirectes (incitations fiscales), en % du PIB en 2015 pour les principales puissances mondiales. L'ensemble de ce soutien public représente 0,42 point de PIB en France en 2015, juste derrière la Belgique (0,43) et très largement devant l'Allemagne.

Le cas de la France

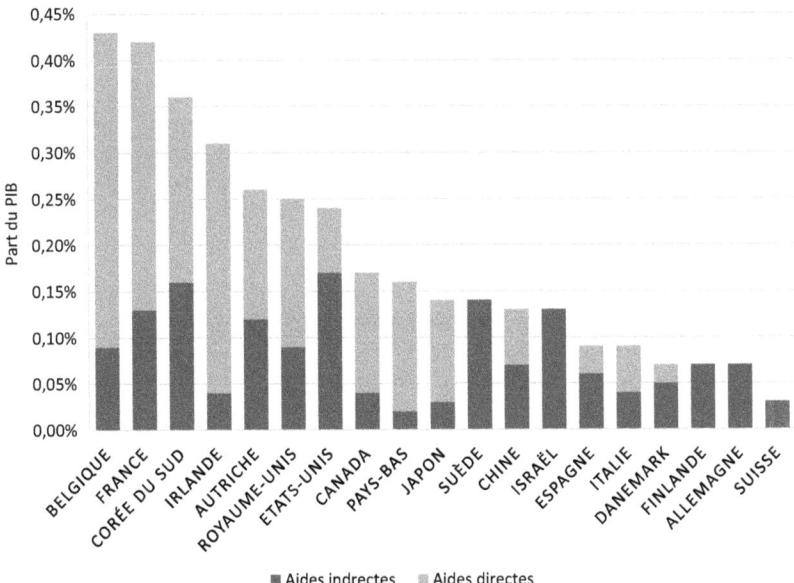

Graphique 5.1: Financement public (aides directes et indirectes) à la R&D privée en % du PIB en 2015
Source : Figure simplifiée d'après Chouat et al. (2019) 70 % des aides publiques en faveur de la R&D des entreprises prennent la forme d'incitations fiscales, essentiellement le CIR mais également le Crédit impôt innovation (CII) et le dispositif Jeune entreprise innovante (JEI).

En résumé, depuis l'an 2000, la France apporte un réel soutien à l'innovation qui se décline selon cinq objectifs principaux : augmenter les capacités privées en R&D ; accroître les retombées économiques de la recherche publique ; développer les projets de coopération entre acteurs ; promouvoir l'entrepreneuriat innovant ; soutenir le développement des entreprises innovantes. Le rôle de la science n'est plus limité à ses retombées aléatoires ou à un rôle de banque de données mobilisable à la demande. Elle est conçue comme une source d'opportunités multiples dans une stratégie globale d'extension des connaissances et d'innovation.

> - Une réorganisation institutionnelle profonde a eu lieu autour des années 2010 en France pour transformer le paysage de la recherche partenariale et de l'innovation.
> - La France fait partie des pays qui dépensent le plus en matière de soutien à l'innovation, avec près de 10 Mrd€ en 2020, soit un demi-point de PIB.
> - Récemment de grands défis financés par le Fonds pour l'innovation et l'industrie (FII), doté de 10 Mrd€ sur 4 ans (0,25 Mrd€/an), ont été lancés sur le modèle des programmes de l'agence américaine, la DARPA.

3.3 Un aperçu des réformes universitaires

Dans le cadre de toutes ces mutations, il est intéressant de voir l'évolution particulière de l'institution universitaire. Comme nous l'avons rappelé dans le premier chapitre, le système français de recherche et d'enseignement supérieur est caractérisé par l'existence d'un dispositif puissant de grandes écoles, qui a généré un système particulier de sélection des élites, et par l'existence d'un dispositif spécifique de recherche constitué autour de grands établissements nationaux. En outre, comme l'analyse Jean-François Cervel[67] (2018), l'État joue un rôle fort au sein du dispositif mais avec des administrations nationales et des corps d'État différents qui n'ont pas toujours la même vision. Les universités se trouvent ainsi coincées entre deux grands ensembles tout en ayant le devoir d'assurer leur rôle de service public en délivrant un enseignement sur les trois niveaux licence-master-doctorat (LMD) et dans toutes les disciplines à 1,6 million d'étudiants (sur un total de 2,7 millions pour l'ensemble de l'enseignement supérieur en 2018)[68].

Devant de fortes contraintes liées, d'une part, à la concurrence des organismes de recherche publics pour le recrutement des enseignants et, d'autre part, à l'impossibilité théorique de sélectionner les étudiants, les universités se sont retrouvées devant une situation difficile – aujourd'hui exacerbée par la concurrence des universités étrangères, tant pour attirer les meilleurs étudiants que pour motiver l'élite de la recherche. Le système de classement international des universités met la France en

---

67 Jean-François Cervel est Inspecteur général honoraire de l'administration de l'Education nationale et de la Recherche.

68 Systèmes d'information et études statistiques (SIES) du ministère de l'Éducation nationale, de l'Enseignement supérieur et de la Recherche

porte à faux : seules 8 universités françaises sont situées dans le top 200 du classement de Shanghai en 2020[69].

Les nombreuses lois qui, depuis 50 ans, ont concerné l'enseignement supérieur et la recherche, dont quatre consacrées à la réforme de l'enseignement supérieur – les lois de 1968 (Edgar Faure), de 1984 (Alain Savary), de 2007 (Valérie Pécresse) et de 2013 (Geneviève Fioraso) – n'ont pas réussi à redonner une place centrale aux universités leur permettant de mieux se confronter à la concurrence mondiale. Toutefois, le PIA a donné un coup de pouce à cette réforme qui avait du mal à aboutir en raison d'oppositions tant externes (grandes écoles, organismes de recherche), qu'internes à l'université elle-même (Cervel, 2018). La recherche et l'enseignement supérieur ont pu profiter en priorité de ce dispositif, qui dans une logique de soutien à l'excellence, a agi selon deux axes :

- les *pôles d'excellence* pour « accélérer la dynamique de transformation du système d'enseignement supérieur et de recherche engagée depuis 2007 et doter la France de quelques campus à forte visibilité internationale, à la gouvernance rénovée et ouverts sur leur écosystème d'innovation » ;
- les *projets thématiques d'excellence* visant à « investir dans des équipements de recherche pour les meilleurs laboratoires et renforcer les secteurs d'excellence de la recherche française, de la physique aux sciences humaines et sociales ».

À l'issue de l'appel à projets « Initiatives d'excellence » (Idex), neuf pôles ont ainsi pu émerger. Six instituts hospitalo-universitaires ont été créés et de nombreux laboratoires (Labex) et équipements de recherche (Équipex), financés. Cette politique a porté ses fruits si l'on se réfère à la progression au sein du classement de Shanghai en 2020 de plusieurs universités ayant bénéficié du dispositif PIA[70].

---

69 Selon l'*Academic Ranking of World Universities* (2020), la première université française dans ce palmarès est l'université Paris-Saclay à la 14ème place, suivie par l'université Paris Sciences & Lettres à la 36ème place et la Sorbonne à la 39ème. Pour la première fois en 2020, les regroupements d'établissements français sont pris en compte. L'université Paris-Saclay, créée en janvier 2020, fait ainsi une première entrée remarquée dans le classement de Shanghai 2020. Elle est la 3ème université européenne, après Cambridge et Oxford.

70 Cinq universités françaises soutenues par le PIA sont dans le top 100 mondial du classement de Shanghai 2020.

Cependant, elle ne s'est pas faite sans heurts, d'autant qu'elle a multiplié les structures à côté de celles qui existaient déjà (IRT, SATT, Instituts Carnot, etc.). En particulier, l'émergence de certains pôles Idex a été difficile comme ce fut le cas pour celui de Paris-Saclay qui devait à l'origine regrouper sur le Plateau 19 établissements d'enseignement supérieur et de recherche (universités, grandes écoles et centres de recherche) (cf. encadré 5.10). La difficulté qu'il y a eu à créer un unique ensemble reflète sans doute en grande partie la divergence de vision qui existe entre les acteurs du projet, relevant d'administrations et de corps d'État distincts… La culture ainsi que les modèles économiques diffèrent au sein de ces institutions, ce qui a compliqué leur regroupement.

Encadré 5.10 : L'aventure de l'Idex Paris-Saclay

Lors de sa venue sur le site, le 25 octobre 2017, le Président Macron a annoncé, au désarroi des porteurs du projet, qu'il y aurait sur le plateau deux pôles distincts : le premier « de recherche intensive » opérant sous la marque *université Paris-Saclay* avec comme pierre d'angle trois universités (Paris - Sud, Versailles Saint-Quentin et Évry), ainsi que plusieurs autres établissements d'enseignement supérieur (CentraleSupélec, AgroParisTech, École normale supérieure Paris-Saclay et Institut d'optique *graduate school*) ; le second, résultant de l'alliance de grandes écoles dont Polytechnique, l'ENSTA, l'ENSAE, Télécom ParisTech et Télécom Sud Paris. Le Président souhaitait que ce second pôle – qui sera baptisé plus tard l'*Institut Polytechnique de Paris* – trouve « des voies originales pour évoluer vers un MIT[a] ou une EPFL[b] à la française ». Quant aux organismes de recherche présents sur le plateau (CEA, CNRS, INSERM, INRIA, INRAE, ONERA et IHES[c]) et intimement connectés aux établissements d'enseignement supérieur, ils devaient jouer le rôle de « ciment en termes de recherche » entre ces deux nouvelles entités.

a *Massachusetts institute of technology.*
b École polytechnique fédérale de Lausanne.
c Institut des hautes études scientifiques.

Source : discours du Président de la République

☐ Au tournant des années 2000, l'évolution des politiques de R&I vers une vision systémique centrée sur l'innovation (phase 3), a conduit à établir les conditions favorables à une véritable réforme vers plus d'autonomie des universités.

- La réforme s'est heurtée à un certain nombre d'oppositions, mais se met en place petit à petit, aidée en cela par le Programme d'investissements d'avenir (PIA) créé en 2009 et dont la recherche et l'enseignement supérieur ont pu profiter en priorité.
- Visant l'excellence, le PIA a notamment abouti à l'émergence de neuf pôles universitaires de grande envergure scientifique. Cinq universités françaises soutenues par ce dispositif figurent en 2020 dans le top 100 mondial du classement de Shanghai.

4. Le cas de l'Allemagne

Comme nous l'avons vu en conclusion de la partie sur l'Europe, l'ensemble du continent a été confronté depuis le début du millénaire à de grands défis, et la politique de R&I de chaque pays reflète en partie la réaction stratégique nationale à cette situation. La conséquence de ces défis sur l'Allemagne, première puissance industrielle et technologique européenne, fut de stimuler une évolution majeure de la politique d'innovation. Par leurs programmes, les pouvoirs publics allemands ont surtout cherché à coordonner les acteurs et à réagir aux défis du moment. C'est cette approche que nous allons détailler en analysant *les dernières formes de politique*. Mais afin de bien mesurer l'enjeux des réformes, il convient de rappeler au préalable, les caractères spécifiques du système allemand.

4.1 Le contexte historique du système allemand

Dans la périodisation des politiques, l'Allemagne n'est pas tout à fait à la même enseigne que la France, dans la mesure où son statut dans l'immédiat après-guerre ne lui permettait pas de se lancer dans du colbertisme scientifique et technologique orienté défense. On ne retrouve donc pas la trace d'une époque dorée des grandes missions à l'américaine ou à la française. Cela explique aussi, peut-être, une certaine avance de l'Allemagne dans la mise en place de politiques de valorisation commerciale, ciblées sur le transfert de technologie comme cela fut le cas pour la période suivante « *science in policy* ».

La politique industrielle de l'Allemagne est largement décidée par les entreprises elles-mêmes, et une grande partie de la recherche appliquée est faite par l'industrie. Cependant, conscients d'un risque de déclassement du pays vis-à-vis des grandes puissances technologiques mondiales, les pouvoirs publics ont mis en place dans les années 1970 toute une gamme d'instruments visant à valoriser les résultats de la recherche publique vers le monde économique, une mission particulièrement dévolue aux instituts Fraunhofer. La vision sous-jacente était largement linéaire, allant de la recherche vers l'industrie et l'innovation.

Rappelons les principales caractéristiques du système économique et politique allemand :

- Le pays s'est toujours considéré comme un leader en matière de technologie, mais la puissance de son tissu d'entreprises de toutes tailles, dont beaucoup font de la recherche appliquée avec une grande efficacité[71], l'a quelque peu fixé sur le créneau des technologies moyennes comme la mécanique, l'électronique, ou la chimie. Il y avait donc matière à repositionner le système allemand sur les hautes technologies et sur des domaines de recherche plus exploratoires. Ce fut l'objet du programme phare de la décennie écoulée, lancé deux ans avant la crise financière, en 2006 : la stratégie « Hautes Technologies » de l'État fédéral (*Hightech-Strategie*). Cette stratégie est plus qu'une politique, dans la mesure où elle a réorganisé les politiques préexistantes tout en en lançant de nouvelles. Et elle continue à se déployer de nos jours. Cette stratégie très globale a amené à revoir la distinction un peu trop stricte entre politiques de Science et technologie (S&T) et politiques d'innovation qui s'opérait *de facto* pour des raisons institutionnelles. Par ailleurs cette stratégie est assez emblématique de la nouvelle approche internationale « *science as a source of strategic opportunity* ».

---

[71] Ulrich Schmoch (2010) estime que la recherche fondamentale des entreprises représente le même volume que celui des universités, ce qui est remarquable en comparaison internationale. Bien entendu, la recherche industrielle reste plus finalisée (exploration scientifique dans des domaines supposés intéressants en termes d'applications potentielles) que celle des universités. De ce fait, il existe un biais de la production scientifique totale vers certains domaines déjà bien reconnus. L'intérêt de la recherche académique est de se porter aussi vers des domaines peu explorés, ce qui apporte des occasions de renouvellement majeur du système technique.

- Le pays avait un système de R&I caractérisé par une division assez poussée du travail entre, d'une part, la science fondamentale développée par les universités et des organismes comme la société Max Planck et, d'autre part, la recherche appliquée, la valorisation et le transfert, réalisés par l'industrie et les instituts du réseau Fraunhofer. Les interactions ont toujours été fortes entre ces entités, mais chacun restait maître de son domaine puisque, si l'on se réfère à la typologie de Barré (2011) sur laquelle nous revenons au chapitre suivant, le SNI allemand fait partie des modèles relativement « séparés ». Cette situation avait ses vertus. Pourtant l'adaptation aux nouvelles conditions mondiales a progressivement imposé de s'attaquer à une séparation désormais considérée comme trop stricte des tâches. Ainsi, de plus en plus, les entreprises font de la recherche fondamentale (certes finalisée), et les universités ont été amenées de leur côté à s'ouvrir sur la recherche appliquée. Ces dernières l'ont fait par goût ou contraintes et forcées en raison de la stagnation des moyens accordés par les pouvoirs publics dans l'après 2008.

- Le tissu de PME est une des caractéristiques de l'Allemagne. On a souvent souligné les mérites des grosses PME formant le fameux *Mittelstand*, à la fois en capacités de développement économique, y compris à l'export, et en créativité technique. Mais toutes les PME allemandes (et tous les territoires de l'Allemagne) ne possèdent pas les mêmes vertus[72]. Un besoin important s'est fait sentir de réorienter une part de la politique de R&I vers ce public cible. La *Hightech-Strategie* comporte un important volet destiné au *Mittelstand*.

- L'Allemagne, par sa constitution fédérale, se doit de respecter un strict principe de subsidiarité. Néanmoins une partie des enjeux de la réforme de la politique de R&I a nécessité de revoir le partage des compétences entre le niveau fédéral et les *Länder*. En particulier, le fait de désigner et renforcer des universités d'excellence, capables d'affronter la compétition mondiale, a profondément bousculé le système puisque c'est aux *Länder* que la Constitution donne en principe la compétence sur la politique et le financement des universités.

---

72 D'après le BMWi (ministère de l'Économie), en 2014, 42% des PME allemandes se sont révélées capable d'innover, contre 30% en moyenne européenne. C'est un beau résultat, mais cela implique que 58% n'ont pas innové, et qu'il y a donc des marges de progression.

- Au niveau fédéral, la distinction entre politique de recherche et politique d'innovation était traditionnellement renforcée par une division du travail entre le ministère de la Formation et de la Recherche (BMBF) et celui de l'Économie (BMWi). Les nouvelles conditions mondiales de la compétitivité économique pour l'ensemble du système de recherche innovation développement (RID) ont contraint à construire les politiques de recherche et celles d'innovation de manière plus intégrée. Les réflexes de conception « en silos » des administrations doivent être combattus. La *Hightech-Strategie* a aussi dû aborder cette question institutionnelle (même si c'est le BMBF qui est l'instance en charge de la stratégie, le BMWi reste un acteur important). Au total, on voit que la nouvelle orientation politique est très holistique ; elle doit gérer les relations complexes entre les différentes formes de connaissance, de créativité et de gouvernance.

> ☐ En réaction aux défis du 21ème siècle, la politique cadre *Hightech-Strategie* lancée en 2006 par l'État fédéral allemand, s'est inscrite dans un contexte caractérisé par :
> ☐ un poids industriel fort ;
> ☐ un positionnement de l'économie sur les technologies moyennes ;
> ☐ une répartition des tâches entre, d'une part, la recherche fondamentale faite par les universités et les organismes, et d'autre part, la recherche appliquée, la valorisation et le transfert menés par les entreprises et les instituts Fraunhofer ;
> ☐ un principe de subsidiarité entre le niveau fédéral et les *Länder* qu'il a fallu contourner ;
> ☐ des politiques (recherche, industrie, innovation) historiquement conçues « en silo » et désormais mieux articulés.

4.2 La stratégie « Hautes Technologies », paradigme de l'approche holistique

La division traditionnelle du travail entre les universités (et la société Max Planck) qui font de la recherche fondamentale, les entreprises qui font de la recherche appliquée et des intermédiaires qui font de la valorisation et du transfert (Fraunhofer), n'apparaît plus pertinente. Certes ces acteurs du Système national d'innovation allemand savent interagir, et c'est ce qui a toujours fait sa force, mais le gouvernement allemand semble prendre conscience que le lien entre les différentes formes de recherche doit aussi se faire à l'intérieur de chaque institution. Cette perception est liée à la reconnaissance par le monde politique de ce que montrent les *innovation studies* depuis les années 1980, à savoir que le processus d'innovation est tout sauf linéaire (cf. encadré 5.11).

> **Encadré 5.11: Prise en compte du caractère circulaire et itératif du processus d'innovation dans la conception des politiques de R&I**
>
> Il nous semble que la réforme de la politique allemande de R&I vers la fin des années 2000 est un parfait exemple de remise à plat de l'intervention publique suite à l'intégration d'une connaissance théorique sur les processus d'innovation.
>
> Peter Weingart, commentant en 2010 ce tournant des politiques, exprime bien cet enjeu : « Il existe plusieurs formes de recherche fondamentale, dont la recherche fondamentale orientée application. (…) On peut par exemple, dans le cadre d'une recherche appliquée, être amené à découvrir des problèmes fondamentaux qu'il faut résoudre avant de pouvoir parvenir à innover ». Le modèle linéaire s'accommode d'une stricte division du travail, mais le modèle circulaire itératif beaucoup moins.

Rainer Nägele (2010) rappelle que la *Hightech-Strategie* est la première stratégie nationale *interministérielle*. Trois grandes priorités ont été définies : développer de nouveaux projets communs à la science et à l'industrie ; instaurer des conditions plus favorables à l'application rapide des résultats de la recherche dans l'économie ; promouvoir l'émergence de marchés pilotes correspondant aux nouvelles technologies. En 2006, le BMBF a défini 17 domaines technologiques à privilégier, en visant trois types d'innovations : santé et sécurité (médecine, sécurité, environnement…) ; communication et mobilités (TIC, transports, services…) ; technologies transversales (nanotechnologies, biotechnologies, matériaux, systèmes optiques…). En 2014, la stratégie a été affinée sous le nom « *Innovation for Germany* ».

Le BMWi, qui a sa part de politique à mettre en œuvre, est chargé des PME, à travers le programme ZIM (*Zentrales Innovationsprogramm Mittelstand*) qui aide les entreprises[73] dans leurs projets individuels, tout en poussant aussi à la constitution de réseaux d'innovation, soit entre

---

73 PME définies comme ayant moins de 500 employés et moins de 50 M€ de chiffre d'affaires.

elles, soit avec les producteurs de S&T comme les universités. Rainer Frietsch et Henning Kroll (2010) résument les aspects organisationnels nouveaux qu'introduit la politique ZIM : fusion de 4 programmes PME existants ; extension à toute l'Allemagne d'un programme de mise en réseaux des entreprises qui n'était auparavant destiné qu'aux *Länder* de l'Est ; simplification et standardisation des procédures bureaucratiques pour accéder aux aides, guichet unique. De son côté, le BMBF a lancé un programme visant également les PME (*KMU Innovativ*), mais plus ciblé sur des technologies précises : électronique appliquée à la conduite automatique des véhicules, recherches sur la sécurité civile, techniques médicales, photonique et informatique quantique, etc.

Plus que de se substituer aux politiques précédentes, la *Hightech-Strategie* a consisté à coordonner l'existant, à élargir le spectre des thématiques et à servir de modèle pour l'ensemble du système. Elle correspond à une politique de mission de type architectural – une politique cadre – qui prépare et oriente tout un ensemble de missions élémentaires. Rainer Frietsch et Henning Kroll (2010) parlent de politique d'innovation « holistique ». À la lecture de documents de recommandations pour l'Union européenne comme *European Commission* (2018), on apprend que, dans l'approche des nouvelles politiques de R&I, l'Allemagne insiste particulièrement sur la nécessité de casser les conceptions politiques « en silo ». Avant 2006, le gouvernement allemand avait d'ailleurs été critiqué pour avoir créé, sans approche véritablement globale, « une jungle de programmes individuels » (Frietsch, Kroll, 2010, p. 83).

Parmi les politiques qui ont été fortement restructurées dans la foulée de la *Hightech-Strategie,* il faut évoquer la politique universitaire – qui sera traitée dans le paragraphe suivant. Cependant, beaucoup d'autres politiques ont été touchées par le changement de paradigme. Dans les années qui ont suivi le démarrage de la stratégie, un quart seulement du financement de la recherche est distribué sous le sigle *Hightech-Strategie,* mais l'adaptation d'autres programmes publics va suivre par « effet domino ». Les politiques des *Länder* se sont aussi dans une large mesure, alignées sur la nouvelle philosophie fédérale.

- La *Hightech-Strategie*, première stratégie nationale *interministérielle,* marque un changement de paradigme dans la conception des politiques de R&I, y compris pour les *Länder* qui adoptent également une approche holistique.
- Des programmes spécifiques sont destinés à aider les PME :

- le programme ZIM (*Zentrales Innovationsprogramm Mittelstand*) piloté par le ministère de l'Économie (guichet unique, mise en réseaux des acteurs de l'innovation…),
- le programme *KMU Innovativ* piloté par le ministère de la Formation et de la Recherche, ciblé sur des technologies précises.

4.3 La politique universitaire allemande

Les nouveaux mots d'ordre en matière universitaire sont *autonomie* et *excellence*. L'adaptation aux nouveaux principes de la *Hightech-Strategie*, malgré un large consensus sur l'idée générale, ne s'est pas faite sans difficultés et diverses résistances d'acteurs. Il faut se souvenir que l'Allemagne a longtemps tiré une (légitime) fierté de son système universitaire qui a même servi de modèle international, particulièrement aux États-Unis et au Japon. Ce modèle *humboldtien* est fondé sur l'autonomie de pensée des chercheurs et le lien entre recherche et enseignement. L'autonomie de pensée n'est pas entravée par la dépendance financière des pouvoirs publics – en l'occurrence les *Länder* car ceux-ci n'interviennent pas trop dans les choix scientifiques. Les grandes universités mondiales actuelles, particulièrement celles des pays anglo-saxons qui sont régulièrement au top des classements mondiaux, ont aussi une large autonomie intellectuelle, mais elles disposent en plus d'une plus grande autonomie financière grâce aux droits d'inscription des étudiants et aux contrats de recherche financés par des acteurs externes comme les grandes entreprises ou des structures publiques extra-universitaires comme la *National science foundation* (NSH). Ce n'était pas le cas en Allemagne. La révolution de la politique universitaire a consisté à introduire progressivement plus de dispositifs à l'anglo-saxonne :

- faire un peu plus payer les étudiants ;
- inciter les universités à faire plus de recherche sous contrat avec le secteur privé ;
- substituer une partie du financement récurrent de la recherche par des procédures compétitive calquées sur la NSH américaine, par l'intermédiaire de la *Deutsche Forschungsgemeinschaft*[74].

---

74 *La DFG (Deutsche Forschungsgemeinschaft), fondation allemande pour la recherche,* existe depuis 1951, mais elle va trouver un rôle accru dans le nouveau système de pilotage de la recherche universitaire.

L'absence en Allemagne d'institutions comme les « grandes écoles » françaises est traditionnellement compensée par l'existence *de facto* de quelques universités d'excellence. Cependant, l'idée de favoriser nationalement un ensemble limité d'établissements comme le prévoit la politique fédérale des *Exzellenzuniversitäten* se heurte à la tradition des universités régionales, et même à la constitution fédérale qui réserve la politique universitaire à la compétence des *Länder*. Pour imaginer les réticences de l'échelon régional, il faut prendre conscience des disparités que fait émerger (ou plutôt révèle) la constitution du groupe restreint d'universités d'excellence : en 2020 il y en a seulement 11, alors qu'il y 16 *Länder*. De surcroît le Bade-Wurtemberg en possède 4, avec Heidelberg, Karlsruhe, Tübingen et Konstanz. À l'Est (hors Berlin), la seule université ayant obtenu le label est l'université technique de Dresde.

La pression était devenue cependant très forte de constituer l'équivalent des grandes universités américaines du type de Harvard. Qu'est-ce qui fait de la *Ivy league* américaine un modèle si attractif ? Les très grandes universités américaines sont un lieu de mixité des élites, car on y forme aussi bien les futurs chercheurs nobélisables que les grands dirigeants d'entreprises et les politiciens en vue. En revanche, la conception *humboldtienne* de la recherche académique pure, soigneusement séparée des préoccupations du développement économique pour se concentrer sur les lois de la nature, limite la possibilité de faire émerger des centres d'excellence multifonctionnels du type Harvard.

Si l'on se situe dans le cadre du propos de Peter Weingart (encadré 5.11, plus haut), il est clair qu'il vaut mieux que le spectre complet de la recherche se fasse au sein de la même institution. La réforme des universités a constitué un élément important de la réforme globale. Elle est passée par le renforcement de leur autonomie (un point politiquement délicat, comme en France, car cela implique qu'elles ne sont plus tout à fait un service public au sens habituel du terme). Elle a aussi mis en place une incitation à s'insérer dans des projets extra-universitaires, ce qui contredit la tradition *humboldtienne*.

- La réforme des universités a constitué un élément important de la réforme globale des politiques de R&I en Allemagne.
- Pour créer des universités d'excellence à l'anglo-saxonne, la politique fédérale des *Exzellenzuniversitäten* vise à donner plus d'autonomie aux universités et à remettre en cause le principe de la division du travail entre recherche académique et recherche appliquée.

☐ L'idée de favoriser nationalement un ensemble limité d'établissements a créé des réticences, mais a fini par s'imposer.

Conclusion : vers un renouveau des politiques de mission pour répondre aux défis globaux ?

Les enjeux majeurs auxquels sont confrontés les pays développés (le réchauffement climatique, le vieillissement de la population, les nouvelles formes de conquête de l'espace, la révolution numérique, le risque de pandémie, etc.) nécessitent d'être appréhendés de manière globale. L'Europe de la recherche et de l'innovation est une belle opportunité pour faire naître de nouveaux challenges en tâchant de répondre à ces défis tout en défendant les valeurs d'éthique, de démocratie et de développement durable auxquelles elle tient tant. Le pacte vert pour l'Europe (« *Green New Deal* ») s'inscrit d'ailleurs dans cet objectif.

Ainsi, le cadrage de la recherche publique dans son volet innovation doit s'inscrire dans une stratégie de développement économique, sociétal et environnemental et ne peut être du seul ressort des acteurs scientifiques ou d'acteurs agissant séparément sans cohérence. La vision systémique caractéristique de la troisième phase des politiques de R&I va dans le bon sens, d'autant qu'elle mobilise la science pure pour innover en rupture et relever les défis. Car, si l'innovation concerne les usages et l'organisation des systèmes économiques (industrie 4.0, nouveaux modèles d'affaires pour les entreprises, etc.), elle est aussi technologique avec des percés scientifiques majeures à attendre du côté des *deep tech*s. Celles-ci concernent souvent l'Intelligence artificielle avec sa kyrielle d'applications pour le commandement, le contrôle, la médecine..., mais on trouve aussi les biotechnologies et la cyber sécurité – avec la convergence des réseaux industriels (*Operational Technology* – OT) et des réseaux informatiques (*Information Technology* – IT), le stockage de l'énergie, l'impression 3D, les drones, le *cloud computing*, etc. Ces nouveaux domaines relèvent à la fois des mondes civil et militaire. Ils impliquent des filières industrielles et engagent des financements lourds qui nécessitent la coopération active des États tant dans leur politique de R&I – incluant la recherche fondamentale – que dans leur politique industrielle, donnant des garanties à l'initiative privée, en assurant notamment la continuité des programmes d'envergure entrepris.

Reste le problème que ces révolutions technologiques vont parfois très vite et cadrent mal avec le temps long de la recherche fondamentale. Ces innovations d'un nouveau type demandent que soient implémentés des modèles de R&I, certes systémiques dans la mouvance de ce qui a été mis en place ces 20 dernières années, mais encore plus agiles. De plus, comme l'économie du numérique et de la *High tech* a créé d'importantes rentes parmi des acteurs privés – que l'on pense à Elon Musk directeur général de la société Tesla ou à Jeff Bezos fondateur d'Amazon, il faut également que le système de R&I se mette en capacité de mobiliser ces financements inédits, d'autant que les fleurons de la sphère privée innovante ont besoin de s'appuyer sur la R&I pour préserver leur position dans le long terme. Par ailleurs, nous entrons dans un monde fort exotique où certaines fortunes privées disponibles pour la R&I dépassent les capacités publiques ! Franklin D. Roosevelt et Vannevar Bush auraient eu du mal à croire un tel scénario. Les politiques de mission deviendront-elles privées ?

Comme nous l'avons mentionné à plusieurs reprises, il faut veiller à l'intérêt général et garder en toile de fond la question de l'innovation responsable et éthique. Ainsi, pour relever les challenges du 21ème siècle, ne faudrait-il pas revenir à des politiques de mission en partenariat public-privé et innover dans les modes de financement ? Il semblerait d'ailleurs que le mot « mission » revienne à la mode comme on peut le constater avec le rapport commandité par la Commission européenne « *Mission-Oriented Research and Innovation* » (*European Commission*, 2018)[75]. Les conseils de l'innovation mis en place en Corée du Sud, au Japon, en Europe et en France sur le modèle de la DARPA sont le signe d'une évolution dans ce sens, avec une concentration de moyens ciblés sur l'atteinte d'objectifs ambitieux. Le soutien transversal au travers principalement d'outils fiscaux caractéristiques des politiques mises en place depuis une ou deux décennies doit sans doute être adapté pour cibler davantage des programmes phares, appuyés sur la science et dédiés aux grands défis sociétaux. Car s'il a accompagné, en France notamment, la montée en puissance des écosystèmes territoriaux et favorisé l'émergence des partenariats de recherche comme des startups, est-il suffisant aujourd'hui pour innover en rupture et faire face à la concurrence internationale ?

---

75 Dans ce rapport, Wolfgang Polt et ses collègues du Joanneum de Vienne (Autriche) dressent une typologie de différentes politiques orientées mission après avoir examiné 194 cas de projets dans 36 pays.

Conclusion

Dans ce paysage il ne faut pas oublier le rôle clé des universités qui ont des atouts considérables à jouer pour la recherche et qui, dans le même temps, préparent les jeunes générations (et les moins jeunes en formation continue) à aborder le monde de demain... Là aussi, il s'agit de privilégier l'agilité et de desserrer les contraintes qui empêchent parfois de faire face aux nouveaux défis et d'avancer. C'est en effet un enjeu majeur dans un monde en mutation rapide, que de développer l'adaptabilité et la créativité des étudiants en tirant profit des nouvelles méthodes pédagogiques impulsées par le numérique, et en renforçant dans le même temps le « *learning by doing* ».

Maintenant que nous avons montré le rôle des politiques publiques dans le système de recherche et d'innovation, nous souhaitons nous concentrer davantage au chapitre suivant, sur les interactions entre les acteurs du système en considérant le triptyque État-Université-Entreprise. Nous abordons la question en considérant les grandes *fonctions* qui sont attribuées au système national de recherche et d'innovation dans l'objectif ultime de créer, à partir des connaissances, de la valeur pour l'économie et la société, c'est-à-dire un impact socio-économique.

Chapitre 6

Les interactions État-Université-Entreprise pour valoriser la science et créer un impact

Après avoir détaillé au chapitre 4 les rouages du processus d'innovation en montrant comment il s'insère dans le système de recherche et d'innovation, puis consacré le chapitre 5 à l'analyse des politiques associées, nous souhaitons maintenant nous pencher plus spécifiquement sur les grandes *fonctions* remplies par ce système en insistant plus particulièrement sur celle qui consiste à *valoriser* la recherche. Pour cela nous nous attachons à décrire les interactions qui existent entre les trois principaux piliers du système que sont les acteurs relevant de la puissance publique, les acteurs de la science (principalement universités et organismes publics de recherche) et les entreprises. Cette grille de lecture est calquée sur le fameux modèle de la *Triple hélice* stipulant que l'Université, l'Industrie et les collectivités publiques forment un ensemble intégré en co-évolution et que c'est en adoptant une vision systémique que l'*impact* de la science peut être amélioré. Nous l'illustrerons en citant les effets incitatifs que les politiques de l'Union européenne (UE) ont mis en place pour faire co-évoluer les systèmes de recherche et d'innovation en faveur d'un impact scientifique et socio-économique fort. Si l'on arrivait à le mesurer complètement, cet impact serait en quelque sorte la mesure de la valorisation du système de recherche et d'innovation.

Pour rester dans l'esprit de l'ouvrage, nous mettrons en avant les spécificités des modèles français et allemands. Nous savons en effet que chaque pays exprime par son approche de l'innovation une philosophie particulière, fruit d'une histoire, de diverses cultures et contextes institutionnels susceptibles d'évoluer dans le temps. Cette perméabilité du système de R&I au contexte économique, politique et culturel se transpose d'ailleurs au niveau des territoires pour les systèmes régionaux.

1. Une lecture fonctionnelle et organisationnelle du système national de recherche et d'innovation

Lorsque nous parlons de systèmes nationaux de recherche et d'innovation nous repartons du concept de Système national d'innovation (SNI) que l'on a introduit au chapitre précédent et qui remonte à Christopher Freeman (voir en particulier Freeman, 1982). Ce dernier les définissait comme étant des « réseaux d'institutions dans les secteurs publics et privés dont les activités et les interactions initient, importent, modifient et diffusent les nouvelles technologies ». Entre temps, le concept a évolué pour intégrer des dimensions non technologiques de l'innovation afin de mieux coller à la réalité. Notons cependant que cette complexification du système l'a rendu très difficile à étudier dans sa dynamique d'ensemble au niveau national (Hekkert *et al.*, 2007). Par ailleurs, la définition originelle de SNI ne décrit pas les réseaux d'acteurs *non institutionnels* comme les *communautés* que nous évoquerons au chapitre 8.

Toutefois, il nous paraît intéressant pour appréhender le SNI, de retenir cette idée d'acteurs hétérogènes en interaction, acteurs relevant tant de la sphère publique que privée. Nous nous appliquons ci-après à décrire les grandes fonctions de cet écosystème.

1.1 Les fonctions clés

Comme l'a fait Rémi Barré (2011) qui s'intéressait plus particulièrement aux politiques publiques en France, on peut associer à un système de R&I trois grandes fonctions principales qui sont : *l'orientation, la programmation et le financement* et *la recherche,* auxquelles il convient d'ajouter *l'évaluation* qui constitue un aspect incontournable pour le pilotage du système et sur laquelle on reviendra dans la seconde section du chapitre.

L'orientation

Il s'agit là de définir la politique, en termes d'objectifs généraux et de budget global. Ce premier niveau est de responsabilité gouvernementale, intéressant divers ministères, mais en interaction avec les collectivités territoriales et la Commission européenne. Dans la pratique, il y a une forte dimension de co-construction des orientations, à travers de multiples mécanismes de gouvernance *multiniveaux*.

La programmation et le financement

La programmation consiste à traduire les macro-objectifs définis au titre de la fonction orientation, en priorités scientifiques et en programmes de recherche, ainsi qu'en allocation de ressources pour les opérateurs ou unités de recherche. Logiquement, la programmation est profondément liée au financement, car on a du mal à imaginer qu'on puisse acter une politique sans acter les moyens qui vont avec. Sachant que les sources de financement sont d'origines variées (encadré 6.1), c'est dans le détail de la programmation et des modalités de financement que se révèle réellement la philosophie sous-jacente à la politique mise en œuvre.

Cette question du financement mérite d'ailleurs quelques précisions, car il s'agit d'un des points sur lesquels les politiques ont un impact complexe. Les actions financées au titre d'une politique jouent souvent sur d'autres objectifs (*policy mix*). Inversement, beaucoup de politiques parient sur un effet d'entraînement ou imposent des co-financements aux autres parties prenantes (*multi-actor, multi-level policy*). Finalement, ce qui explique les résultats d'une politique de R&I – avec les moyens alloués – c'est l'ensemble des politiques publiques (politiques économique, industrielle, etc.) ainsi que la situation économique générale du pays (Héraud & Lachmann, 2015).

Par exemple, en France, la mise en œuvre des actions soutenues dans le cadre du projet de loi LPPR (2020)[76] sera articulée avec les autres programmes et actions du gouvernement, relevant d'autres ministères que celui de l'Enseignement supérieur, de la Recherche et de l'Innovation. L'objectif est d'amplifier dans les prochaines années, l'effet des financements attribués dans le cadre de la LPPR grâce aux mesures du Pacte productif pour le plein emploi en 2025[77] impulsées par une concertation de haut niveau entre plusieurs ministères dont celui de l'Économie et des Finances. On lit dans l'annexe du projet de loi LPPR :

> La synergie entre toutes ces actions, dans le cadre d'un pilotage interministériel renforcé, doit permettre de mieux appuyer nos stratégies de politique industrielle sur les atouts de notre recherche, de choisir les domaines sur lesquels nous pouvons investir avec ambition pour bâtir à partir de nos forces de recherche scientifiques et technologiques de vrais succès industriels, et de se doter d'outils permettant de financer des projets à forte intensité technologique susceptibles d'apporter des innovations de rupture.

---

76 Cf. MESRI (2020)
77 Cf. ministère de l'Économie et des Finances (2019)

Pour porter leurs fruits, les coordinations nationales doivent également s'envisager à un niveau européen.

> **Encadré 6.1 : Le financement de la recherche et de l'innovation**
>
> Il peut être fondé sur l'*argent public*, qui vient directement des États, des collectivités territoriales ou de l'Union européenne (sous forme de subventions directes récurrentes ou de commandes publiques). Il peut aussi transiter par des organismes dédiés régionaux, nationaux ou européens qui jouent le *rôle d'intermédiaire* (financement par appel à projet, avance remboursable, prêt à taux zéro, etc.) en assurant ainsi une *fonction de programmation*.
>
> Des *financements publics indirects* existent aussi pour favoriser l'implication des entreprises dans la recherche (un exemple majeur en France est le Crédit d'impôt recherche comme nous l'avons vu aux chapitres 4 et 5).
>
> La recherche et la valorisation sont également financées par des *capitaux privés* :
>
> – grâce à des *investisseurs* (fonds d'investissement privés, fonds « *corporate* », *business angels*, investisseurs en *crowdequity*) ;
>
> – ou par les *entreprises*, directement en leur sein dans le cadre de leurs activités de R&D ou lors de partenariats public-privé avec des laboratoires universitaires (financement de *chaires* par exemple).
>
> Enfin, le *mécénat* contribue également à financer la recherche, en particulier la recherche médicale soutenue par des fondations et des associations.

L'exécution de la recherche et son orientation vers l'innovation

La fonction d'exécution de la recherche est assurée par des organismes publics ou des opérateurs que l'État mandate et finance pour cela. Les organismes publics de recherche ne sont donc pas les seuls exécutants des programmes publics. Il y a aussi des acteurs privés et des universités – lesquelles, selon les pays, sont considérées comme des institutions publiques ou non. Les universités assurent aussi une autre fonction qui est celle de diffusion des connaissances nouvelles.

Dans une vision « recherche et innovation », la mission d'exécution ne s'arrête pas là, car il faut se préoccuper du passage de la connaissance à l'action socio-économique. Une partie des moyens publics vont vers des acteurs dont la mission est explicitement la *valorisation* des résultats scientifiques ou techniques en innovations commerciales. Les structures qui détectent dans les laboratoires les idées potentiellement valorisables sur le plan économique, qui guident la maturation des projets, qui montent les collaborations entre chercheurs publics et entreprises, ou gèrent la propriété intellectuelle sont aussi d'importants exécutants des politiques de R&I. Nous y reviendrons au paragraphe « Lecture fonctionnelle des acteurs : modèle intégré *vs* séparé » qui suit.

L'évaluation de la recherche vs l'évaluation du système

Enfin, un aspect essentiel dans la description d'un système de recherche est celui de l'évaluation. Cette fonction prend de multiples formes : on évalue les chercheurs individuellement, mais aussi les laboratoires, les universités, les organismes, les pays, etc. Incontournable pour le pilotage, elle repose en grande partie sur les pouvoirs publics qui attribuent leurs subventions selon des critères d'évaluation dictés par la politique mise en place. Mais là encore le contexte institutionnel est différent selon les pays.

À noter que le projet de loi LPPR en France prévoit de renouveler les orientations du Haut conseil de l'évaluation de la recherche et de l'enseignement supérieur (Hcéres) pour qu'il soit à même de reconnaître l'ensemble des missions de l'Enseignement supérieur, de la recherche et de l'innovation (ESRI) : implication dans les recherches fondamentales et l'avancement des connaissances bien sûr, mais aussi dans l'enseignement et la formation, ainsi que dans l'innovation.

À côté de l'évaluation intrinsèque de la qualité d'une recherche mesurée avec des indicateurs d'*outputs*, on parle aussi de *l'Évaluation du système de recherche et d'innovation* dans son ensemble, ce que R. Touret *et al.* (2019) écrivent avec un « É » majuscule pour bien indiquer la différence[78]. Il s'agit en fait de *l'évaluation de l'impact* de la recherche et nous y revenons plus longuement dans la seconde section en faisant le lien avec les concepts de valeur et la valorisation.

> ☐ Les fonctions d'un système de R&I sont : l'*orientation*, la *programmation* et le *financement* ; l'*exécution* de la recherche et son orientation vers l'innovation ; l'*évaluation* de la qualité intrinsèque de la recherche et l'*Évaluation* de son impact dans le système global.
> ☐ Elles sont assurées par des acteurs institutionnels qui relèvent des mondes académique, économique ou administratif.

---

78 Plus précisément, les travaux de Touret *et al.* s'intéressent à l'évaluation du système national français du financement de la *recherche sur projet* en agrégeant l'impact de tous les projets financés (nationaux, internationaux, collaboratifs, individuels, courts, longs, etc.).

1.2 Lecture fonctionnelle des acteurs : modèle intégré vs séparé

Notre description intègre les politiques aussi bien que le comportement des acteurs de terrain et leurs relations spontanées. Et il n'est pas simple d'en faire une présentation synthétique tant les acteurs d'un système de R&I sont nombreux et imbriqués, comme nous le verrons plus loin. De plus, la comparaison de part et d'autre du Rhin s'avère difficile, car la réalité qui s'incarne derrière des mots standards comme « université », « pouvoirs publics », « centre public de recherche » est variable, le concept de secteur public étant différent en Allemagne du fait de l'organisation fédérale de la république héritée de l'histoire du pays. Essayons néanmoins de faire une cartographie des acteurs en considérant les *fonctions* principales qu'ils assurent ainsi que le flux de la Dépense intérieure de recherche et développement (DIRD) représenté par la flèche « flux de financement » : les financements s'inscrivent dans des budgets qui eux-mêmes émanent d'autres budgets et ainsi de suite pour constituer le parcours des fonds (figure 6.1).

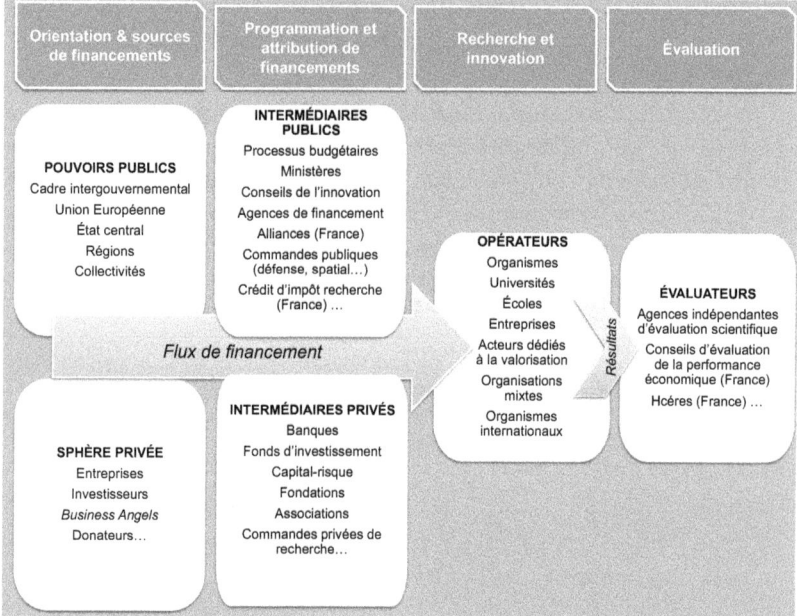

Figure 6.1: Les acteurs d'un système de R&I et leurs fonctions
Source : Auteurs

Les *acteurs institutionnels* qui portent l'ensemble de ces fonctions relèvent des mondes académique (universités, organismes de recherche, etc.), économique (entreprises, institutions financières, fonds d'investissement, capital-risque, etc.) ou administratif (politiques aux niveaux régional, national et européen, agences de financement, agence d'évaluation, acteurs d'appui à la valorisation et l'innovation, etc.).

Le croisement de la grille fonctionnelle avec les acteurs fait apparaître de nombreux recouvrements car les mêmes institutions peuvent jouer plusieurs rôles à la fois, à l'instar des organismes de recherche qui réalisent la recherche, gèrent les équipements et ont aussi des responsabilités en termes de programmation et de valorisation des connaissances. Ce phénomène de recouvrement est d'autant plus marqué que l'on a affaire à un modèle « à fonctions majoritairement intégrées » qui, comme l'explique Rémi Barré (2011), est celui d'un SNI où la place des organismes publics de recherche est relativement importante. C'est le cas du système français qui s'est initialement construit à la fin de la seconde guerre mondiale selon une organisation colbertiste comme nous l'avons déjà souligné. Toutefois, ce système a progressivement évolué vers un modèle plus séparé, davantage compatible avec la compétition mondiale en matière de recherche et d'innovation qui s'est renforcée au tournant du 21ème siècle[79]. Le sentiment dominant en effet vis-à-vis du modèle intégré est « celui d'une certaine impuissance, une partie importante de l'énergie étant consacrée à contourner les obstacles administratifs » (Touret *et al.*, 2019).

Il en résulte qu'aujourd'hui, dans le système de R&I français, les portefeuilles fonctionnels sont variables selon les domaines, certains étant par nature plus intégrés : le nucléaire par exemple, avec le CEA très marqué par le modèle intégré et qui fait de l'orientation, de la programmation et de la valorisation de la recherche. Le CNRS est également largement intégré. Le modèle français est de fait un modèle *multiniveau fonctionnel*, chacun des acteurs étant porteur d'une intelligence stratégique spécifique, qui mixe des démarches « *bottom-up* » et « *top-down* » en proportions variables selon les domaines de recherche (Barré, 2011).

---

[79] La loi de programme pour la recherche de 2006 promulguée par le gouvernement Villepin et confortée par la loi de 2013 relative à l'enseignement supérieur et à la recherche, préparée par Geneviève Fioraso, constitue un tournant majeur.

Comme nous l'avons vu au chapitre précédent, l'Allemagne a d'emblée été plus proche du modèle théorique alternatif « à fonctions majoritairement séparées » qui correspond davantage à un système où les universités remplissent un rôle plus central et où tous les autres acteurs ont des missions assez clairement stipulées. Cela tient beaucoup à la Constitution, dite Loi fondamentale (*Grundgesetz*) qui est très respectée, son gardien étant la Cour de Karlsruhe. Il est par exemple moins facile qu'en France de donner des orientations à la recherche universitaire ou d'influencer la propension à faire de la valorisation[80].

Dans ce second type de modèle national, la coordination entre acteurs devient un enjeu fort et délicat. Si le niveau national souhaite orienter la recherche en fonction d'une vision globale, il devra trouver les moyens incitatifs adéquats.

- Selon la typologie de R. Barré (2011), dans un *modèle intégré*, les mêmes institutions (ou les mêmes individus) jouent plusieurs rôles à la fois. Dans un *modèle séparé*, une institution ne peut assumer qu'une seule fonction.
- Historiquement très intégré, le système français évolue vers un modèle plus séparé avec néanmoins la subsistance de secteurs dans lesquels la recherche est encore intégrée comme en atteste celle qui est menée par de grandes institutions comme le CEA et le CNRS qui font toujours de l'orientation et de la programmation.
- En République fédérale d'Allemagne, le rôle des différents acteurs du système de R&I est traditionnellement plus clairement différencié en grande partie du fait de la Constitution.

2. La valorisation de la recherche : à la recherche d'un impact fort

Nous nous interrogeons ici sur la capacité du système à créer de la valeur économique et sociétale grâce aux actions de valorisation déployées, qu'elles soient concertées ou pas. Nous nous concentrons

---

80 Cela ne signifie pas que les professeurs allemands ont moins de motivation personnelle que les français à valoriser leurs recherches. Beaucoup le font spontanément *via* par exemple les activités de la *Steinbeis Stiftung*. La question est que l'interférence directe des pouvoirs publics dans ces schémas n'est pas institutionnellement fondée. Arrondir ses revenus avec des contrats privés est une démarche personnelle, le professeur n'est pas « aux ordres ».

sur ce que nous appelons *l'impact de la science et de la technologie*. Les politiques de recherche et d'innovation contribuent bien évidemment à cet impact. Il est difficile en effet de s'intéresser aux SNI sans supposer qu'il y ait une volonté macroéconomique de créer de la valeur à partir de la recherche. Compte tenu des objectifs qu'elle s'est fixés, la gouvernance politique cherche aussi à *évaluer* tout le système. Il s'agit ici non pas de l'évaluation d'un laboratoire de recherche ou d'un chercheur (comme le fait l'Hcéres citée plus haut), mais de l'ensemble du système de recherche et d'innovation. Toutefois, nous verrons que cette évaluation ne rend pas compte de toutes les *externalités* de la science et de l'innovation.

Nous montrerons par ailleurs que les *politiques industrielles*, et notamment celles qui sont coordonnées au niveau des États membres de l'Union européenne, ont également un rôle à jouer dans la création de valeur.

2.1 La valorisation commerciale de la recherche

Comme nous l'avons vu au chapitre 4, *l'effort de recherche* d'un pays (DIRD) est considéré comme un investissement dans la production de savoirs scientifiques et techniques dans l'espoir de créer plus de richesse en retour les années suivantes. Si le savoir produit massivement de l'argent, ce n'est pas par la *découverte* ou *l'invention*, mais bien par *l'innovation* conduisant à l'émergence de biens, de services et de marchés nouveaux. Ainsi, la fonction de *valorisation de la recherche (VR)* qui aide à transformer les résultats scientifiques en innovation apparaît centrale dans les systèmes nationaux (ou régionaux) d'innovation. Il s'agit bien de la *valorisation au sens commercial* selon la typologie que nous avons adoptée au chapitre 2.

Le monde politico-administratif, qui attend un retour de ses investissements en recherche, y prête une attention toute particulière. Les politiques financent ainsi des institutions dont la mission principale est de valoriser la recherche en faisant du « transfert de technologie » (TT) (cf. encadré 6.2), mais incitent également un grand nombre d'acteurs à le faire alors même que ce n'est pas leur activité centrale. De ce fait, les universités et les organismes de recherche ont développé – parfois depuis longtemps – des *services de valorisation*.

> **Encadré 6.2: Le transfert de technologie**
>
> Au sens général, le transfert technologique (TT) est un processus de dissémination de connaissances en sciences et techniques depuis les lieux où elles ont émergé vers d'autres lieux. Nous reprenons là une forme d'expression assez souvent utilisée tout en reconnaissant les fortes limites d'une telle définition. En effet, comme nous l'avons souligné à plusieurs reprises, ce que l'on nomme le TT est en réalité bien plus complexe, car il y a la plupart du temps co-construction de la connaissance au sein des réseaux d'acteurs. Néanmoins, les premières politiques ont bien eu comme objectif de transférer des résultats de la recherche universitaire vers le monde économique, soit *via* des partenariats avec des entreprises existantes, soit par la création de startups. Une autre forme de transfert est la cession de licences d'exploitation lorsque l'institution publique a déposé des brevets.

Parmi les fonctionnalités à assurer pour valoriser la recherche, c'est la *maturation* qui apparaît comme un des domaines les plus délicats. Cette question est considérée comme essentielle dès qu'on parle de valorisation d'une manière linéaire avec une vision *technology-push* (on prend la connaissance académique et on cherche à lui trouver une application), car les idées émergeant des laboratoires ne peuvent pas être portées par des chercheurs ordinaires. Et pourtant ce sont parfois eux qui en ont la plus forte motivation. Comment éviter le syndrome de la « RANA »[81] (recherche appliquée non applicable) parfois moquée par le monde économique ? En termes de TRL (*Technology readiness level*), la production et les compétences du chercheur sont généralement situées très en amont. Par conséquent amener les projets à un niveau susceptible d'intéresser l'entreprise est un vrai travail d'équipe qui nécessite des structures lourdes et très professionnelles.

Par ailleurs, une grande partie de la valorisation de la recherche se fait au-delà des institutions ou des services dédiés, grâce à des mécanismes qui augmentent *l'impact de la recherche dans la société*. La VR passe par le transfert de technologie ou de propriété intellectuelle et par la maturation, bien sûr, mais plus généralement par une bonne compréhension du processus global d'innovation dont on a vu au chapitre 2 qu'il était très largement favorisé par la *synergie* entre les acteurs des différents domaines de la science et des applications. Ainsi, la VR se fait d'autant plus facilement que l'on sait créer

---

81 Michel Callon invente le sobriquet de RANA dans les années 1980 pour stigmatiser les excès du pilotage par l'aval d'équipes dont la recherche appliquée n'est pas le métier.

La valorisation de la recherche : à la recherche d'un impact fort

des ponts entre les acteurs pour favoriser les transferts de connaissances et de technologies comme la fertilisation croisée des idées créatives. Tous les mécanismes et outils qui le permettent répondent à la fonction de valorisation au sens large. Il peut s'agir d'institutions de recherche qui regroupent en leur sein des acteurs différents (par exemple les Instituts Carnot en France et les Fraunhofer en Allemagne), d'organisations *ad hoc* comme les chaires industrielles, ou bien de mesures incitatives facilitant les partenariats publics-privés. La simple obligation de faire figurer une variété d'acteurs institutionnels dans les consortiums répondant aux appels à projet (comme le fait depuis longtemps l'Europe dans les Programmes cadres de R&D) est en soi un instrument politique capable d'influer sur la valorisation. Tout ce qui favorise la recherche *pluridisciplinaire* est supposé générer également des opportunités de création de valeur.

Les *Technology transfer offices (TTO)* font partie des structures qui aident à promouvoir de telles synergies entre acteurs pour créer de la valeur (cf. encadré 6.3).

Encadré 6.3: Les *Technology transfer offices*

Le terme générique utilisé internationalement pour désigner les structures en charge d'organiser, d'encourager ou de faciliter le TT est *Technology transfer offices* (TTO). Alessandro Muscio (2010) rappelle que le développement des TTO date de la fin des années 1970 avec l'émergence du concept de « troisième mission » des universités, à savoir le transfert de connaissance vers l'industrie. L'auteur ajoute que « commercialiser la recherche académique » est devenu une routine depuis une vingtaine d'années. En revanche, l'efficacité des TTO est variable selon les contextes (pays, types de territoires, culture des établissements, etc.) et beaucoup de travaux ont été faits pour évaluer ou mesurer l'impact de ces structures.

D'une manière générale les TTO remplissent les missions suivantes dans le système de R&I :

- *la valorisation au sens strict* : détecter des projets d'applications de la science dans les établissements publics ; favoriser la maturation des projets ; acculturer des chercheurs à la valorisation (voire parfois modérer leur biais d'optimisme pour ne pas tomber dans le le syndrome de la « RANA ») ; gérer la protection intellectuelle (portefeuille de brevets) ; favoriser la création de startups (*spinnoffs* universitaires) ;
- *l'aide aux entreprises via* le montage de partenariats de recherche, mais aussi les échanges de personnels – ce qui constitue une sorte de formation des industriels (et réciproquement des académiques).

L'impact des politiques va dépendre des *synergies*, non seulement entre les acteurs, mais aussi entre les politiques. La politique de recherche et d'innovation doit trouver un relais auprès de la *politique industrielle* au niveau du pays comme au niveau européen. Par exemple, si l'Europe souhaite avoir des retombées de son investissement en recherche dans un domaine particulier, c'est l'ensemble de la chaîne de valeur, de la recherche à la commercialisation qu'elle doit considérer au moment de la conception de sa politique. Cela se fait dans des domaines spécifiques comme par exemple la défense au niveau national.

À signaler dans ce cadre, au niveau européen : le dispositif *IPCEI (Important project of common european interest)* qui est un mécanisme de soutien à la recherche et à l'innovation créé en 2014 par la Commission européenne[82] pour favoriser des projets d'intérêt transnational dans des domaines stratégiques comme le calcul intensif, l'énergie, la voiture autonome, la nanoélectronique, etc. Ce dispositif embrasse l'ensemble de la chaîne de valeur de manière à ce que les choix faits au niveau de la recherche trouvent écho chez les industriels et *vice versa*. Il offre l'avantage d'autoriser, malgré les règles de libre concurrence imposées, les pouvoirs publics à soutenir les participants au-delà du stade de la recherche, en finançant aussi le passage des innovations en production. Le premier projet retenu, fin 2018, a été en faveur de la nanoélectronique. Fin 2019, la Commission européenne a autorisé, un nouveau projet de type IPCEI dans le secteur des batteries après avoir lancé fin 2017, l'initiative « *European Battery Alliance* » avec les États membres intéressés et les acteurs industriels, etc.

La coordination entre les mesures entreprises en faveur de la R&I peut également être réalisée au niveau des territoires entre les collectivités locales et les acteurs de terrain – c'est un objectif central des *politiques de clusters*. Rappelons que ces politiques, inspirées des travaux de Michel Porter, se sont généralisées dans la plupart des pays développés grâce à la promotion faite par l'OCDE, à la fin des années 1990, des clusters comme éléments centraux de la *knowledge-based economy*. La version française est la *politique des pôles de compétitivité*. Il s'agit de « développer l'avantage comparatif des territoires en formant localement des groupes d'acteurs porteurs d'innovations valorisables sur le marché » pour reprendre l'expression de Clément Pin (2020, p. 58). Une des spécificités du modèle français est de reposer sur une politique de *labellisation* de

---

82 Communication from the Commission (2014)

projets portés par des réseaux d'acteurs territorialisés qui ressemble au départ à une politique de *technology-push*, mais dont on peut montrer qu'elle développe *de facto* une mixité avec des processus *market-pulled* sous l'impulsion des partenaires coordonnés sur le territoire[83]. En un sens, ce glissement est la preuve du succès de la politique, à travers l'appropriation qu'en ont fait des acteurs privés et des collectivités.

- La *valorisation de la recherche (VR)* – au sens commercial – est implicitement placée au cœur des politiques de recherche et notamment de la politique européenne.
- Elle est favorisée par les synergies entre les différents acteurs (publics, privés, recherche pluridisciplinaire, etc.) et par une articulation bien choisie entre les politiques de R&I, industrielle et d'aménagement du territoire.

2.2 Évaluation de l'impact du système de recherche et d'innovation

Si l'on se réfère à Romain Touret et ses collègues de l'université Paris-Dauphine (2019), le concept d'évaluation appliqué à un système de recherche et d'innovation ne doit pas s'entendre selon sa conception classique liée à la qualité intrinsèque d'un laboratoire, d'une institution, d'un chercheur, etc. Le périmètre de l'évaluation n'est pas limité à la fonction recherche d'une unité bien définie et sortie de son contexte. Au contraire, l'évaluation du système s'intéresse à ce dernier dans sa globalité afin de vérifier si les objectifs définis en phase amont d'orientation ont bien été atteints, et d'indiquer le cas échéant, les mesures correctives à impulser. Elle nécessite que soit remontée de l'information qui soit non seulement d'ordre scientifique mais également de nature à mesurer l'impact global de la recherche.

Dans ce cadre, la question de l'analyse des retombées de l'investissement dans la recherche et l'innovation prend une importance considérable. Elle figure d'ailleurs de plus en plus au cœur des préoccupations des pouvoirs publics qui doivent justifier et orienter leurs dépenses. Toutefois, elle est particulièrement délicate car l'on ne dispose pas de véritables outils pour mesurer concrètement l'impact de la recherche (Taverdet-Popiolek, 2021). Des indicateurs existent pour assurer le suivi et l'évaluation des organismes et des infrastructures de recherche qui

---

83 Voir le cas du cluster parisien Cap Digital étudié dans la thèse de Clément Pin (2015).

reçoivent des subventions. Il en est de même pour les programmes de recherche menés dans un domaine particulier comme par exemple la santé ou le numérique. Cependant, si ces indicateurs de performance – *Key performance indicators*, *(KPIs)* – reflètent la performance scientifique ou technologique (nombre et qualité des publications et des brevets) ainsi que le volume d'activités (nombre de projets de recherche, etc.), ils ne reflètent pas *l'impact socio-économique* proprement dit. Ils ne mesurent pas correctement la *valeur* de la recherche pour l'écosystème tout entier.

L'association européenne EARTO[84] s'est penchée sur ce problème pour aider les *Research and technology organisations (RTOs)* des différents pays européens à justifier le bien fondé des financements qu'ils reçoivent dans le cadre des politiques européenne, nationale et régionale. Il ressort déjà de ce travail[85] qu'il faut bien distinguer, dans l'évaluation de la recherche, les *outputs* des activités qui mesurent la découverte ou l'invention, de l'*impact* lui-même qui découle de la diffusion de l'innovation dans le monde économique et dans toute la société. Entre les deux, on a coutume de distinguer les *outcomes* de la recherche qui sont ses premières retombées (la cession de licences, l'augmentation des ventes, l'augmentation des compétences, le transfert de connaissances, etc.).

Le modèle logique (W.K. Kellogg Foundation, 2004) a été adapté à la problématique des RTOs pour rectifier l'erreur fréquemment commise qui consiste à assimiler l'impact de la recherche à ses indicateurs de performance (KPIs) (cf. figure 6.2). Relativement faciles à calculer une fois les données nécessaires collectées, ces indicateurs – dits SMART[86] – sont utiles pour mesurer l'impact scientifique et technologique respectivement en termes de publications et de brevets ou pour structurer les contrats liant les opérateurs de recherche publics avec leurs tutelles[87]. Les grands groupes industriels comme Total les utilisent également pour monitorer leurs activités de R&D au sein de leurs différentes branches métier. Ils ne sont cependant pas adaptés à l'estimation de la valeur créée, que ce soit en termes de croissance du chiffre d'affaires, du PIB, du nombre d'emplois, ou encore de bien-être sociétal.

---

84 European Association of Research and Technology Organisations
85 https://www.earto.eu/working-group-public/impact/
86 Significatifs, mesurables, atteignables, avec un responsable, temporellement définis.
87 À l'instar du COP (Contrat d'objectifs et de performance) en France pour les Établissements publics à caractère industriel et commercial (BRGM, CEA, INRIA, IFPEN, etc.).

La valorisation de la recherche : à la recherche d'un impact fort

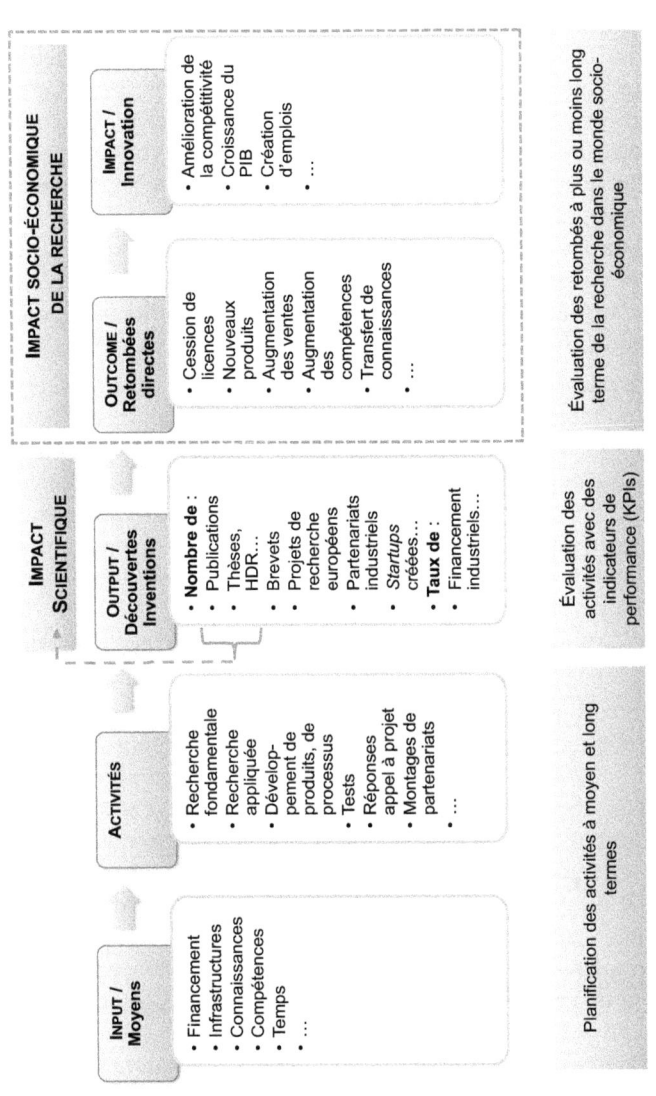

Figure 6.2 : Adaptation du model logique de Kellogg au processus d'innovation
Source : d'après un groupe de travail d'EARTO

L'évaluation *ex post* de l'impact socio-économique de la recherche est en effet une question extrêmement délicate, et cela pour trois raisons principales.

- Si l'on se place du simple point de vue de la *valorisation économique* des innovations que la R&D a contribué à faire naître, on se heurte à un grand nombre de difficultés. Comment en effet attribuer à un programme de recherche clairement identifié, la paternité d'une innovation et de toutes celles qui en découlent en grappes ? Comment évaluer les bénéfices économiques d'une innovation ? Comment par exemple estimer le retour sur investissement des travaux réalisés à la fin du $19^{\text{ème}}$ siècle sur les rayons cathodiques et qui ont donné naissance à une vaste descendance de « lampes radio » utilisées dans les industries électroniques pour la radiotéléphonie, la télévision et les calculateurs ?

- Ensuite, le calcul des retombées de la recherche ne peut pas se limiter à produire un taux de retour économique tant on sait qu'elle génère un grand nombre d'*externalités* d'ordre politique, diplomatique, culturel, sociétal… qui ne se chiffrent pas et qui méritent une *analyse multicritère* (Joly *et al.*, 2015). Comment estimer la valeur des connaissances qui aident aux décisions politiques ou stratégiques ? Comment appréhender les *canaux de transfert* du savoir qui constituent en eux-mêmes des externalités de la recherche ? Comment évaluer l'accroissement du niveau culturel d'une population, l'amélioration de la qualité de vie, du bien-être collectif, etc. ?

- Enfin, et cela rejoint notre propos du chapitre 2, l'impact de l'innovation est à considérer en tenant compte du sens que l'on donne au *progrès*. C'est une question de fond qui doit être posée lorsque l'on cherche à valoriser la recherche. À *quoi* et à *qui* les résultats profitent-ils ? La notion de valeur ne peut pas être jugée dans l'absolu – contrairement peut-être à la valeur intrinsèque d'un laboratoire ou d'un projet devant répondre à une liste de critères consensuels – car elle est fortement liée aux objectifs de la politique de R&I implémentée et plus largement encore aux choix de société qui sont faits. Les différentes dimensions à considérer pour évaluer l'impact ne sont-elles pas antagonistes : écologie *vs* économie, court terme *vs* long terme, etc. ? Evaluer la *valeur durable* de la recherche est un exercice extrêmement délicat dans l'état actuel des connaissances. Il faudrait des efforts de recherche supplémentaires pour produire des données et inventer des méthodes d'évaluation adaptées. L'exercice est d'autant plus périlleux que les *controverses* se multiplient sur le concept même de progrès et sur les liens qu'il entretient avec la science. Les politiques d'innovation contemporaines ne peuvent faire l'impasse d'une réflexion *éthique* et doivent se référer autant que possible à une recherche prénormative – qui donnera lieu ensuite à des normes, des lois ou des labels. Comme l'écrit Valérie Archambaud (2020), ce sera autant d'obligations, d'incitations ou d'interdictions permettant de cadrer l'usage et la valorisation de la science et de l'innovation.

Pourtant, aussi complexe qu'elle puisse être, l'évaluation du système est bel et bien une composante essentielle de la politique de R&I. Par le choix des informations à remonter et par celui des indicateurs retenus pour les analyser, l'évaluation influence la politique. Comme l'a écrit justement le sociologue et statisticien Alain Desrosieres (1995), un indicateur n'aide pas à découvrir la réalité mais il la construit.

- Les pouvoirs publics demandent régulièrement aux RTOs de justifier le bien fondé des subventions qui leur sont octroyées : ils essayent d'estimer l'impact de leur recherche.
- La mesure de l'impact ne peut pas se limiter à un taux de retour économique. Elle doit tenir compte de la création de valeur sociétale, avec le problème qu'il s'agit une notion non consensuelle, qui ne peut pas se définir dans l'absolu.
- D'important progrès restent encore à faire pour aider les politiques à évaluer l'impact du système national de recherche et d'innovation. Cette question soulève de nombreuses questions liées à la collecte d'information, à la mesure… et à l'éthique. Il s'agit d'un enjeu majeur car l'évaluation joue sur la dynamique du système et sur la valeur qu'il est susceptible de créer à long terme.

3. Influence des politiques dans l'organisation des systèmes actuels : double impact scientifique et économique

L'organisation des systèmes nationaux de R&I et les politiques qui sont consacrées à ce champ forment un méta-système en interaction et en évolution. Les politiques ont été influencées par la doctrine du *New public management* et la prise de conscience qu'une grande partie de la bataille de la valorisation se joue à l'échelon territorial. Cette problématique débouche sur un problème de gouvernance multiniveau, à la fois vis-à-vis des territoires infranationaux, des institutions et des politiques européennes.

3.1 Le modèle de la Triple hélice et le New public management

Par leurs travaux, qui ont reçu une très large audience auprès des concepteurs des politiques de valorisation de la recherche à toutes les échelles géographiques, Henry Etzkowitz et Loet Leydersdorff (1995) observent – avec leur fameux modèle de la *Triple hélice* – que l'Université, l'industrie et les collectivités publiques forment de plus en plus un ensemble intégré en co-évolution. Le monde institutionnel et politique s'est emparé de ce paradigme théorique pour renforcer l'évolution des systèmes et politiques de R&I dans ce sens[88]. Ce fut une manière de tenter de mettre la science au service de l'économie de façon plus efficace qu'à l'époque des grands programmes de diffusion.

C'est ce qui marque d'ailleurs, comme nous l'avons vu au chapitre précédent, la troisième phase des politiques publiques qui, à la fin du 20ème siècle, a vu se développer une vision systémique de la recherche et de l'innovation : « *science as a source of strategic opportunity* » et « *policy for technological innovation* ». Les politiques de R&I qui se mettent en œuvre après l'an 2000 sont non seulement influencées par le modèle de la *Triple hélice* (appliqué jusqu'au niveau des territoires, c'est-à-dire en complète articulation avec les gouvernances régionales/locales) et la politique industrielle, mais aussi marquées au coin du nouveau management public. Rappelons que l'esprit de cette réforme de la gestion ne constitue pas une remise en cause de la *légitimité* des interventions publiques – et de ce point de vue les politiques de R&I restent profondément justifiées, mais de celle de leur *efficacité*. L'État est invité à réformer son appareil et les relations avec ses opérateurs et partenaires. Dans le domaine de la R&I, il s'agit plus particulièrement de réformer l'organisation et le fonctionnement des institutions publiques de recherche, universités comprises. En Europe, le *New public management* n'était pas au même niveau de prise de conscience et de réalisation dans tous les pays membres au tournant du millénaire, mais l'action de l'UE a beaucoup contribué à diffuser ce paradigme politique. Ce dernier est largement influencé par une approche managériale que d'aucuns traitent de « néolibérale », et qui

---

88 Clément Pin (2015, p. 120) rappelle que ces deux chercheurs ont reçu le soutien de la *National science foundation* américaine ainsi que de la Commission européenne pour organiser trois conférences, à Amsterdam en 1996, New York en 1998 et Rio de Janeiro en 2000.

est en tout cas axée sur le principe de compétitivité et met en œuvre des mesures d'efficacité *via* des indicateurs de résultats et de moyens.

L'exigence de performance s'est appliquée non seulement à la fonction *innovation* mais aussi à la fonction *recherche*. Il s'agit de renforcer non seulement l'impact socio-économique du système de recherche mais également son *impact scientifique*. Dans ce dernier cas, l'objectif assigné est la qualité et la visibilité de la science produite : la politique de valorisation va également dans ce sens tant on sait que la compétitivité des pays sur la scène internationale passe par leur rayonnement scientifique. Concrètement les nouvelles normes de management de la science impliquent l'évaluation permanente des chercheurs et des équipes en usant (et abusant) de la capacité de la communauté académique à s'auto-évaluer. La pression est devenue extrême et chacun cherche à publier le plus possible, dans des revues elles-mêmes évaluées en termes de notoriété. On retrouve ici le terme d'*impact*, mais au sens scientifique (nombre de citations dans les publications ultérieures). Ce système auto-référencé n'est pas exempt de dysfonctionnements, ce qui ne l'empêche pas d'être universellement utilisé par la technocratie qui gère et finance la science.

On comprend ainsi le développement des vingt dernières années, dans tous les pays, d'initiatives portant le terme « excellence ». Des réseaux d'excellences sont promus par l'Union européenne dans le cadre de son $6^{\text{ème}}$ PCRD. Au niveau national : l'Allemagne lance ses *Exzellenzinitiative* et la France ses programmes en « ex » (Idex, Labex, etc.). Les politiques de *clusters* font partie de cette nouvelle organisation de l'efficacité de l'intervention publique. Il s'agit en effet de réserver les aides aux écosystèmes de R&I les plus à même de réussir dans la compétition internationale, d'où le terme de « pôles de compétitivité » pour les clusters à la française.

- Les nouvelles générations de politiques publiques tendent à englober la recherche dans le système d'innovation et de développement des territoires
- Dans le même temps, l'accent est mis sur les mesures d'efficacité et la mise en concurrence des acteurs comme des territoires.
- L'impact scientifique mesuré par des critères d'excellence est mis en avant comme un gage de compétitivité entre pays et entre régions.

3.2 Les systèmes régionaux d'innovation

Le discours compétitif est largement repris dans les territoires, d'ailleurs avec une déclinaison qui pourrait porter à la critique si l'on se place du strict point de vue de l'efficacité des systèmes régionaux et nationaux de R&I. En effet, dans la mesure où les territoires comprennent qu'ils ne pourront plus attirer l'attention bienveillante des échelons supérieurs de gouvernance (État et UE) en exhibant leurs faiblesses, mais plutôt en vendant leurs potentialités, ils mettent en place des stratégies d'image. Développer l'attractivité du territoire devenant le maître mot, la recherche comme l'innovation sont mises à contribution. La politique d'innovation vient en appui de la politique régionale en général. Plus que d'assurer l'articulation la plus efficace et créative possible entre la connaissance et le développement économique sur le territoire, la priorité semble parfois se porter sur la *communication*, d'où l'appui manifeste aux équipes les plus prestigieuses et au regroupement de moyens sur un petit nombre de projets très médiatiques. Les collectivités concernées diront que c'est de bonne guerre ! Et le nerf de la guerre n'est pas que le financement, c'est aussi l'image – renforcée par la mode des classements : *scientific rankings* des équipes, des organismes, et au bout du compte des territoires. Au niveau national la fascination des classements est tout aussi manifeste[89].

La recherche et l'innovation sont ainsi clairement constituées comme des *catégories d'action publique*. La référence aux théories économiques des systèmes régionaux d'innovation est au centre des nouvelles politiques et l'Union européenne a particulièrement poussé à cette évolution. Les nouvelles stratégies régionales sont donc autant l'expression d'une européanisation des politiques des nations et des régions qu'une évolution propre à chaque pays.

Les contextes nationaux étant très variés, le nouveau paradigme politique est décliné de manière originale selon les pays (Héraud, 2009). Dans le cas d'un pays de tradition centralisatrice comme la France, on peut parler de redécouverte des territoires à la faveur de la réforme des politiques de R&I, et la décentralisation à la française va mettre en œuvre une forme très particulière de gouvernance multiniveau où l'État central

---

[89] Le rapport de la Cour des comptes sur le PIA est sans ambiguïté sur ce point : il commence par « l'un des premiers objectifs du PIA dans le domaine de la valorisation de la recherche était d'améliorer les performances de la France, y compris au regard des classements et indicateurs internationaux » (Cour des comptes, 2018).

garde l'initiative et le contrôle global du processus tout en donnant la parole aux territoires dans le cadre d'une mise en concurrence sur la base d'appels à proposition. C'est comme cela que s'est réalisée la carte des pôles de compétitivité ainsi que celle des opérations du PIA consacrées à la valorisation de la recherche publique.

> ☐ Les territoires mettent en place des stratégies d'image fondées sur l'excellence scientifique aux dépens parfois d'une réflexion de fond sur l'articulation entre la recherche et le développement économique.
> ☐ Les stratégies régionales/locales sont encastrées dans les politiques nationales et européennes.

3.3 Une gouvernance multiniveau

La nouvelle génération de politiques de valorisation passant par la *Triple hélice* territorialisée se révèle très complexe en termes de gouvernance. Nous l'avons évoqué dans la première partie : non seulement la scène de la R&I est peuplée d'un grand nombre d'acteurs (universités, organismes, entreprises, institutions de transfert, consultants, etc.) mais, en plus, elle s'organise en une gouvernance multiniveau d'autant plus difficile à décrire que le système institutionnel national est toujours quelque peu hybride et évolutif comme nous allons le voir.

- Dans le cas de la France, l'organisation de l'État est hybride entre le modèle traditionnel centraliste et la république décentralisée et déconcentrée qu'elle prétend devenir (Crespy *et al.*, 2007). Le résultat est un « mille-feuille » administratif que l'on dénonce sans arrêt sans arriver vraiment à le réformer. Les compétences des strates ne sont jamais clairement fixées comme ce serait le cas avec une constitution fédérale (Héraud, 2009). Une solution typiquement française à cette question depuis la première vague de décentralisation dans les années 1980 est la négociation multiniveau des *Contrats de plan (ou projets) État-Région (CPER)* qui sont *de facto* étendus à d'autres niveaux administratifs comme celui des métropoles. La négociation des opérations de R&I a toujours été un point important des CPER et c'est pour une bonne partie là que s'articule la conception de la politique nationale. Bien qu'en théorie tout soit traité de manière identique sur l'ensemble du territoire national (un des mythes fondateurs de la République, avec le principe d'égalité), il est aisé de comprendre que d'une région à l'autre la négociation de la politique de R&I est très différente, car les régions n'ont pas toutes le même poids scientifique et technique, ni les mêmes acteurs dominants sur cette scène (ici un grand organisme puissant, là une université qui s'est organisée de longue date…).

- Pour les pays *régionalisés* comme l'Italie ou l'Espagne, il est considéré comme normal que toutes les régions ne soient pas traitées de la même manière, alors qu'en France la question reste taboue (la doctrine officielle jusqu'à présent est qu'il est seulement possible de faire de l'« expérimentation », ce qui suppose que tout nouvel arrangement est à terme généralisé ou supprimé). Cette position de principe est probablement intenable à long terme. En particulier en matière de R&I, la France devra accepter l'idée de *décentralisation asymétrique* telle que la mettent en œuvre l'Espagne et l'Italie.

- Pour les pays *fédéraux* comme l'Allemagne, la question n'est pas forcément plus simple, car les politiques de R&I, à la différence d'autres politiques (sociales ou culturelles par exemple), exigent parfois de faire une entorse à la répartition stricte des compétences entre niveaux. Les défis considérables de l'époque actuelle comme par exemple ceux de la transition énergétique, la concurrence de la Chine ou la gestion de la pandémie, appellent à une coordination nationale forte qui doit rester compatible avec la Loi fondamentale. Certains *Länder* comme la Sarre sont petits, mais il ne s'agit pas de les traiter comme de vulgaires régions… ou d'envisager des regroupements autoritaires comme on l'a fait en France. En Allemagne, on doit donc toujours rechercher (et surtout négocier) une forme d'équilibre entre efficacité globale et respect des prérogatives des États fédérés.

Un aspect particulier de complexité multiniveau est souligné par Clément Pin (2015) lorsqu'il aborde la question de la gouvernance territoriale entre région et métropole. On voit émerger la confusion et potentiellement le conflit entre les logiques des deux niveaux. Il compare le cas de l'Ile de France avec celui de la Lombardie. La logique administrative française a contraint à la négociation d'une politique plus ou moins intégrée entre les niveaux, et qui reste encastrée dans le territoire global de l'Ile-de-France avec tous les acteurs présents. Dans le cas de la Lombardie, on voit bien que c'est le système métropolitain qui domine la région et les politiques régionales : en matière de science et de valorisation, c'est Milan et le *Politecnico* qui mènent la danse.

> ☐ La politique de R&I passe nécessairement par des arrangements régionaux, voire locaux.
> ☐ Pour cela, quel que soit l'esprit du système institutionnel national (*polity*), il faut négocier des accords multiniveaux, voire faire preuve de créativité institutionnelle.

3.4 L'influence européenne

L'Union européenne est un acteur de la programmation et du financement de la recherche. Nous l'avons montré, elle est beaucoup intervenue à travers les Programmes cadres successifs (des premiers dans les années 1980 jusqu'à nos jours avec *Horizon 2020* et *Horizon Europe* à venir) et elle a contribué à impliquer plus fortement tout le système européen de la recherche vers l'innovation. La « valorisation » est implicitement placée au cœur de sa stratégie de recherche depuis fort longtemps.

Comme nous l'avons vu au chapitre précédent, elle s'est tardivement préoccupée aussi de promouvoir la recherche fondamentale, mais sur un critère de grande exigence et de risque scientifique. Elle l'a fait en créant le *Conseil européen de la recherche* (bien connu sous son sigle en anglais ERC). On parle ici de « recherche à la frontière de la connaissance » et il est important de signaler que c'est un programme scientifique « blanc ». Ce n'est donc pas de la recherche pilotée par l'aval. Le succès de l'ERC a fait que cet outil européen est devenu un élément clé du fonctionnement des systèmes de R&I nationaux. Dans beaucoup de pays, y compris la France et l'Allemagne, obtenir un financement ERC est devenu le graal de beaucoup de chercheurs et d'institutions. Il est perçu comme la reconnaissance d'un niveau d'excellence incontesté et internationalement reconnu, et le succès à un appel à projet européen entraîne souvent des cofinancements nationaux et régionaux. Pour une équipe de recherche publique française, « décrocher un ERC », autant ou plus qu'obtenir un projet national de type ANR, apporte non seulement une image mais aussi des moyens considérables (le temps du projet) au regard des financements récurrents que peuvent fournir les laboratoires et les tutelles. L'effet de levier de cette politique européenne est finalement très grand – et c'est ce qui a toujours fait le succès de l'Union qui impacte considérablement le système de R&I européen avec des moyens pourtant modestes au niveau macroéconomique.

L'accent mis sur l'innovation au sens strict n'est pas oublié ou laissé au hasard des retombées de la science d'excellence, car il existe des subventions dites « *proof of concept* » explicitement prévues comme un support à la valorisation. Ce type de bourse est réservé aux lauréats ERC. Notons que les thèmes concernés ne relèvent pas que des sciences « dures » ou de l'ingénierie, car une partie est dédiée aux humanités et aux sciences sociales.

Le nouveau dispositif de l'UE est très centré sur l'innovation, dans le cadre du programme Horizon Europe. Comme nous l'avons vu au chapitre 5, un *Conseil européen de l'innovation* (CEI) est créé, visant « l'innovation de rupture ». Parmi les outils récents, rappelons également l'initiative JEDI (*Joint European Disruptive Initiative*) qui porte l'ambition de faire de l'Europe un leader mondial sur les technologies de rupture (*breakthrough technologies*) en mettant en réseau 3700 leaders de l'« écosystème *deeptech* ».

Concernant l'évaluation, l'Union européenne construit ses politiques sur la base de l'évaluation qu'elle fait de son système. C'est ainsi que, pendant plusieurs décennies (avant la création de l'ERC en 2007), sa politique de recherche s'est concentrée sur l'innovation et non sur la recherche fondamentale, sur la base d'évaluations montrant que l'Europe n'était pas en retard par rapport aux principales zones concurrentes en matière de publications scientifiques, mais qu'elle l'était dans le passage à l'invention et à l'innovation. Depuis 2000, dans le cadre de la stratégie de Lisbonne, l'Union européenne s'est dotée d'outils d'évaluation comme le classement *European Innovation Scoreboard* qui offre jusqu'à une typologie régionale des systèmes d'innovation en soulignant leur impact sur l'économie et la société.

- L'Union européenne est un acteur important de la programmation et du financement de la recherche en intervenant à travers ses Programmes cadres successifs depuis les années 1980.
- L'excellence scientifique apparaît clairement comme un pilier de la dynamique globale de l'innovation et de la compétitivité internationale et justifie un appui supranational de la part de l'Europe.
- L'accent mis sur l'innovation au sens strict n'est pas oublié.
- L'effet de levier de la politique européenne est très grand et impacte considérablement le système de R&I européen, avec des moyens pourtant modestes au niveau macroéconomique.

4. Le système de recherche et d'innovation français

Dans les paragraphes qui suivent, nous allons donner des exemples illustratifs des *fonctions clés*, en insistant sur la fonction « valorisation de la recherche » et plus largement sur la *création de valeur*.

4.1 La programmation, le financement et l'évaluation de la recherche

En France, c'est l'Agence nationale de la recherche (ANR), créée en 2005 comme nous l'avons vu au chapitre précédent, qui incarne le plus la fonction de programmation et de financement de la recherche et qui *de facto* réalise l'évaluation *ex ante* des projets. Cet acteur relativement nouveau est devenu majeur dans la distribution de moyens à la recherche publique, par appel à proposition et non plus uniquement par financement récurrent des laboratoires selon la philosophie promue par le *nouveau management public*. Il existe d'autres acteurs remplissant ces fonctions : par exemple, dans le champ de la lutte contre le réchauffement climatique et la dégradation des ressources, c'est l'Agence de la transition écologique (ADEME) qui joue le rôle de programmateur et de financeur.

À noter également, la création à partir de 2009 dans le cadre du lancement, de la Stratégie nationale pour la R&I, des *Alliances* de *coordination de la recherche*. Elles sont chargées de réunir les principales institutions de la recherche publique dans le but principal de coordonner, dans certains secteurs identifiés (sciences de la vie et santé, énergie, technologies du numérique, environnement, SHS), les priorités de la R&D en lien avec les organes du ministère chargé de la recherche, tel l'ANR.

Dès qu'il s'agit de passer de la création scientifique et technique à l'innovation, un acteur majeur intervient : Bpifrance. C'est une banque publique d'investissement qui vise particulièrement les PME et les ETI pour leur développement et d'une manière générale les entreprises innovantes en appui des politiques de l'État et des collectivités. Historiquement elle provient de multiples fusions. Pour ce qui nous intéresse ici, un de ses ancêtres est l'ANVAR (dont nous avons parlé au chapitre 5), devenue plus tard Oséo-Innovation. Bpifrance agit à travers des prêts à l'innovation et à l'amorçage, des garanties de prêts bancaires, mais aussi par de l'investissement en fonds propres.

L'évaluation scientifique quant à elle, est de la responsabilité de l'autorité administrative indépendante, le Haut conseil de l'évaluation de la recherche et de l'enseignement supérieur (Hcéres) – que nous avons déjà évoquée – qui peut conduire directement les évaluations ou bien s'assurer de la qualité des *évaluation*s réalisées par d'autres instances en validant les procédures retenues. De son côté, la Cour des comptes enquête régulièrement sur le bien-fondé des dépenses de recherche et d'innovation, l'ANR pouvant l'aider dans son évaluation.

- Il existe en France beaucoup d'intermédiaires dans le système de R&I. Parmi eux, l'Agence nationale de la recherche (ANR) incarne à partir de 2005 la nouvelle philosophie du financement : par appel à proposition et non plus uniquement par financement récurrent des laboratoires.
- L'évaluation scientifique est de la responsabilité d'une autorité administrative indépendante le Haut conseil de l'évaluation de la recherche et de l'enseignement supérieur (Hcéres) qui introduit progressivement des critères d'évaluation élargi encourageant l'innovation en sus de l'excellence scientifique.

4.2 La valorisation de la recherche vue sous un angle commercial

Plusieurs modèles de *Technology transfer offices* à la française existaient avant 2010 : CEA Tech créé en 1957 comme « accélérateur d'innovation du CEA » ; la filiale privée FIST (France innovation scientifique et transfert) du CNRS créée en 1992 pour valoriser les inventions issues des laboratoires qui dépendent de cet organisme, devenue aujourd'hui CNRS Innovation ; la filiale de l'INSERM créée en 2000 pour la maturation et la commercialisation de ses technologies ; on peut encore citer INRAE Transfert. Signalons également l'installation dès 2013 par le CEA des *plates-formes régionales de transfert technologique (PRTT)*, au sein d'écosystèmes locaux où il n'était pas implanté historiquement (cf. encadré 6.4). Mais il manquait une organisation propre au monde universitaire, un manque que vont combler les *Sociétés d'accélération du transfert de technologies* (SATT).

> **Encadré 6.4: La valorisation au CEA et les plateformes régionales de transfert de technologies (PRTT)**
>
> Le CEA avec sa devise « de la recherche à l'industrie » est un acteur reconnu en France pour la valorisation de sa recherche. Des liens forts ont été progressivement tissés avec les industriels, tant dans le domaine nucléaire (EDF, Orano, etc.) que dans les autres domaines de spécialité du CEA (STMicroelectronics, Thalès, Airbus Group, Air Liquide, etc.). Une part du budget du CEA civil de l'ordre de 15% est ainsi issue de recettes industrielles (nos calculs, à partir du rapport financier 2018 du CEA).
>
> La création, à la demande du gouvernement, de ses plateformes régionales de transfert de technologies (PRTT), lancées en 2012, a permis d'étendre le champ de prospection à de nouvelles régions, au-delà des implantations historiques du CEA : 7 régions sont concernées en 2020. Le bilan dressé fin 2015 est très positif, ces plateformes ayant démontré leur capacité à répondre à un besoin, précédemment insatisfait, de contrats de recherche, notamment avec des PME. La mesure de l'impact de ces PRTT sur l'économie reste par ailleurs une question ouverte : le coût public complet est plus élevé que la seule subvention accordée au CEA, mais les retours fiscaux directs et indirects sont également significatifs. Comme le relève la Cour de comptes (2017), la structuration par le Commissariat général à l'investissement (CGI) d'un système national, avec les Instituts de recherche technologiques (IRT) et les SATT, revendiquant l'exclusivité de la gestion de la propriété intellectuelle et de la maturation, vient en conflit avec le modèle du CEA.
>
> Source : Cour des comptes (2017) et site de *CEA-tech* en régions : http://www.cea.fr/cea-tech/Pages/a-propos-de-cea-tech/cea-tech-en-regions.aspx

Les nouveaux dispositifs comme les SATT (cf. encadré 6.5), créées dans le cadre du PIA engagé en 2010, sont des structures de valorisation des résultats de la recherche des laboratoires publics (en milieu universitaire, même si les organismes sont aussi impliqués).

> **Encadré 6.5: Les Sociétés d'accélération du transfert de technologie (SATT)**
>
> Les SATT sont créées en 2010 « pour répondre à certaines lacunes du système de valorisation français » (Adnot, 2017). On trouvait encore peu d'universités ayant développé de manière significative leur structure de valorisation (TTO). Il se trouve qu'un segment de la fonction globale apparaissait particulièrement faible en France : le financement de la maturation et la « preuve de concept ». Les SATT vont devoir s'attacher particulièrement à cette mission. Elles sont créées comme des filiales de droit privé des universités et autres partenaires comme le CNRS – qu'on appelle « actionnaires » et non tutelles.
>
> Bien que le dispositif ait pris du temps à monter en puissance, en raison d'erreurs de conception que l'on retrouve d'ailleurs dans d'autres instruments du PIA (création *ex nihilo* de structures sans trop de considération des doubles emplois avec l'existant), il a clairement trouvé maintenant sa place. Il reste cependant des problèmes : l'objectif était de parvenir à un guichet unique dans les territoires pour le système de valorisation, mais ce n'est pas ce qu'on observe au bout du compte. Par exemple, dans certains territoires, il y a concurrence entre la SATT locale et la cellule de valorisation d'un grand organisme présent.
>
> Sur les 14 SATT (créées en plusieurs vagues), il n'y en a pas deux identiques en termes d'activités et de résultats. Certaines apparaissent avec le recul comme des créations quelque peu artificielles et témoignent du conflit d'objectif entre politique d'excellence et politique d'aménagement du territoire. La Cour des comptes (2018) a proposé d'arrêter une des expériences (la SATT Grand Centre) et de mettre en observation 7 autres.
>
> Comme les autres « outils » du PIA, les SATT inaugurent une politique assez marquée par la philosophie du *New public management* : elles étaient sensées s'autofinancer au bout de 10 ans. Mais on est loin du compte.

Notons que ces structures existaient parfois avant de recevoir ce label (cf. encadré 6.6).

> **Encadré 6.6: L'institutionnalisation du transfert de technologie**
>
> La SATT Conectus en Alsace, fondée en 2012 existait *de facto* dans l'université de Strasbourg. Avant les SATT, quelques universités, dont l'université Louis Pasteur à Strasbourg, avaient mis en place des Services d'activités industrielles et commerciales (SAIC), s'inscrivant dans le cadre de la loi Innovation de 1999. Ces services avaient vocation à gérer l'ensemble des activités économiques des établissements. Les tentatives précédentes passant par des filiales privées pour contourner les lourdeurs du système administratif avaient été fréquemment dénoncées comme illégales, leurs activités étant considérées comme de la « gestion de fait ». La loi permet de nos jours de constituer les SATT comme des filiales de statut privé des établissements et organismes publics. Elles sont, de plus, poussées à s'autofinancer aussi largement que possible.

Un document d'évaluation important concernant les SATT est le rapport du sénateur Philippe Adnot (2017). Une évaluation plus récente de l'ensemble du dispositif PIA consacré à la valorisation de la recherche publique a été réalisée par la Cour des comptes en mars 2018. Il ressort de ces documents que les nouveaux instruments de la « valorisation » n'ont pas encore totalement trouvés leurs marques et surtout sont très inégalement développés sur le plan territorial.

On peut enfin souligner que les SATT contribuent directement ou indirectement à améliorer le système de R&I de diverses manières qui n'étaient pas forcément anticipées. Dans le meilleur des cas, en effet, les SATT contribuent à :

- compenser la complexité et la lenteur bureaucratique des organisations publiques et améliorer leur compétence marketing ;
- améliorer les relations entre les « actionnaires », typiquement entre le CNRS et les universités qui apprennent à mieux coopérer (enjeu d'*affectio societatis*) ;
- donner de la visibilité à la recherche d'une manière générale, en organisant et diffusant la connaissance ;
- contribuer à développer les territoires dans un sens favorable à la créativité et à l'activité économique (durable).

La valorisation de la recherche est une fonction des systèmes de R&I qui met en œuvre diverses formes de « transfert de technologie » qui sont autant de processus cognitifs. Une facette importante est la *maturation* des projets devant déboucher sur des innovations commerciales. Cette dernière apparaît comme une fonction délicate à traiter – où le travail de beaucoup de SATT est souvent jugé décevant[90].

La Cour des comptes (2018) estime que l'ensemble du nouveau dispositif national de R&I n'a pas toujours été conçu de manière cohérente : prolifération des structures (avec l'hypothèse implicite d'un processus darwinien qui ferait disparaître les moins efficaces…) et conflit d'objectifs entre excellence et aménagement du territoire.

À côté des SATT, le PIA a en effet créé toute une série de nouveaux dispositifs destinés à la valorisation de la recherche publique, notamment en favorisant les synergies entre les acteurs et les disciplines :

- Les *Consortiums de valorisation thématique* (CVT) ; ceux-ci apportent des services mutualisés – comme des études de marché – aux structures de valorisation, en particulier les SATT. Parmi les recommandations de la Cour, il y a celle de supprimer carrément les CVT (hormis celle qui est liée à l'Alliance Athena en SHS) ;
- Les *Instituts de recherche technologiques* (IRT), dont le rôle est de favoriser les synergies pour créer de la valeur. Ils regroupent de manière interdisciplinaire, par thématiques, des équipes de recherche et des entreprises ;
- Les *Instituts hospitalo-universitaires* (IHU) ;
- Les *Instituts pour la transition énergétique* (ITE).
- *France Brevets,* qui a été créée pour acquérir les droits sur les brevets issus de la recherche publique (mais aussi privée) en les regroupant en « grappes technologiques » pour accroître leur potentiel d'exploitation. La Cour des comptes propose d'adosser France Brevet à Bpifrance pour simplifier et consolider cette fonctionnalité de la valorisation.

Rapprocher les acteurs publics et privés est une fonction essentielle à l'efficacité du système de R&I. Divers dispositifs y contribuent comme les Infrastructures scientifiques mutualisées, les Centres techniques de branche ou encore diverses formes de recherche partenariale rapprochant le public et le privé : Instituts Carnot, Groupement d'intérêt public, le dispositif des thèses CIFRE qui mérite une attention particulière car il

---

90 Dans son évaluation pour le Sénat, Philippe Adnot (2017) estime qu'on aurait dû confier cette mission à des services de valorisation déjà bien implantés plutôt que de créer de nouvelles structures.

fait un lien efficace entre le monde académique et l'industrie (encadré 6.7), etc.

> **Encadré 6.7: Le dispositif des Conventions industrielles de formation à la recherche (CIFRE)**
>
> Ce dispositif a été mis en place en 1981 avec le double objectif de placer les doctorants dans des conditions favorables d'emploi scientifique et de favoriser les collaborations de recherche entre le milieu académique et les entreprises. Il permet ainsi à (1) une entreprise, une association ou une collectivité, (2) un laboratoire de recherche et (3) un doctorant de s'engager, avec l'appui d'un financement public, dans une collaboration de recherche de 3 ans qui doit conduire à la soutenance d'une thèse. La gestion des CIFRE est placée sous l'égide de l'Association nationale de la recherche et de la technologie (ANRT) qui agit pour le compte du ministère de l'Enseignement supérieur, de la Recherche et de l'Innovation.
>
> Les CIFRE connaissent aujourd'hui un fort succès : 1450 nouveaux contrats CIFRE ont été alloués en 2018. Cela représentait en 2017, 6,5% de l'ensemble des doctorants en première année et 9% des doctorats financés en France (Cour des comptes, 2017).
>
> Source : ANRT

Signalons, pour finir ce tour d'horizon du système français, le principe relativement récent mais très marqué de l'*autofinancement* croissant des institutions. À terme l'État souhaite se désengager aussi largement que possible de l'entretien du système de valorisation, se contentant d'un rôle de catalyseur. Cette évolution de la philosophie de l'intervention publique n'est pas propre à la France, et s'inscrit dans cette logique souvent évoquée du *New public management*. La question de savoir s'il est possible – et souhaitable – que la plupart des structures intermédiaires de la valorisation deviennent des sociétés autonomes et autofinancées reste cependant ouverte.

> - Un exemple typique de structures de valorisation en France est celui des *Sociétés d'accélération du transfert de technologies* (SATT) lancées en 2010 dans le cadre du Programme d'investissements d'avenir (PIA).
> - Elles valorisent les résultats de la recherche des laboratoires publics (en milieu universitaire, même si les organismes sont aussi impliqués).
> - La recherche partenariale, ainsi que tous les mécanismes favorisant la synergie entre acteurs, contribuent fortement au transfert et à la valorisation des connaissances.

5. Le système de recherche et d'innovation allemand

La philosophie du système allemand, telle qu'elle s'exprime à travers son organisation et la conception des politiques, est influencée non seulement par la culture nationale (esprit d'entreprise, pragmatisme, tradition de la négociation) mais aussi par les institutions les plus fondamentales de la nation fondée après-guerre. L'organisation de la recherche et de l'innovation est le reflet de ce contexte et comme nous l'avons déjà évoqué, le concept même de « valorisation » est perçu différemment en Allemagne qu'en France.

5.1 Le champ des politiques est limité par les dispositions constitutionnelles

En vertu de la Loi fondamentale (*Grundgesetzt*) de la République fédérale, la situation normale est une division nette des compétences institutionnelles : au monde académique la recherche fondamentale, aux entreprises la recherche appliquée, aux instituts Fraunhofer la valorisation de la recherche, etc. Dans cet esprit, ce n'est pas aux pouvoirs publics de déterminer les agendas de recherche des équipes universitaires, ni d'inciter les entreprises à faire de la R&D[91], ni de dire à la société Fraunhofer d'explorer tel ou tel domaine techno-scientifique pour le « transférer » aux entreprises. Constitutionnellement, les rôles des uns et des autres au sein du système sont bien délimités – de même que celui des différents échelons de gouvernance.

Cela se répercute naturellement sur la programmation et le financement de la recherche. Aucune administration ne peut décider d'elle-même, sans consultation et accord explicite avec les autres acteurs, de changer les règles du jeu en imaginant une nouvelle politique. La fonction d'évaluation est également encadrée. Pour ne prendre qu'un exemple dans l'histoire du système universitaire, celui de l'application de la réforme LMD suite à la décision européenne de Bologne en 1999, l'Allemagne a dû revoir son système académique en instaurant le niveau master et trouver un système d'évaluation pour habiliter les propositions des établissements. Dans une logique d'indépendance institutionnelle,

---

91 L'Allemagne est un des pays de l'UE qui subventionne le moins la R&D des entreprises sur fonds publics.

l'évaluation des dossiers[92] n'est pas réalisée par l'administration mais par des consultants. On a du mal à imaginer cela en France… Cela dit, ce système se révèle lourd et coûteux, il souvent critiqué par les universitaires allemands, mais il n'y a pas d'équivalent de l'Hcéres – et probablement il ne peut pas y en avoir pour des raisons constitutionnelles. D'une manière plus générale, l'Allemagne évalue ses dispositifs à travers des institutions scientifiques indépendantes après appel d'offres ouvert. Un institut comme le ZEW (*Zentrum für Europäische Wirtschaftsforschung GmbH*) joue par exemple un rôle important, mais il ne saurait avoir le monopole de la fonction d'évaluation.

Dans la division des tâches à l'intérieur du système de R&I, ainsi que nous l'avons souvent souligné, les universités sont financées par les États fédérés et non par le gouvernement fédéral. Quant à la *Max Planck Gesellschaft (MPG)* qui fait de la recherche fondamentale et dont les instituts sont répartis sur tout le territoire, elle bénéficie du financement des *Länder*. En effet, bien qu'au départ la société Max Planck soit conçue comme le bras armé du niveau fédéral, les États fédérés ont souhaité apporter leur contribution, et actuellement la règle est qu'ils contribuent pour la moitié du financement public. La décentralisation reste comme on le voit une caractéristique très forte du système allemand. Il faut dire qu'au cours des décennies écoulées, le *Bund* n'était pas mécontent de faire des économies ; il s'est donc satisfait de la montée en puissance des *Länder* – comme d'ailleurs de l'arrivée des appels à projets européens comme le souligne Abramson *et al.* (2017, p. 308).

- La situation jugée normale est que les institutions académiques fassent de la recherche fondamentale, les entreprises de la recherche appliquée, et les instituts Fraunhofer de la valorisation de la recherche. L'organisation en Allemagne de la recherche et l'innovation suit un modèle « à fonctions majoritairement séparées » au sens de R. Barré (2011).
- Plus généralement, la Constitution allemande protège les libertés individuelles aussi bien que l'autonomie des corps intermédiaires. Dans un tel contexte, l'ingérence des gouvernements dans le jeu des acteurs du système de R&I est plus limitée que dans une démocratie centraliste.

---

92 Rappelons que cette évaluation des projets de master a un rapport avec celle de la recherche, car le master est sensé s'appuyer sur des compétences en recherche des établissements.

5.2 La fonction de valorisation commerciale

En Allemagne, l'acteur emblématique de la valorisation est le réseau des instituts Fraunhofer. Depuis de nombreuses décennies, la part de leur budget qui est assurée par les pouvoirs publics (*Bund* et *Länder*) sous forme de dotations de base ne fait que se réduire. Pour l'essentiel, les instituts vivent de leurs prestations aux entreprises ou d'études ciblées pour les organisations publiques (régionales, nationales ou européennes). Dans le cas de cette institution fondamentale du système de R&I, le pilotage par l'aval n'est pas une nouveauté, mais à travers les moyens publics mis à disposition du système Fraunhofer (de moins en moins généreux en proportion du budget des instituts), c'est une politique assez compétitive qui est implicitement appliquée.

S'il existe une politique contemporaine de valorisation en Allemagne, c'est surtout à travers ce grand dispositif englobant qu'est la *Hightech-Strategie*. Ce sont les PME qui sont le plus visées, considérées à la fois comme des structures justifiant pleinement une aide des pouvoirs publics et, pour une part d'entre elles au moins, comme de véritables précurseurs du progrès technologique. Le soutien se fait autour de projets (*Projektförderung*) dans le cadre de programmes sectoriels, par une aide au transfert de technologie, la mise à disposition d'infrastructures de recherche et la fondation d'entreprise.

Les réformes des années 2010, construites autour de la *Hightech-Strategie*, ont modifié la donne, particulièrement en repositionnant la fonction de transfert un peu plus *à l'intérieur des institutions*, alors que traditionnellement elle se fait *entre acteurs* de la production de connaissance et par l'intermédiaire d'organisations spécialisées comme les instituts Fraunhofer. Les universités, par exemple, sont désormais invitées à se préoccuper elles-mêmes de valorisation – comme en France, mais sans créer pour autant de nouvelles institutions qui seraient l'équivalent des SATT. Une manière efficace de les inciter à le faire, passe par les moyens financiers : coincés entre des crédits récurrents qui n'augmentent plus et des financements sur projets qui au contraire se sont beaucoup développés (avec des modalités de mise en concurrence sur appel à projet comme le fait l'ANR en France), les équipes universitaires allemandes sont amenées *de facto* à inscrire leur recherche dans des schémas globaux prenant en compte la valorisation.

- En Allemagne, l'acteur emblématique de la valorisation est le réseau des instituts Fraunhofer.
- Les réformes des années 2010, construites autour de la *Hightech-Strategie*, ont repositionné la fonction de transfert un peu plus *à l'intérieur des institutions*.
- Les universités sont désormais invitées à se préoccuper elles-mêmes de valorisation – comme en France, mais sans créer de nouvelles institutions qui seraient l'équivalent des SATT, le statut des universités apparaissant suffisamment adapté.

5.3 La recherche d'un impact socio-économique via l'innovation

L'innovation dépend de la recherche, mais aussi de beaucoup d'autres facteurs, en particulier de la mise en relation des acteurs et de l'organisation de tous les systèmes emboîtés, du niveau des laboratoires et des entreprises, à celui des grandes organisations publiques. Le système de R&I allemand peut être caractérisé en suivant ce schéma interprétatif.

La mise en relation des acteurs

Comme nous l'avons déjà souligné, la fonction remplie par Instituts Carnot en France l'est en Allemagne par le dispositif de la société Fraunhofer – à une beaucoup plus grande échelle, de surcroît. C'est d'ailleurs l'institution allemande qui est à l'origine de l'idée française de créer le label « Carnot ». Quant à la recherche partenariale, un dispositif différent mais de même fonctionnalité que les bourses CIFRE permet à des doctorants de faire leur thèse en collaboration avec une entreprise. Cela dit, l'impact du dispositif géré par l'ANRT reste de très grande ampleur comparé aux équivalents étrangers, y compris en Allemagne.

Ce qui caractérise plus l'Allemagne, c'est la recherche partenariale fortement poussée depuis quelques années dans les *universités de science appliquée* (anciennement *Fachhochschulen*) qui délivrent par ailleurs des cursus courts centrés sur la professionnalisation – leurs équivalents français étant plus ou moins les Instituts universitaires de technologie. Là encore, les rôles sont assez tranchés en Allemagne et, malgré les réformes récentes qui octroient un statut universitaire aux *Hochschulen*, ces dernières restent beaucoup plus axées que les universités classiques sur le partenariat avec le monde professionnel. Il a toujours existé par ailleurs des « universités techniques » (TU) dont certaines sont très renommées et contribuent au développement technologique de leur région.

La relation recherche-innovation

La culture allemande de l'innovation est très pragmatique. L'hypothèse théorique d'une relation linéaire entre la recherche et l'innovation est considérée avec suspicion. C'est une des raisons expliquant la réticence à pratiquer une politique de stimulation de la recherche des entreprises comme le fait la France à travers le Crédit impôt recherche. La seule exception concerne les PME. Il y a des fondements scientifiques à cette vision politique, que l'on peut relever dans des contributions comme l'ouvrage collectif édité par Lothar Dietrich et Wolfgang Schirra (2006). En guise de transition avec le chapitre suivant, il est intéressant de se pencher sur les conclusions générales de ces travaux en management de l'innovation menés dans le contexte allemand[93], qui justifient une approche macroéconomique très prudente de la relation entre recherche et innovation.

La conclusion d'une enquête en Allemagne et dans le monde sur les plus grands budgets de R&D, coordonnée par Booz Allen Hamilton (Düsseldorf), est qu'il n'y a aucune relation économétrique significative entre les résultats à long terme des entreprises (croissance du chiffre d'affaires, capitalisation boursière, etc.) et leur dépense de R&D. Pour être plus précis : il faut certes faire de la R&D pour innover et se développer, mais dans l'ensemble des firmes qui font de la recherche, ce ne sont pas celles qui en font le plus qui innovent et se développent le plus. Pour prendre un exemple, sur la période observée (le début du millénaire), BMW apparaît comme la plus innovante et dynamique des entreprises allemandes du secteur automobile, alors qu'elle est en-dessous de la moyenne de la branche en intensité de R&D. La conclusion générale de l'étude est la suivante : les meilleures entreprises ne sont ni dans les 10% plus faibles ni dans les 10% plus fortes intensités de R&D ; dans le reste de la distribution statistique, le facteur déterminant n'est pas le *niveau* de la R&D mais la *qualité* de l'organisation du processus d'innovation.

Les facteurs qualitatifs de l'efficacité du processus de la R&I

Quels sont alors les facteurs de succès de la création de valeur dans l'organisation du processus d'innovation ? Richard Hauser et Thomas

---

[93] Notons que la littérature générale sur le management (même en langue allemande) met finalement en exergue peu d'études de cas de firmes allemandes. Le livre de Dietrich et Schirra est d'autant plus intéressant.

Goldbrunner[94] concluent de l'observation des stratégies d'entreprises que l'essentiel réside dans :
- une stratégie clairement établie et communiquée dans l'ensemble de l'entreprise ;
- un bon équilibre entre centralisation et décentralisation du processus d'innovation en interne ;
- l'association des clients au processus d'innovation ;
- l'intégration de connaissances issues d'autres lieux que celles du site principal ;
- une bonne gestion de projet avec une forte responsabilisation de son directeur ;
- une culture de l'innovation infiltrant toute l'organisation.

Ces conclusions concernent surtout les grandes entreprises. Pour ce qui est des PME, les études montrent en revanche une grande sensibilité au niveau du budget de recherche. La raison est simple à comprendre : les effets de seuil dans la R&D. Dans beaucoup de domaines, il existe une mise minimum en dessous de laquelle on ne saurait prétendre faire de la recherche industrielle. Ces résultats justifient pleinement la politique publique allemande consistant à privilégier les aides à la R&D pour les plus petites structures.

- En Allemagne, l'ingérence des gouvernements (*Bund* et *Länder*) dans le jeu des acteurs du système de R&I est institutionnellement limitée pour des raisons constitutionnelles.
- Le système allemand exprime une vision non linéaire de la relation recherche-innovation
- La conclusion d'une enquête coordonnée en Allemagne stipule que pour innover dans les grandes entreprises, le facteur déterminant n'est pas le *niveau* de la R&D mais la *qualité* de l'organisation du processus d'innovation. Cela est moins évident pour les petites entreprises car il existe un seuil minimum en dessous duquel il n'est pas possible de faire de la recherche industrielle.
- Ainsi en Allemagne, l'aide publique à la recherche vise plus les petites et moyennes entreprises.

---

94 « *Ergebnisse aus Booz Hamilton-Studien* » in Dietrich & Schirra (2006), (11–19).

Conclusion

Décrire le système de recherche et d'innovation d'un pays passe naturellement par la description des acteurs qui le composent et de leurs interrelations. Il faut ajouter à ce tableau une analyse des politiques publiques qui l'impactent, plus ou moins directement et plus ou moins délibérément – les acteurs politiques étant en fait inclus dans le système, à la fois influenceurs et influencés (comme le montre Pin, 2020).

Ce système est aussi en *évolution*. Il est même partiellement auto-organisé c'est-à-dire avançant par sa propre logique, indépendamment des plans des acteurs, ce qui affaiblit le sens d'une description statique sous forme d'un tableau d'acteurs et de relations. Parler de *système* exclut par ailleurs de parler en termes de causalité linéaire – ce qui pourrait être tentant quand on parle de valorisation ou d'évaluation de la recherche. Il n'y a pas d'abord la recherche, puis sa valorisation, mais plutôt co-évolution du savoir et des applications. C'est l'ensemble du système de recherche et d'innovation qu'il convient de valoriser et d'évaluer.

Le concept même de *valorisation* est ambigu, comme le confirme déjà la difficulté linguistique de traduire de manière bi-univoque le terme entre le français et l'allemand comme nous l'avons vu au chapitre 2. L'observation de cas concrets de valorisation, comme la transformation d'un effort de R&D privée en innovations commerciales et développement à long terme de la firme, confirme au niveau microéconomique la non linéarité du processus. Il ne faudrait donc pas que les politiques cherchent à renforcer des causalités simples qui n'existent pas dans la réalité.

Favoriser la recherche partenariale et les synergies en général est en revanche une idée fertile. Les liens entre la sphère de la connaissance et l'activité socio-économique, dans toutes leurs variétés locales, s'établiront d'eux-mêmes. Il faut aussi repenser l'articulation des politiques qui visent chacune un aspect particulier de la vie de la nation (ou de l'Europe) comme par exemple la politique de R&I et la politique industrielle, ou encore la politique de recherche et la politique régionale.

Pour finir, il est essentiel de rappeler que la science n'a pas comme seule finalité sa valorisation économique. Bien sûr on a vu que l'impact scientifique pouvait être lui-même valorisé, notamment dans la course internationale à l'*excellence* conduisant la science à être pilotée parfois comme une véritable industrie ! Signalons toutefois que le mot *valeur* doit être pris dans toutes ses acceptions : culturelle, citoyenne, démocratique... La science contribue à la formation des individus et des communautés. Elle alimente le bien-être au sens *eudémonique* – où l'individu est satisfait quand sa vie trouve un sens, que ce soit par sa pensée ou par ses engagements dans la société. Elle participe aussi au *bien-être* au sens *hédonique*, en favorisant la croissance économique et en permettant d'améliorer les modes de vie *via* la technologie... à condition toutefois que les avancées soient faites en connaissance de cause et utilisées pour le bien de l'humanité car *science sans conscience*... C'est en résumé la tonalité du discours tenu par le mathématicien Cédric Villani lors de la 24ème Université Hommes-Entreprises organisée autour du thème « Progrès et sagesse » en août 2018.

Après avoir analysé les politiques et les acteurs de la recherche de la sphère publique en montrant comme ils assument les grandes fonctions des systèmes de recherche et d'innovation, nous souhaitons consacrer les deux derniers chapitres de cet ouvrage au troisième pilier du triptyque État-Université-Entreprise. Pour cela, nous justifierons du point de vue économique, l'investissement en R&D des acteurs privés – et ce malgré les externalités de la recherche et les risques encourus – puis analyserons d'un point de vue managérial cette fois, le processus d'innovation dans l'objectif justement de limiter les risques et d'augmenter l'impact de la recherche.

Chapitre 7

La stratégie d'innovation en entreprise

Au sein du système de recherche et d'innovation, les entreprises occupent une place tout à fait prépondérante car ce sont principalement elles qui innovent et créent de la valeur économique. Elles contribuent aussi notoirement au changement sociétal, ce qui conduit d'ailleurs à une révision progressive de leur statut juridique et de leurs missions afin qu'elles puissent mieux prendre en compte l'enrichissement de la société : impact social, environnemental, durabilité des solutions pour les clients, développement des compétences des salariés, etc.

L'objet de ce chapitre est de montrer les nouvelles orientations stratégiques que les entreprises mettent en place pour rester compétitives et créer de la valeur sociale dans l'environnement dans lequel elles évoluent aujourd'hui. Nous commencerons par décrypter cet environnement en tâchant d'identifier les menaces qui pèsent sur leur système de production, mais également les opportunités qu'elles ont pour créer de la valeur dans la durée en rentrant en résonnance avec les mutations des sociétés contemporaines. Nous montrerons que leur *compétitivité* dépend fortement des différents scénarios d'adoption des innovations qu'elles proposent au sein d'un écosystème composé de connaissances et d'actifs hérités du passé, et que leur stratégie d'innovation doit reposer sur une *analyse prospective* apte à identifier les risques et à éclairer leur positionnement face à la concurrence et au contexte sociétal. Cette analyse stratégique du contexte et des modes de production doit être complétée par une réflexion sur le management même du processus de l'innovation au sein de l'entreprise. Nous reportons toutefois la réflexion sur les modes de gestion au chapitre suivant, car nous examinons ici la conception stratégique et non sa mise en œuvre.

1. Le nouveau contexte organisationnel et juridique de l'entreprise

Dans le monde en transition que nous vivons aujourd'hui (société *hyper-industrielle* soutenue par la révolution numérique, importance croissante des défis environnementaux, revendication par les citoyens d'un certain contrôle du système de production et d'échanges), les formes d'organisation de l'entreprise ainsi que les modèles économiques sur lesquels repose sa compétitivité sont largement chamboulés. Dans ce nouveau contexte où semble émerger une *industrie servicielle*, nous soulignerons la force des réseaux ainsi que la place centrale occupée par la donnée numérique. La question que l'on se pose alors est de savoir transformer les nouvelles techniques en projets créateurs de valeur.

Un autre sujet important pour comprendre les stratégies d'entreprises est celui de la forme *institutionnelle* de l'organisation. Le caractère plus ou moins hiérarchique ou au contraire décentralisé de la gouvernance (voire ouvert sur les points de vue de toutes les parties prenantes) impacte *a priori* les capacités de réaction à court ou moyen terme, la résilience, la créativité, le mode d'innovation, etc. La forme juridique n'est pas neutre car elle impacte forcément la gouvernance, notamment pour tenir compte de l'intérêt général.

1.1 Une ère industrielle en transition

En 1972, l'économiste américain Theodore Levitt écrivait : "*There is no such thing as a service industry. There are only industries whose service components are greater or less than those of other industries. Everybody is in service.*" (Levitt, 1972, p. 41). C'était révélateur d'une évolution qui n'a cessé de s'accentuer au cours de l'histoire et on peut observer que nous sommes passés successivement de l'ère industrielle dans laquelle l'entreprise fournissait des commodités de base (acier, énergie, chimie de base), à l'ère des objets techniques emblématiques (automobiles, électroménager, ordinateurs, machines de production), puis à celle de l'*industrie servicielle* qui se dessine[95].

---

[95] En France aussi, l'intensité en services des firmes s'est renforcée au cours du temps. En 2007, 83 % des entreprises industrielles ont une production de services pour autrui et près du tiers produisent, en réalité, plus de services que de biens (Crozet et Milet, 2017).

Selon Pierre Veltz (2017), cela ne veut pas dire que l'industrie s'efface derrière les services, mais plutôt que la frontière entre les deux devient très poreuse :
- d'une part, le secteur du service est dominé, comme celui de l'industrie, par les *normes* visant à la rationalisation des ressources, à la standardisation et au contrôle qualité – à l'image du service à la restauration de McDonald's ;
- d'autre part, les entreprises classées comme « industrielles » sont très présentes sur les marchés de services, comme l'est Michelin qui, en sus des pneus, est devenue célèbre pour les guides accompagnant l'automobiliste sur les routes.

On comprend qu'avec l'entrée en scène du numérique, la convergence entre les sociétés industrielles et les sociétés de services soit encore plus forte. Par exemple, dans le cas des GAFAM[96] qui marient intimement le *hard* et le *soft*, il est bien difficile en effet de faire la distinction entre industrie et services. La révolution numérique joue un rôle essentiel dans l'avènement de l'ère nouvelle que Pierre Veltz nomme *société hyper-industrielle* et dont l'intelligence provient de « la mise en réseau des machines entre elles, des machines et des hommes, et des hommes entre eux » (Veltz, 2017, p. 42). Cette transformation a un impact au niveau de la production en usine car celle-ci n'est plus seulement intégrée en interne mais devient un *nœud* dans un réseau plus vaste échangeant des données, des biens et des services numériquement pilotés – on parle de *global factory*. La mise en réseau concerne également les nouveaux artisans industriels – les *makers* – munis d'imprimantes 3D et échangeant des logiciels qui pilotent leurs outils et leurs créations.

Plus généralement, la période actuelle connaît l'essor considérable des *plates-formes*. Celles-ci peuvent être vouées à la *transaction* pour faciliter l'échange entre différents utilisateurs, acheteurs ou fournisseurs (Uber, Google Search, Amazon Marketplace, eBay, etc.), mais aussi au *financement participatif* (*crowdfunding*) pour les projets innovants, culturels ou environnementaux ou bien encore à l'*innovation* pour permettre à des entreprises organisées en écosystème de développer des

---

96 Comme déjà mentionné au chapitre 2, GAFAM est l'acronyme de Google, Apple, Facebook, Amazon et Microsoft.

technologies complémentaires (Microsoft, Oracle, Intel, SAP, etc.)[97] (Evans & Gawer, 2016).

Cette nouvelle organisation en réseaux, qui s'appuie le plus souvent sur un support numérique, conduit à revoir le concept même d'entreprise. Aurélien Acquier (2017) parle de *capitalisme de plate-forme* qui nous renverrait selon lui au « *domestic system* », cette forme d'organisation qui a précédé l'émergence de la manufacture et dans laquelle les agriculteurs réalisaient à domicile et avec leurs propres outils, des activités ouvrières pour le compte de négociants avec qui ils entretenaient une relation commerciale. D'une certaine manière, le travail réalisé sur les plates-formes est similaire en ce sens qu'il n'y a pas d'espace de travail géré par l'employeur et que les travailleurs indépendants déterminent eux-mêmes leur degré d'engagement, etc. C'est à se demander si l'entreprise, en tant qu'institution, n'est pas en train d'évoluer vers une forme d'organisation qui privilégierait les relations entre travailleurs indépendants (*makers*, chauffeurs…) munis de leurs compétences et de leurs propres outils de travail (sous la forme d'une imprimante 3D, d'un véhicule pour les VTC[98], d'un bien immobilier dans le cas d'Airbnb). Autre exemple : sur les plates-formes d'échange d'électricité, les « consom'acteurs » ayant installé des panneaux photovoltaïques participent à cette nouvelle économie en apportant leur toit (Popiolek, 2018).

Jean Tirole (2016) estime qu'il est difficile de faire de la prospective sur l'évolution des organisations – et du travail – mais que les nouvelles technologies informatiques rendent possible le développement des travailleurs indépendants en facilitant leur mise en relation avec les clients et en générant à bas coût des *réputations individuelles*. L'auteur, contrebalance toutefois l'argument en donnant des exemples où le numérique facilite au contraire le salariat… Quoiqu'il en soit, il insiste sur le fait que l'innovation est bouleversée par l'ensemble de ces nouveaux modèles économiques et qu'il est temps que les entreprises européennes se mettent au diapason quand on sait que les entreprises les plus présentes sur ces technologies numériques sont américaines ou chinoises et très jeunes[99]. Selon lui, avec cette transformation, la connaissance, l'analyse

---

97 Notons que les plates-formes les plus connues telles Apple, Google, Facebook, Amazon, Alibaba permettent à la fois la transaction et l'innovation. Ce sont des plates-formes intégrées.

98 Voiture de transport avec chauffeur

99 Aux États-Unis, seule une faible fraction des 100 plus grandes capitalisations boursières existait il y a 50 ans (Tirole, 2016, p. 549). En mai 2016, le ministre

des données et la créativité vont être au centre la chaîne de valeur (Tirole, 2016, p. 549).

On est en effet à un tournant de l'histoire économique. Ne serait-ce que par la gratuité des services qu'elles offrent, les plates-formes remettent en cause le fondement des modèles classiques basés sur les prix. Des entreprises comme Google ou Facebook par exemple, offrent un service gratuit qui est rémunéré par la vente d'espaces publicitaires, de données ou d'autres services. La digitalisation de l'économie et le développement des plates-formes a démultiplié la place de ces *marchés bifaces* pour lesquels coexistent deux types de clientèles distinctes mais interdépendantes pour un produit ou service. Dans ce cas, ce n'est pas la baisse du prix de revient qui est recherché mais plutôt le nombre d'utilisateurs, ce qui a de très nombreuses implications sur la structure des marchés ou les modalités de la concurrence et par conséquent, sur les stratégies d'innovation[100]. En effet, ces marchés n'imposent pas d'investissements technologiques à l'entrée et les acteurs en compétition sont des intermédiaires dont la valeur croît de façon exponentielle avec le nombre d'acteurs inscrits sur la plate-forme. L'enjeu de l'innovation est ici de capter le maximum d'usagers et de pourvoyeurs d'offre.

L'ensemble de ces transformations a un impact sur la manière de considérer l'innovation. Comme nous le voyons, le passage à cette société *hyper-industrielle* caractérisée par une *industrie servicielle* et un fort ancrage du numérique, remet fortement en cause les modèles de stratégie d'innovation en entreprise.

Il faut noter que le consommateur ne sort pas toujours gagnant de la montée en puissance de cette économie dans lequel le service est industrialisé et numérisé. Certes, les nouvelles activités économiques impliquent le respect de normes (qualité, protection juridique, etc.) appréciables pour le consommateur, mais les procédures informatisées (*back office*) imposées aux opérateurs qui restent face aux clients (*front office*) leur interdisent toute intervention humaine en dehors des tâches qui leur sont assignées. Cette séparation des tâches et des responsabilités déshumanise totalement la relation client/entreprise (ou client/

---

de l'Économie Emanuel Macron constatait que « L'âge moyen des entreprises du CAC 40 est de 105 ans, tandis que celui des entreprises du Nasdaq, aux États-Unis, est de 15 ans » (Les Echos, 19 juillet 2019).

100 D'importants travaux de recherche, auxquels a contribué notamment Jean Tirole et la *Toulouse School of Economics*, sont menés sur le sujet depuis les années 2000.

fournisseur dans le cas *B to B*) pour conduire à des situations de blocage lorsque que la procédure n'a pas pu (ou voulu) anticiper le problème. Cela concerne davantage les procédures mises en place pour le Service après-vente (SAV) que celles qui concernent le marketing ou la vente. Au bout du compte, il s'agit pourtant du même consommateur ! La révolution numérique ne peut faire fi de la responsabilisation des acteurs, ni de la qualité de leurs relations en interne (lors de la conception des *process*) et en externe (avec les clients).

- Nous n'allons pas vers une société post-industrielle mais plutôt vers une société de plus en plus industrielle dans laquelle les *normes* et la culture industrielles dominent la production de biens et de services.
- Avec l'entrée en scène du numérique et l'essor considérable des *plates-formes*, de nouvelles organisations du travail apparaissent et de nouveaux modèles économiques voient le jour. Certains sont basés sur la gratuité des services offerts, avec l'émergence des *marchés bifaces*.
- Dans l'ensemble des tissus industriels, on observe la montée des travailleurs indépendants, ce qui remet en question les fondements historiques du travail productif contractualisé et le concept même d'entreprise.
- Dans ce tournant de l'histoire économique, l'innovation est à repenser : sont au cœur de la chaîne de valeur, la connaissance, l'analyse des données et la créativité.

1.2 La « raison d'être » des entreprises

Parallèlement à cette transformation organisationnelle de l'entreprise, de son écosystème et des marchés, on assiste aujourd'hui également à un élargissement des *missions* de l'entreprise « traditionnelle » dans la mesure où celle-ci doit tenir compte de plus en plus de *l'impact social et environnemental* de ses activités. Déjà en 2001, avec la publication du Livre Vert – *Promouvoir un cadre européen pour la responsabilité sociale des entreprises*, la Commission européenne posait la première pierre d'une politique européenne de *Responsabilité sociale des entreprises (RSE)*[101] qui n'a cessé de se renforcer depuis. Inspirées des évolutions survenues en particulier aux États-Unis ces dix dernières années, de nouvelles formes d'entreprises, mieux définies et

---

101 La RSE est un concept ancien. Déjà à la fin du 19ème siècle en France, en Allemagne et en Angleterre, le patronat chrétien développait des politiques sociales pour le logement, la famille. Dans les années 1930, il est mobilisé en réponse à la crise de 1929 et revient en force suite à la crise financière de 2008.

encadrées juridiquement, se développent désormais en Europe afin d'intégrer dans leurs statuts, des missions de contribution à l'intérêt général (Ferone Creuzet, Seghers, 2020). L'encadré 7.1 fait le lien entre le concept de RSE et celui d'*innovation responsable*.

> **Encadré 7.1 : Qu'est-ce que l'innovation responsable ?**
>
> Une innovation est qualifiée de *responsable* si elle est induite par un management guidé par des pratiques de RSE (Berger-Douce, 2014). OSEO (2012 p. 29) souligne que « l'innovation responsable ne concerne pas seulement la question du champ social et environnemental, mais aussi la façon dont cette innovation est menée, notamment en impliquant des parties prenantes » et en créant de nouveaux rapports sociaux.
>
> Nous pouvons relier cette notion à celle de création de valeur/ou d'impact d'ordres environnemental, social et sociétal, qui constituent les trois piliers du développement durable.
>
> Pour von Schomberg (2013, p. 63), l'innovation responsable vise à accroître « l'acceptabilité éthique, la durabilité et la désirabilité sociale du processus d'innovation et de ses produits commercialisables » (traduction libre de Lehoux *et al.*, 2019).

Remarquons également que de nombreux fonds de placement revendiquent aujourd'hui l'*Investissement socialement responsable (ISR)* dont la démarche consiste à investir dans des entreprises qui intègrent dans leur développement des critères de nature sociale et environnementale. C'est une application de la notion de développement durable au domaine de l'investissement financier.

En France, pays qui compte en Europe et au niveau mondial parmi les pays pionniers de la RSE, cela n'était pourtant pas gagné d'avance. En effet, dans le droit français l'entreprise n'existe qu'à travers la *société* qui, dans le code civil[102] – datant de 1804, a comme mission principale la réalisation et le partage de bénéfices entre les associés (*i.e.* les actionnaires pour les sociétés cotées), ce qui tient à l'écart les autres parties prenantes et à la marge, l'intérêt général.

---

102 Rédigé dans le contexte des premières années du 19ème siècle, le Code civil français repose sur une vision d'un capitalisme familial, dans lequel il n'existait pas de différence entre l'actionnaire et l'entrepreneur (Notat & Senard, 2018).

D'ailleurs, dans l'esprit des Français, cet intérêt commun est du ressort de l'État et il n'est pas naturel pour eux que la sphère marchande lucrative s'en soucie également (Ferone Creuzet, Seghers, 2020). Pourtant, la tendance générale qui prévaut en France, en Europe et dans le monde[103], est bien la préoccupation croissance de la population pour les questions environnementales et sociétales… Ainsi, en adoptant la loi PACTE (Plan d'action pour la croissance et la transformation des entreprises) en avril 2019, les politiques ont aligné le droit français sur les attentes de la société (cf. encadré 7.2).

Selon les recommandations du rapport Notat-Senard (2018), le code civil a été modifié afin de permettre aux entreprises qui le souhaitent – appelées *entreprises à mission*[104] – de définir dans leur statut un objet social élargi à des sujets sociétaux : la *raison d'être* dont la définition est confiée aux conseils d'administration et de surveillance. Pour Kevin Levillain (2017), la « raison d'être » est l'expression d'un *futur désirable* pour le collectif, justifiant la coopération et rendant compte d'un enjeu d'innovation. Désormais, le droit français permet à l'entreprise de concilier sa *raison d'être* et sa profitabilité, ces deux éléments devant être considérés ensemble au plus haut niveau de ses instances de décision et de contrôle.

Mettre l'accent sur l'importance du conseil de surveillance dans la définition des orientations stratégiques de l'entreprise constitue en France un progrès dans la mesure où dans ce pays de tradition « jacobine », le pouvoir est généralement du ressort exclusif d'un conseil d'administration peu ouvert aux autres parties prenantes. En revanche, l'Allemagne est plus avancée dans ce domaine. Par exemple, la *GmbH*[105] (équivalent de la SARL[106]), en plus d'un Directoire (*Vorstand*), doit se doter d'un conseil de surveillance (*Aufsichtsrat*), avec un tiers de représentants salariés, à partir de 500 salariés (rapport Notat-Senard, 2018). Quant à la Société anonyme à l'allemande (AG[107]), elle possède obligatoirement un conseil de surveillance, alors qu'en France, c'est optionnel.

---

103 Cf. les Objectifs de développement durable (ODD) des Nations unies.

104 Le terme « entreprise à mission » désigne les nouvelles formes de sociétés commerciales (à but lucratif) qui se définissent statutairement, en plus du but lucratif, par une finalité d'ordre social ou environnemental. Le terme a été introduit en 2015 par Kevin Levillain (2015), chercheur à l'École des Mines de Paris.

105 *GmbH : Gesellschaft mit beschränkter Haftung.*

106 SARL : Société à responsabilité limitée.

107 AG : *Aktiengesellschaft.*

Une autre différence tient à la dualité ou non des fonctions au sommet de l'entreprise : contrairement à une pratique fréquente du capitalisme allemand (mais aussi anglo-saxon), la norme française est qu'une seule personne cumule les fonctions de Président du conseil d'administration et celle de Directeur général de l'entreprise. C'est la fameuse figure bien française du PDG. Or il est clair que la verticalité hiérarchique d'une firme est considérablement renforcée si le PDG concentre tous les pouvoirs (celui de chef suprême de l'organisation et de responsable devant les actionnaires) et qu'en l'absence de conseil de surveillance on se prive d'un lieu de discussion fondamental avec les parties prenantes comme les syndicats, les grands clients et fournisseurs, le monde politique ou celui des sciences[108]...

Encadré 7.2 : L'entreprise responsable

Les articles 169 et 176 de la loi PACTE proposent « trois marches » pour encourager les entreprises à démultiplier leur contribution à l'intérêt général :

Modification de l'article 1 833 du code civil

Prise en considération des enjeux sociaux et environnementaux de l'activité de la société dans sa gestion ; prise en compte de l'intérêt social, et non plus uniquement de l'intérêt commun des associés.

Raison d'être au cœur de la stratégie

Modification de l'article 1 835 du code civil et du code de commerce (section 2, chapitre V)

Élargissement du périmètre de responsabilité des conseils d'administration et possibilité d'inscrire une raison d'être dans les statuts : « Le conseil d'administration détermine les orientations de l'organisme, en prenant en considération ses enjeux sociaux et environnementaux, ainsi que sa raison d'être lorsque celle-ci est définie dans les statuts. »

Sociétés à mission

Modification des articles L210-10 à L210-12 du code de commerce

Création d'un statut de société à mission réservé aux sociétés commerciales et ouvert aux coopératives agricoles, mutuelles et assurances. Il s'agit d'un statut et non d'une nouvelle forme juridique.

Source : Prophil (Ferone Creuzet, Seghers, 2020)

---

108 Il n'est pas rare dans une entreprise technologique allemande qu'un scientifique de renom soit présent au conseil de surveillance.

> - L'*entreprise*, en tant que collectif réalisant une création de valeur, doit être distinguée de la *société*, structure juridique formée par un contrat de société et désignée par des textes de loi.
> - Les « *entreprises à mission* » se développent, notamment en France avec la loi PACTE adoptée en avril 2019 dans l'objectif de concilier la sphère marchande lucrative et la sphère publique dédiée à l'intérêt général.
> - La définition, dans les statuts de l'entreprise à mission, de sa *raison d'être* est un progrès notable par rapport à la politique RSE.
> - Cela permet à l'entreprise qui le souhaite d'exprimer un *futur désirable* et de définir une stratégie *d'innovation socialement responsable*.

2. Nouvelles formes de compétitivité et d'innovation

Pour une entreprise, l'innovation consiste à industrialiser l'objet d'une invention – ou toute forme d'idée créative – et à l'introduire avec succès dans son environnement, que ce soit en interne au sein de son organisation, dans l'écosystème d'entreprises auquel elle appartient ou bien sur le marché. La compétitivité passe par l'innovation car l'environnement évolue et l'entreprise est contrainte de préserver – ou de construire – une position dominante face à sa concurrence.

À l'heure de l'économie numérique et servicielle, les chaînes de valeur ainsi que les systèmes de production et de commercialisation de l'entreprise sont largement modifiés et les stratégies d'innovation doivent être repensées dans le cadre de ces transformations laissant davantage de place à l'investissement immatériel. On verra que les idées créatives prennent dans ce contexte une importance considérable pour concevoir de nouveaux services et usages, même si c'est l'investissement en R&D technologique qui reste pour certains acteurs, le principal gage de compétitivité à long terme.

2.1 Fonder la compétitivité sur des idées créatives

Pour maintenir ou accroître sa compétitivité, l'entreprise a la possibilité de jouer sur deux tableaux : soit abaisser de façon substantielle ses *prix de revient*, soit *différencier ses produits ou services* de façon à satisfaire des clientèles clairement visées. L'innovation lui permet d'atteindre l'un ou l'autre de ces objectifs, parfois les deux à la fois, et l'on a coutume de la classer selon la typologie schumpétérienne résumée en quatre grandes catégories (Schumpeter, 1911) :

1) la fabrication d'un bien (ou service)[109] nouveau ou de qualité supérieure ;
2) la mise en œuvre d'une nouvelle méthode de production par l'adoption de nouveaux procédés techniques ou commerciaux ou le recours à de nouvelles sources d'approvisionnement ;
3) l'ouverture d'un débouché nouveau ou d'une application nouvelle ;
4) l'adoption d'une nouvelle méthode d'organisation économique en interne, mais aussi *via* la modification des structures de marché comme la création ou la disparition d'un monopole.

Au chapitre 4, nous avons défini (dans une note) la *connaissance technologique* dans un sens restreint pour rester en cohérence avec la comptabilité qui recense uniquement les connaissances faisant potentiellement l'objet de brevets d'invention ou d'autres formes de droits de propriété intellectuelle. Dans le même esprit, on parlera d'*innovation technologique* pour évoquer les innovations qui reposent sur un socle de connaissance issue de la R&D au sens classique du terme, *i.e.* reposant sur la définition du *Manuel de Frascati* de 1963 (OCDE, 1963). Ainsi, nous pouvons considérer que les innovations de type 1 et 2 relèvent plutôt de cette catégorie alors que les innovations de type 3 et 4 sont déclenchées par d'autres formes d'idées créatives : recherche en sciences humaines et sociales, création artistique et *design*, connaissances informelles, savoir-faire, culture managériale, etc.

Cependant cette approche classique a tendance à laisser la place à une vision plus intégrée ne distinguant pas de façon aussi nette les catégories d'innovation. En effet, les innovations dites « technologiques » et les autres se renforcent mutuellement, si bien que dans la réalité il est souvent difficile de les distinguer. Par exemple, la diffusion d'un bien nouveau n'est pas neutre socialement si elle va de pair avec l'apparition de nouveaux usages. L'introduction d'une nouvelle fonction de production dans l'entreprise aura nécessairement des répercussions sur l'organisation des ateliers et sur les rapports humains (Bienaymé, 1994).

De plus aujourd'hui, comme nous l'avons vu, il est essentiel de considérer simultanément le produit et le service. La compétitivité des

---

109 Un bien est une chose utilisable pour combler un besoin fondamental ou un désir. La comptabilité nationale a une vision dualiste des biens économiques : les biens matériels et les services immatériels. Cependant, en microéconomie, la notion de bien peut recouvrir les deux notions de bien et de service.

entreprises passe nécessairement par la recherche de *business models* reposant sur une offre de produits avec services intégrés. Plus précisément, le terrain de jeu porte sur la définition des *fonctionnalités* des produits ainsi que sur les services qui leur sont associés pour en faciliter l'usage et l'adoption par des clients ou des parties prenantes du futur marché.

L'innovation de produit et de service fait ainsi référence à ce que l'on appelle *l'économie de la fonctionnalité*, qui revient à considérer que les préférences du consommateur sont fondées non pas sur les produits eux-mêmes comme le stipule le modèle standard de la microéconomie, mais sur leurs caractéristiques – *i.e.* leurs fonctionnalités. Ce sont elles qui créent de la valeur pour l'usager, comme le montrait déjà la théorie de Lancaster (1966) (cf. encadré 7.3).

Encadré 7.3 : La théorie des caractéristiques de Lancaster

La théorie microéconomique a développé des modèles plus réalistes que le modèle standard de comportement du consommateur, particulièrement autour de l'apport de Kevin Lancaster en 1966, avec son article proposant « a new approach to consumer theory » fondée sur l'analyse des caractéristiques des biens.

L'idée de base de Lancaster est que les consommateurs ne demandent pas les produits pour eux-mêmes mais pour leurs fonctionnalités. L'auteur n'emploie pas ce terme, mais c'est ce que recouvre son concept de « caractéristiques » des biens. Les préférences des consommateurs (s'exprimant par exemple par des courbes d'indifférence dans l'espace des quantités de divers biens consommés) ne s'appliquent en réalité aux produits offerts sur le marché que de manière dérivée. La demande s'adresse d'abord à des caractéristiques. Ainsi la demande d'automobile est en grande partie une demande de mobilité, même si par exemple, à travers sa batterie, le véhicule électrique peut rendre des services à l'arrêt.

Dans le cas où plusieurs biens apportent cette caractéristique (et d'autres à titre secondaire), le comportement d'achat se fera en fonction des caractéristiques apportées par les biens. Les vraies variables explicatives de la « fonction d'utilité » postulée par la théorie microéconomique sont donc les fonctionnalités du bien et non le bien lui-même. Au lieu de penser en termes de prix des biens on peut construire (et calculer) une variable plus proche de celle de valeur pour l'usager – un prix implicite des caractéristiques comme celui sur lequel débouche l'article de Lancaster. Dans un modèle de ce type l'innovation de produit est facilement représentable : c'est l'introduction d'un bien qui propose une nouvelle combinaison de caractéristiques déjà connues. Notons qu'une innovation de produit particulièrement radicale serait celle qui introduirait une caractéristique nouvelle, mais alors la comparabilité n'est plus assurée au sein du modèle.

> Cette représentation théorique change la manière de considérer concrètement les comportements économiques. Pour un bien ordinaire, le prix traduit pour l'essentiel la valeur des fonctionnalités qu'il apporte à l'usager, donc ses caractéristiques au sens de Lancaster ; mais dans le cas d'une marque très reconnue, le bien acquiert une valeur en soi, comme si une caractéristique supplémentaire était apportée, l'effet d'image.

Avec cette vision axée sur la fonctionnalité des biens, et plus largement sur celles des systèmes techniques, l'accès est privilégié par rapport à la propriété (Uber ne vend pas de voitures mais offre un service de mobilité[110]). Le service, valorisant les fonctionnalités, est standardisé (normes qualité, environnementales…) et le numérique constitue la clé de voûte du dispositif pour la conception, la maintenance, le contrôle, la mise en relation. En outre, dans cette nouvelle économie, les coûts fixes prennent souvent le pas sur les coûts variables (Veltz, 2017), la concurrence se faisant alors moins sur les différentiels de salaires, d'accès aux ressources naturelles, etc., que sur la conception et l'investissement.

- La compétitivité des entreprises passe par des innovations qui aboutissent à une double création de valeur, à la fois technologique et *servicielle*.
- *L'économie de la fonctionnalité* donne un cadre conceptuel intéressant pour étudier le comportement des consommateurs et pour concevoir des produits et des services innovants.

2.2 S'appuyer sur le numérique pour concevoir de nouveaux modèles organisationnels

On comprend qu'en apportant de nouveaux services intégrés aux machines, le numérique change profondément la donne au niveau de la performance des *procédures de production* à l'intérieur de l'usine (contrôle, maintenance prédictive, etc.), mais aussi au sein de l'écosystème composé de toutes les entreprises intervenant dans la chaîne de valeur.

---

110 Avec la multiplication des offres de transport (Metro, bus, Tramway, Velib', Autolib, Uber, blablacar, etc.), le concept MaaS (*Mobility as a Service*) change les modes de transport traditionnels en proposant, *via* une application unique, un service de mobilité complet d'un point A à un point B, incluant plusieurs types de transport.

Avec l'irruption de l'Internet des objets (IdO) par exemple, la donnée numérique devient clé et la recherche de compétitivité se situe au niveau des relations entre l'ensemble des acteurs : concurrents, fournisseurs, communautés de clients, salariés, instituts de recherche, etc. Dorothée Kohler et Jean-Daniel Weisz (2018) parlent de *compétitivité relationnelle* et mettent l'écosystème – *la constellation de la chaîne de valeur*, au cœur de la performance de l'innovation. Par exemple, en Allemagne, l'usine d'assemblage de moteurs diesel de Volkswagen dispose en temps réel des informations concernant la fabrication des pièces détachées chez chacun de ses équipementiers – comme Bosch qui fabrique les injecteurs – en ce qui concerne le niveau de qualité, les stocks, etc. Les systèmes de production, d'information et de logistique sont intégrés et contrôlées par le constructeur, ce qui améliore sa compétitivité.

Concernant la *différenciation de l'offre sur les marchés*, les entreprises peuvent désormais jouer simultanément sur de nombreux tableaux, que ce soit en *Business to Business (B to B)* ou en *Business ou Consumer (B to C)*[111], avec une palette étendue de produits et de services offerts. Dans ce contexte, la donnée liée aux clients (ou à l'usager) est fortement valorisable dans la mesure où elle permet d'adapter la production, parfois en temps réel. L'*expérience client* devient un maillon de la chaîne de valeur et un élément clé de compétitivité. Ainsi, les entreprises qui captent directement les données d'usage du client sont en position de force pour lui proposer des services et reconfigurer la chaîne de valeur à son avantage. C'est ce qu'a voulu expérimenter Adidas en inaugurant en Allemagne en 2017 sa *Speedfactory* qui fait bénéficier ses consommateurs de technologies de fabrication innovantes (numérique interactif, robotique, impression 3D) pour produire en temps réel des chaussures de sport personnalisées conçues en magasin[112]. Dans un tout autre domaine, celui de la fourniture d'électricité, « monitorer » la consommation des clients grâce aux compteurs intelligents *Linky* fournit aux opérateurs des données

---

111 Une industrie *B to C* livre ses produits directement au consommateur final, alors qu'une industrie *B to B* fabrique des produits intermédiaires ou des biens d'équipement destinés à d'autres industriels. Il y a aussi de plus en plus de services très spécialisés à l'entreprise dans le *B to B* comme les *Knowledge-Intensive business services (KIBS)* qui contribuent particulièrement à l'innovation et à la diffusion de l'innovation.

112 Fin 2019, Adidas annonce cependant la fermeture de ses *Speedfactories* situées à Ansbach, en Allemagne et à Atlanta, aux États-Unis. Les technologies sont délocalisées pour fabriquer des chaussures de sport chez deux fournisseurs en Asie.

très précieuses pour ajuster la production au plus près de la demande et limiter éventuellement des investissements de capacité très onéreux.

Dans leur principe même de dématérialisation, les plates-formes qui rendent le client acteur (« consom'acteur ») en choisissant lui-même son fournisseur et en attribuant des notes de satisfaction tant pour le produit acheté en ligne que pour le service rendu (livraison, conseil…) concentrent une masse considérable de données, ce qui met leur opérateur en position de force pour capturer l'évolution en temps réel des usages, anticiper les facteurs de rupture et savoir proposer de nouveaux produits et services à forte valeur ajoutée.

Dans ce contexte où la création de valeur et la compétitivité reposent en grande partie sur les fonctionnalités associées aux produits et sur le service rendu, les formes non technologiques de l'innovation deviennent importantes. Ainsi, innover pour améliorer les performances de l'entreprise implique de faire simultanément appel à des sources de créativité différentes : la connaissance technologique bien sûr pour les produits, les équipements et les supports (microélectronique, IA, big data, cybersécurité, *blockchains*, etc.) mais également la créativité permettant d'imaginer des concepts nouveaux pour des produits/services ou des usages innovants (covoiturage, Vélib, plates-formes de type *TaskRabbit*, etc.) ou pour renouveler les méthodes de production dans l'objectif par exemple de réduire sensiblement les coûts (*low-cost,* innovation frugale). Nous verrons au chapitre suivant comment gérer cette forme de créativité avec des méthodes *ad hoc*.

À un niveau stratégique plus global, les gouvernements de certains pays européens ont pris conscience qu'il fallait adapter leur économie à ces nouveaux modèles de production, ne serait-ce que pour combler le fossé qui existe entre leurs entreprises et les compétiteurs américains ou chinois.

C'est ainsi que les Allemands, convaincus que la révolution numérique implique une révolution organisationnelle et une adaptation du travail, ont lancé en 2011 une grande initiative « industrie 4.0 » (Kohler & Weisz, 2018). Soutenue à la fois par le ministère fédéral de la Formation et de la Recherche (BMBF), par l'industrie et le monde académique, l'initiative allemande est l'aboutissement d'un processus de réflexion soutenant l'élaboration de la *Hightech-Strategie* nationale que nous avons présentée au chapitre 5 consacré aux politiques de R&I. Ce processus vise à redonner du souffle au site industriel allemand, le « *Standort*

Deutschland » qui est leader à l'international sur les marchés de biens d'équipement (automobile, mécanique et électrotechnique machines-outils) et la chimie, mais dont le modèle d'innovation incrémental le rend vulnérable face aux innovations de rupture et à l'arrivée de nouveaux entrants. L'Allemagne entend ainsi initier un changement de culture entrepreneuriale majeur au sein de ses entreprises en faisant évoluer les structures hiérarchiques verticales vers des structures plus ouvertes, aptes à décrypter les besoins des clients et à analyser les données d'usage.

La France, quant à elle, initie en 2013 « 34 plans de reconquête industrielle », puis lance en 2015 la phase 2 de la « Nouvelle France industrielle ». Celle-ci s'incarne dans le projet « Industrie du Futur » qui vise à moderniser l'outil industriel et transformer son modèle économique par le numérique. Notons que si la France part avec le handicap de sa forte désindustrialisation, elle est par contre sans doute mieux placée que l'Allemagne sur le versant de l'intelligence artificielle (par les compétences disponibles dans le numérique) et préparée par l'existence de grands acteurs aguerris dans les services.

- Dans l'économie de réseaux qui caractérise l'ère actuelle, la donnée numérique est fortement valorisable :
  - au niveau de la production à l'intérieur de l'usine (qualité, maintenance prédictive, etc.) et hors de ses murs au sein de l'écosystème de la chaîne de valeur (logistique, contrôle, etc.) ;
  - sur les marchés : la donnée clients permet notamment d'adapter l'offre aux besoins en temps réel et d'anticiper les attentes.
- L'initiative « industrie 4.0 » lancée en Allemagne en 2011 entend modifier l'organisation du système productif et redonner du souffle au site industriel allemand.
- La France y a fait écho avec des initiatives comme la « Nouvelle France industrielle ».

3. La décision d'investir en faveur de l'innovation

Comme nous venons de le voir, l'innovation est la clé de la compétitivité pour l'entreprise, laquelle est donc tenue de lui consacrer des ressources. Si l'innovation visée est technologique, les ressources sont à investir dans la R&D, ou dans l'achat d'une licence, ainsi que dans l'ensemble du processus qui conduit effectivement à l'innovation, dont on montrera au chapitre suivant qu'il comprend un ensemble d'activités d'intégration créatives allant bien au-delà de la R&D. De plus, pour que l'innovation soit inscrite dans l'ADN de l'entreprise, il ne s'agit pas d'investir une fois pour un projet, mais de créer une structure pérenne dédiée à *l'innovation répétitive*.

Une des difficultés inhérentes à l'estimation de la rentabilité de ce type d'investissement est liée à toutes les formes d'incertitude présentes dans l'équation économique : incertitudes sur le prix, les volumes atteignables, les délais d'études en R&D, les coûts de production, l'approvisionnement en nouvelles matières premières, en pièces détachées, etc. Le succès de l'innovation repose sur un grand nombre d'hypothèses qui dépendent de l'entreprise mais sont également tributaires de l'évolution du contexte (macroéconomique, normatif, sociétal, etc.) et de la concurrence. Cela explique que l'entreprise hésite à aborder des voies nouvelles, d'autant qu'elle craint d'être copiée… Et lorsqu'elle se hasarde loin des schémas habituels, elle se trouve face au risque du *délai d'adoption de l'innovation* sur le marché, risque d'autant plus élevé que l'innovation consiste à proposer des technologies non approuvées dans le passé ou bien une nouvelle famille de produits. Dans le cas d'innovations en rupture avec la technologie et/ou le marché, l'entrepreneur se trouve confronté à de *l'incertitude radicale* au sens de Knight (1921) et aucune hypothèse n'est parfaitement identifiable ni associée à une probabilité objective. L'entrepreneur-innovateur fait appel à un autre genre de rationalité que celle de l'*agent optimisateur*[113].

3.1 L'estimation difficile de la rentabilité d'un investissement dans un projet innovant

En raison du processus de *création destructrice* qui lui est associé, l'innovation affecte l'environnement de l'entreprise ainsi que l'ensemble de ses systèmes de production et de commercialisation (structure des coûts, performances techniques et image commerciale du produit fini, caractéristiques de ses achats, réorganisation des sites, des métiers et des rôles, etc.). Bien qu'essentielle pour que l'entreprise reste compétitive à long terme, la *décision d'investir* dans l'innovation ne peut pas facilement reposer sur l'évaluation d'un critère de rentabilité comme cela se fait pour les autres investissements. D'ailleurs, les raisons pour lesquelles les

---

113 Voir le chapitre 4 « Entrepreneuriat, création de marché et imagination », in : Héraud *et al.* (2019).

individus – au sein d'une entreprise ou pour eux-mêmes – souscrivent à l'innovation ne sont pas toutes soumises directement à des principes de gestion dits « rationnels », mais sont bien plus largement associées à l'intuition (Alter, 2010). L'entrepreneur au sens de Schumpeter n'innoverait jamais s'il attendait de disposer de toutes les informations nécessaires à l'évaluation de sa décision ou s'il devait considérer l'ensemble des risques associés (risques technologiques, de marché, financiers, politiques, réglementaires, etc.). Essayons malgré tout de mettre en équation ce qui pourrait constituer un calcul de *Valeur actuelle nette (VAN)*[114] d'un investissement en *Recherche innovation développement (RID)*[115] ne serait-ce que pour repérer les éléments essentiels rentrant en jeu.

Tout d'abord, s'agissant d'une innovation technologique, le coût d'investissement comprend déjà la dépense de R&D (ou l'achat d'une licence le cas échéant), puis les dépenses en ressources spécifiques (matériels, brevets spécialisés…). Notons qu'il s'agit en grande partie de *coûts irrécupérables* dans le cas où l'innovation rencontrerait un échec. À ces coûts, il convient d'ajouter les dépenses correspondant aux activités *marketing* et commerciales cruciales pour le passage de l'invention à l'innovation, puis à sa diffusion… Enfin, il ne faut pas sous-estimer les coûts « du *désordre* », une désorganisation néanmoins indispensable à la naissance des idées créatives et qu'il convient de gérer au sein de l'organisation, pour reprendre l'idée du sociologue Norbert Alter (1990). Le désordre doit se gérer avant l'innovation technologique – pour la faire naître – et après, car si elle prend appui sur un savoir accumulé, l'innovation remet en cause dans le même temps les acquis sur lesquels le producteur avait capitalisé des avantages, en faisant naître des déséquilibres en interne mais aussi en amont de la filière (approvisionnement) comme en aval (distribution, vente, communication avec les clients, etc.) ainsi que le décrit Alain Bienaymé (1994). Elle affecte le système de savoirs et de compétences de l'entreprise et nécessite un accompagnement technique et managérial, en formation… et en numérique tant on sait que les

---

114 La VAN est la somme actualisée des coûts (investissement et exploitation) et des recettes d'exploitation associés à l'investissement sur sa durée de vie. Le taux d'actualisation reflète le coût des capitaux engagés (capitaux propres et empruntés). Si les coûts d'investissement sont certains (à des erreurs d'estimation près), les coûts et les recettes d'exploitation sont par nature risqués. Il en est de même pour la durée de vie de l'investissement (période d'exploitation effective) et de son démarrage dans le temps (Taverdet-Popiolek, 2006).

115 Le concept de RID fait l'objet du chapitre 8.

transformations menées aujourd'hui en entreprise sont nécessairement assorties d'innovations informatiques et logicielles.

Concernant l'estimation des *recettes à venir* liées à l'innovation – ou de la diminution des coûts, ce qui revient au même pour les *cash-flows*, on peut avoir recours à des méthodes empruntées à la théorie microéconomie qui visent à estimer le *surplus du consommateur (ou du producteur)* afin d'identifier combien il serait prêt à payer pour substituer la nouvelle technologie à l'ancienne. Dans le cas des innovations de procédé, on peut chercher à mesurer l'amélioration de la marge brute consécutive à la substitution d'une technologie par une autre dans la chaîne de production. Cela peut être fait par exemple dans une exploitation agricole mettant à profit les nouvelles fonctionnalités du numérique – *via* les Technologies de l'information et de la communication (TIC) – pour cibler de façon plus précise les besoins en intrants et réaliser d'importants gains de productivité.

Ces approches sont mal adaptées aux situations de produits nouveaux qui ne se substituent pas complètement à des produits existants ou plus généralement lorsque l'on se situe en présence d'*innovation en rupture* avec le passé pour laquelle on ne dispose pas de référence. Par ailleurs, notons que l'intérêt économique de l'innovation n'est pas toujours évident, dans la mesure où il arrive parfois que l'innovation vienne concurrencer en partie des produits plus anciens déjà vendus par la même entreprise…, ce qui rend l'analyse du bénéfice hasardeux.

Si tant est qu'elle ait réussi à estimer les recettes associées à l'innovation, se pose le problème de la capture, par l'entreprise innovante, de la rente créée. Comme nous l'avons déjà évoqué, la connaissance est très imparfaitement appropriable et une divergence s'instaure entre le *rendement privé* de l'innovation et sa *rentabilité sociale*[116]. L'entreprise qui innove déclenche un processus d'apprentissage qui déborde largement de ses frontières et bénéficie à toute la société. Une partie de l'avantage échappe à l'innovateur et peut bénéficier à la concurrence. Mais d'un autre côté, cet avantage touchera de proche en proche sa propre clientèle… et finira par le favoriser ! On comprend à quel point il devient complexe d'estimer, d'un point de vue microéconomique, la rentabilité privée de l'investissement en RID, et ce d'autant plus que règne une forte incertitude sur les *délais de diffusion de l'innovation*.

---

116 Ce qui justifie d'ailleurs l'intérêt du financement public de la recherche et de l'innovation (soutien public ciblé, Crédit impôt recherche, etc.).

À ce sujet, certaines entreprises réalisent des prévisions de vente en s'inspirant de la fameuse « courbe en S » que suit généralement le cycle de vie des produits innovants : naissance, croissance, maturité et déclin. Chez ArcelorMittal par exemple, tous les produits mis sur le marché, sur une période de dix ans, ont été analysés afin de caractériser leur cycle de vie et d'estimer, par famille de produits, le point d'inflexion à partir duquel les ventes commencent à décliner (Lesourne & Randet, 2009, p. 110). Une telle estimation reste utile pour les produits nouveaux, à condition toutefois qu'il n'y ait pas de changement radical impactant les conditions de marché, la réglementation, la concurrence, etc. Car la méthode de la « courbe en S » se focalise sur une technologie (ou une famille de technologies) sans s'intéresser à l'évolution du contexte et à l'avenir du système dans lequel elle est amenée à s'insérer (Christensen, 1992). Or dans les périodes comme celle que nous vivons actuellement, marquées par de grandes transformations tant au niveau des technologies que des modèles économiques, l'appréciation des facteurs associés à la diffusion de l'innovation – et tout particulièrement la *temporalité* – devient absolument critique dans la décision d'innover.

Combien de temps le nouveau produit mis en place va-t-il porter ses fruits sur le marché avant de devenir obsolète, une nouvelle innovation venant le détrôner ? Combien de temps le procédé de fabrication va-t-il garantir un avantage concurrentiel ? Mais aussi, comment estimer le délai entre l'investissement amont, notamment dans la connaissance, et la concrétisation des efforts sur le marché ? Car, si la caractéristique de tout investissement est l'engagement de capitaux avant l'apparition de recettes correspondantes, l'investissement innovant est, du point de vue de la synchronisation des coûts et des charges avec les recettes, particulièrement risqué[117]. C'est ce que nous nous proposons d'analyser dans le paragraphe suivant en étudiant les caractéristiques de la diffusion d'une l'innovation dans un écosystème intégrant les technologies plus anciennes[118].

---

117 En présence d'incertitude radicale, la théorie de la décision en environnement risqué (VAN espérée) n'est pas adaptée puisque l'on ne pas identifier *a priori* l'espace des possibles (les « états du monde »). Il faut explorer d'autres approches théoriques pour justifier l'investissement innovant et développer des technologies « génériques » aptes à s'adapter à de nombreuses configurations de marché (cf. Hooge *et al.*, 2016 pour des études de cas dans le champ énergétique).

118 Nous considérons dans ce chapitre un écosystème qui va au-delà de l'écosystème de la chaîne de valeur.

- L'innovation constitue un processus de *création destructrice* au cœur de l'entreprise d'une part et au sein de l'écosystème d'autre part.
- La *décision d'investir* dans l'innovation ne peut pas facilement reposer sur l'évaluation d'un critère de rentabilité comme cela se fait pour les autres investissements.
- L'entrepreneur qui investit se fonde sur une rationalité d'un type différent qui devrait être appréhendée par des modèles dépassant le champ de la théorie de la décision en incertitude probabilisable.

3.2 L'analyse du calendrier d'adoption de l'innovation au sein de l'écosystème

On constate une très grande variabilité dans les délais moyens de diffusion des innovations, que ce soit entre les découvertes scientifiques fondamentales et leurs applications pratiques ultérieures (112 ans pour la photographie apparue vers 1840, 7 ans concernant la première application du transistor à la radio en 1954), entre les inventions et leur diffusion sur des marchés nouveaux (le téléphone mobile, inventé en 1980, est adopté plus rapidement que prévu dans le grand public), entre les inventions et leur diffusion sur des marchés déjà en place (le véhicule électrique met du temps à percer), ou encore entre l'idée d'un concept et sa généralisation (le covoiturage, le Vélib et les réseaux sociaux ont pris du jour au lendemain), etc.

Dans le champ technologique, les entreprises subissent aujourd'hui d'importantes menaces transformatrices incluant comme nous venons de le voir, l'Internet des objets, l'impression 3D, le *cloud computing*, mais également la médecine personnalisée, les énergies alternatives, la réalité virtuelle, etc. Ces percées peuvent être autant d'opportunités de création de valeur à condition cependant que les entreprises sachent se positionner habilement face à la concurrence et prendre des décisions judicieuses quant aux marchés à cibler et aux calendriers à adopter. La *maîtrise du calendrier* est une des clés du problème, tant pour les entreprises établies que pour les startups. L'ennui est que le délai d'adoption d'une innovation technologique est extrêmement difficile à appréhender car il ne dépend pas uniquement de la technologie elle-même mais est lié à l'ensemble de l'écosystème dans lequel elle s'insère. La concurrence a généralement lieu entre des écosystèmes nouveaux et anciens, plutôt qu'entre les technologies elles-mêmes. Cette mise en perspective peut aider les entreprises à mieux prévoir le moment des transitions, à élaborer des stratégies plus cohérentes pour hiérarchiser les menaces et les opportunités. Pour cela, elles doivent analyser un ensemble d'éléments complémentaires – technologies, services, normes, réglementations – en étudiant leur rôle, leur maturité et leur dynamique au sein d'un écosystème contenant des technologies plus anciennes (voir notamment Popiolek, 2015). La question est d'analyser – en dynamique – le degré de dépendance de la nouvelle technologie avec les autres éléments de l'écosystème.

Face à la difficulté – non encore résolue – de prévoir le calendrier de diffusion d'une innovation, Ron Adner et Rahul Kapoor (2016) ont proposé une typologie des différents cas de figure pouvant se présenter à l'innovateur (cf. Figure 7.1). Convaincus que le succès d'une innovation technologique est intimement lié à ses conditions de déploiement dans un écosystème incluant d'autres technologies (les technologies complémentaires nécessaires au déploiement et celles qui sont déjà installées et lui font concurrence), ils ont identifié quatre scénarios possibles combinant la capacité de l'écosystème à accueillir facilement l'innovation et les marges d'amélioration des technologies déjà implantées. Les auteurs ont ainsi élaboré quatre scénarios : *destruction créative* (A), *résilience robuste* (B), *coexistence robuste* (C) et *illusion de résilience* (D).

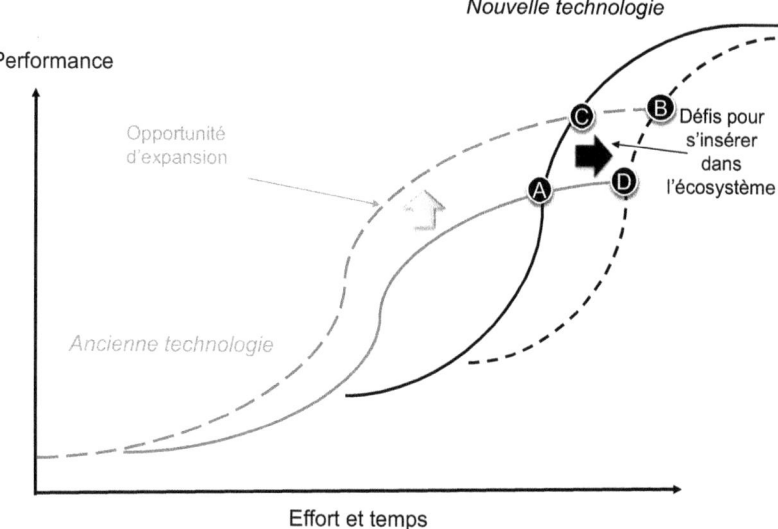

Figure 7.1: La course à la substitution d'une ancienne technologie par une innovation
Source : Adner & Kapoor (2016)

A. Destruction créative

La capacité de la nouvelle technologie à créer de la valeur n'est pas freinée par d'autres éléments de l'écosystème, et l'ancienne technologie a un potentiel limité d'amélioration. C'est par exemple le cas du remplacement des imprimantes matricielles par des imprimantes à jet d'encre qui s'est fait très rapidement. De même, les ampoules basse consommation ont pu être adoptées dès leur sortie de l'emballage sans changement dans l'écosystème existant (réseaux de production et de distribution d'électricité établis, maisons câblées…). En outre, la diffusion de l'innovation a été largement favorisée par l'interdiction progressive des lampes à incandescence dans de nombreux pays[119]. Cet exemple montre l'importance de la réglementation dans le processus de diffusion de l'innovation, que ce soit pour la favoriser (normes environnementales, de sûreté, etc.) ou pour la contrôler (dans le secteur de la santé, la procédure d'autorisation de mise sur le marché ralentit fortement la diffusion des nouveaux médicaments).

B. Résilience robuste

À l'inverse, lorsque l'émergence de la nouvelle technologie dépend du développement et du déploiement commercial d'autres technologies critiques de l'écosystème et que l'ancienne technologie présente encore de fortes opportunités, le rythme de substitution est lent. On peut s'attendre à ce que l'ancienne technologie maintienne une position de leadership prospère pendant une période prolongée. Les codes-barres et les puces d'identification par radiofréquence (RFID) en sont un bon exemple. Si celles-ci ont la possibilité de stocker des données beaucoup plus riches que les code-barres, leur adoption a pris du retard en raison du déploiement lent de l'infrastructure informatique et des normes industrielles nécessaires. Entre-temps, les améliorations informatiques ont étendu la facilité d'utilisation des données de code-barres. Si la RFID parvenait finalement à s'imposer, le rythme de substitution devrait s'accélérer mais les entreprises engagées depuis plus de dix ans dans la course y auront laissé des plumes. Les véhicules électriques rentrent aussi dans cette catégorie puisqu'un investissement lourd en infrastructures de recharge

---

119 Par exemple, les États de l'Union européenne (UE) ont approuvé le 8 décembre 2008 l'interdiction progressive des lampes à incandescence à partir du 1er septembre 2009 avec un abandon total en 2012.

est indispensable à leur déploiement. L'exemple de l'Airbus A380 est également révélateur dans la mesure où les commandes d'appareils par les compagnies aériennes se sont faites en fonction des infrastructures dans les destinations desservies[120].

C. Coexistence robuste

Ce scénario se produit lorsque l'avantage comparatif de la nouvelle technologie a du mal à s'affirmer du fait que l'ancienne technologie a encore de fortes opportunités d'extension. Il y aura alors coexistence des deux technologies sur une période prolongée. Un exemple instructif est la concurrence entre les moteurs automobiles hybrides (essence-électrique) et les moteurs à combustion interne traditionnels. Si les hybrides n'ont pas besoin d'infrastructures dédiées contrairement aux véhicules électriques, ils restent en revanche fortement en concurrence avec les moteurs traditionnels, devenus plus économes en carburant. En définitive, c'est le consommateur qui sort gagnant de ce type de coexistence.

D. Illusion de résilience

Enfin, lorsque les barrières à l'entrée sont élevées pour la nouvelle technologie mais que les possibilités d'amélioration de l'ancienne technologie sont relativement faibles, on observe un délai dans l'adoption de l'innovation qui dépend de l'adaptation des technologies complémentaires. La substitution sera rapide une fois mis en place le système de la solution innovante, mais entre-temps les positions concurrentielles restent inchangées et les anciens produits continuent à se vendre. Un exemple est le Téléviseur haute définition (TVHD) dont la diffusion a été retardée non pas par les progrès du téléviseur traditionnel mais par la lenteur du déploiement commercial des autres technologies critiques de l'écosystème (caméras haute définition, nouvelles normes de diffusion, processus de production, etc.). Pour les pionniers qui ont développé la technologie HDTV dans les années 1980, il aura fallu attendre 30 ans pour que leur effort porte ses fruits.

---

120 Le premier appareil a été livré en 2007. En 2020, affaiblies par la crise du coronavirus, la compagnie allemande Lufthansa puis Air-France ont finalement annoncé qu'elles cesseraient l'exploitation de leurs appareils.

Si l'analyse prospective permettant de définir les différents scénarios de diffusion d'une innovation technologique est importante pour aider l'entreprise à construire sa matrice *Forces – Faiblesses – Opportunités – Menaces* et à anticiper les tendances et les ruptures, elle doit être complétée par une approche managériale visant à organiser le processus d'innovation au sein de son organisation. Cela fait l'objet du chapitre suivant.

- Le temps de diffusion de l'innovation technologique est un élément déterminant dans la valorisation de la R&D, mais c'est une variable très incertaine.
- Le rythme de substitution dépend du rapport entre :
  - la vitesse avec laquelle l'écosystème d'une nouvelle technologie peut surmonter les défis émergents ;
  - et celle avec laquelle l'écosystème de l'ancienne technologie peut continuer à exploiter ses opportunités d'extension.

Conclusion

Ce chapitre a souligné les grands bouleversements dans les modèles productifs : mise en réseau des entreprises au point que le concept même d'entreprise pourrait dans certains cas être contesté, processus de dématérialisation avec recours de plus en plus poussé à la location et aux contrats de service permettant aux entreprises d'entretenir un lien durable avec le client, économie de la fonctionnalité, marchés bifaces, etc.

Dans un tel contexte, nous avons montré l'importance des *idées créatives* pour se démarquer de la concurrence, notamment en concevant de nouveaux modèles organisationnels qui soient compatibles avec les systèmes de production actuels. L'entreprise du futur doit chercher à bien maîtriser les réseaux d'acteurs dans lesquels elle s'insère et qui la confrontent à une forte *complexité organisationnelle* liée notamment au nombre de règles régissant le fonctionnement de son écosystème. S'insérer dans un réseau et accéder aux services qu'il rend, sont ainsi au cœur de la stratégie innovante des entreprises actuelles qui n'ont guère le choix que de s'appuyer sur le numérique pour y parvenir. L'*accès* à un réseau, qui offre des prestations immatérielles, est aujourd'hui en effet incontournable pour créer de la valeur – Jeremy Rifkin (2000) évoquait déjà au début du millénaire, l'« *âge de l'accès* » dans lequel la société toute entière se tournait davantage vers l'*accès à des services* que vers la *propriété*[121]. Pour les entreprises, l'innovation devient alors une aventure collective et il convient d'aborder la stratégie d'innovation en réseau.

La problématique théorique se décale alors vers des questions spécifiques auxquelles le chapitre n'a pas cherché à apporter de réponse : Y a-t-il un acteur particulier à l'origine du mouvement où est-ce un cas d'auto-organisation collective ? Si le réseau ou la communauté existent déjà, comment choisit-on d'y entrer (ou d'en sortir) ? Les protagonistes de l'aventure collective sont-ils principalement des entreprises ou bien d'autres entités sociales sont-elles parties prenantes ? Comment dans un tel cadre, valoriser la recherche et plus spécifiquement, gérer la propriété intellectuelle ?

Au-delà de ces aspects qui font en particulier référence à *l'économie de l'accès* comme évoquée ci-dessus, nous avons largement considéré la question de l'incertitude – parfois radicale – à laquelle est confrontée la stratégie d'innovation. Le calendrier d'adoption d'un nouveau produit/service par exemple, qui est un facteur clé dans le processus, dépend d'un grand nombre de facteurs qu'il n'est pas possible de prévoir *a priori*. Nous avons toutefois donné une grille pour analyser l'écosystème associé à l'innovation et permettre à l'entrepreneur de valoriser ses forces et de saisir toutes les opportunités de développement compte tenu de la concurrence.

Dans l'état actuel de la recherche, on peut en effet conclure sur des manières de lire les expériences d'innovation, de souligner les contextes favorables ou d'indiquer là où sont les risques. Mais aucun protocole à caractère universel ne peut être proposé pour gérer en amont le processus de « découverte entrepreneuriale », pour reprendre l'expression néo-autrichienne. Nous pouvons seulement mettre en avant l'importance de la *prospective* pour décrypter les grandes tendances d'évolution et repérer les *signaux faibles* (ou Faits porteurs d'avenir) qui annoncent les ruptures. Ou encore tâcher de mettre le cap sur le développement de technologies « génériques » aptes à s'adapter à de nombreuses configurations de marché non connues à l'avance. Et aussi rappeler quelques évidences. Par exemple, si la seule approche possible est l'expérimentation et l'avancée par essai et erreur, on voit bien que les grandes entreprises et les petites ne sont pas à armes égales. Là où une multinationale peut décider de

---

121 Voir également F. Cusin (2010).

tenter plusieurs aventures en parallèle pour diversifier les risques, une PME ne peut guère constituer un tel portefeuille. Elle fonctionnera alors en tout ou rien : zéro innovation pour la PME traditionnelle et une seule tentative majeure pour la startup. Mais peut-être la startup est-elle un terreau particulièrement fertile pour faire émerger et tester les idées créatives ? Qu'elles soient ensuite rachetées ou non par des grandes entreprises est une autre question.

Enfin pour finir, en corollaire de la mondialisation économique et des réseaux d'acteurs éclatés, nous voudrions mentionner l'importance que revêt le *territoire* dans la stratégie d'innovation. Avec l'émergence de la RSE on voit apparaître sur les territoires certains types d'échanges interentreprises qui ont lieu en dehors de leur chaîne de valeur dans l'objectif de favoriser la diffusion de pratiques sociétales[122]. Ainsi, on peut se demander, comme le fait Sophie Hooge (2020), si l'entreprise reste la bonne maille pour définir une stratégie d'innovation responsable. Dans cet ouvrage, nous nous sommes interrogés sur la relation entre *innovation* et *progrès* et nous venons de voir qu'en France notamment, l'entreprise a la possibilité de définir dans ses statuts sa raison d'être et les orientations qu'elle a choisi de suivre dans l'intérêt général. Cependant, même élargie à un plus grand nombre de parties prenantes, sa gouvernance dispose-t-elle de suffisamment de connaissances pour cerner l'intérêt général et évaluer dans cet environnement complexe la « désirabilité » et l'impact des innovations qu'elle fait naître ? Sa perception de l'innovation responsable est conditionnée par son jugement de ce qui fait le progrès, mais cette vision est-elle partagée par l'ensemble des acteurs impactés par ses innovations sur le territoire et au-delà ? Est-elle réellement en mesure de définir sa responsabilité industrielle ?

Ces questions ouvrent la voie à un vaste champ de recherches et de réflexions à la frontière de la gestion, de la sociologie et de la philosophie. Nous tâcherons d'en aborder un certain nombre au chapitre suivant où nous nous intéressons à la capacité d'innovation permanente des entreprises plongées dans un environnement complexe dans lequel l'innovation doit répondre aux attentes de la société en transition(s).

---

122 On se référera notamment à Crespo-Febvay et Loubès (2019) pour leur analyse des dialogues entre grandes et petites entreprises.

Chapitre 8

Le management du processus d'innovation en entreprise

Dans ce chapitre, nous nous plaçons du point de vue managérial et analysons comment les entreprises organisent leur processus d'innovation, afin de créer de la *valeur* pour elles-mêmes et/ou pour leurs clients. L'innovation s'incarne dans des produits ou des services permettant à l'entreprise de rester dans la course ou de se différencier par rapport à la concurrence en identifiant de nouvelles *valeurs émergentes* sur le marché. Nous verrons que la connaissance participe à la création de valeur pourvu que les questions posées à la R&D soient définies au sein de *structures d'innovation* spécifiques, lesquelles sont capables de valoriser les connaissances inattendues et de spécifier de manière raisonnée l'ensemble des compétences nécessaires pour la recherche et pour le développement.

Il est également des innovations qui ne reposent pas sur la recherche organisée mais sur un autre type de créativité consistant à imaginer des biens ou des services à la fois nouveaux et pertinents. Comme le disait Albert Einstein, « l'imagination est plus importante que le savoir ». Cependant, il a fallu attendre le début des années 2000 pour que la littérature en management reconnaisse effectivement l'innovation comme un processus ayant ses propres spécificités, ses ressources, ses objectifs et un modèle de management qui fasse correctement le lien entre la recherche, le développement et la création de valeur.

Nous verrons aussi l'importance au sein de l'entreprise, de la *culture de l'innovation* et de la *capacité à appréhender la complexité* (notamment pour créer de la valeur qui soit en phase avec le développement durable). Un élément important par ailleurs est la perméabilité des frontières de l'entreprise aux idées créatives qui percolent dans des *communautés* transverses aux organisations et dont elle peut se saisir pour diversifier ses produits ou services.

C'est à l'ensemble de ces conditions seulement que les entreprises sont à même d'innover de façon répétée. L'enjeu n'est pas de réussir un projet isolé, mais d'être capable de mettre sur le marché un flux régulier de produits et services nouveaux. Nous insisterons particulièrement sur cette capacité d'innovation permanente et sur le contexte contemporain où l'innovation doit répondre aux attentes de la société en transition(s).

1. L'innovation vue comme un processus créateur de valeur

Dans le chapitre 2, en rappelant la définition de Sternberg (2011), nous avons souligné qu'une idée créative est nécessairement à la fois neuve (originale/nouvelle) et pertinente pour quelque chose. Gérer l'innovation en entreprise suppose donc de mettre en œuvre une organisation et des compétences favorisant la conception de produits et/ou services nouveaux et pertinents.

La pertinence consiste à apporter une utilité pour un certain nombre d'agents, mais il existe plusieurs manières de s'y prendre. En forçant un peu le trait, nous verrons que certaines stratégies font appel à la R&D et incorporent de nouvelles connaissances technologiques qui en sont issues dans leurs innovations, tandis que d'autres jouent sur des formes de créativité différentes en ayant recours à des méthodes de *conception* pour apporter de nouvelles *fonctionnalités* aux utilisateurs. Une entreprise peut en effet différencier ses produits vis-à-vis des concurrents sans se lancer dans une R&D onéreuse : elle devra en outre mettre en place une campagne de publicité.

Nous proposerons ainsi une typologie des stratégies d'innovation, certes simplifiée, mais qui aura le mérite d'introduire la discussion quant à la manière d'organiser en entreprise le processus d'innovation en jouant sur deux tableaux : la R&D et la conception orientée usage. On montrera que pour innover de façon répétée, il est nécessaire de penser simultanément la recherche, le développement et l'évolution des usages. C'est l'interaction de ces dimensions qui permet de trouver une voie médiane entre les deux écueils que sont d'une part une recherche déconnectée de l'évolution des marchés – conduisant à des biens nouveaux mais peu pertinents – et, d'autre part, une recherche totalement pilotée par des préoccupations de court terme et incapable de proposer des offres réellement nouvelles. Le processus de développement apparaît alors comme le trait d'union entre la recherche et les usages.

1.1 Bref retour sur le concept de créativité et le rôle des communautés

Nous savons que l'innovation n'est pas seulement la résultante de connaissances « technologiques » mesurables. Il existe des innovations de *concept* (construction d'un produit nouveau à partir de technologies connues, comme le Velib' ou la trottinette urbaine), d'*usage* (le SMS[123]), d'*organisation* (Uber), etc. Ainsi, l'innovation doit beaucoup à des idées issues d'autres secteurs que ceux de la recherche quantifiable – institutionnelle, mesurable par la comptabilité. Les idées peuvent venir de la recherche fondamentale, mais aussi de connaissances techniques informelles, de savoir-faire dans toutes sortes de domaines, etc. Pour générer de la créativité, la seule chose qui compte c'est que l'idée soit à la fois *neuve* (originale/nouvelle) et *pertinente :* dans certains cas la difficulté est de trouver des idées neuves, dans d'autres de définir le contexte de pertinence (cf. encadré 8.1).

Encadré 8.1 : Des idées nouvelles et pertinentes...

Le crayon Bic est né de la maîtrise de savoirs élémentaires pouvant se combiner : la maîtrise du moulage du plastique, du laiton et des encres grasses (Bienaymé, 1994).

La Vache qui rit est née du besoin de conserver le lait plus longtemps, ce qui procure aujourd'hui au groupe Bel un *goodwill* fondé sur un bien immatériel, la recette secrète de sa pâte molle. Très récemment, en octobre 2020, le groupe a annoncé sa nouvelle idée en faveur de la réduction des gaz à effet de serre : une recette de fromage sans lait ![a]

Danone a réalisé une remarquable innovation de marché pour le yaourt en convainquant des populations asiatiques d'en manger alors que c'était en dehors de leurs codes culturels.

---

123 *Short message service.*

> 3M Company a lancé la marque *Post-it* dans les années 1980 grâce à un programme de recherche raté sur de nouvelles colles. Le génie du management a été dans ce cas de ne pas rejeter une idée sous prétexte qu'elle ne répondait pas à la question posée – trouver une nouvelle colle pour les usages classiques, mais plutôt de se demander à quelle question cette réponse pouvait bien répondre. C'est un cas d'innovation de fonction autant que de produit.
>
> [a]Le groupe, qui a généré 3,4 Mdr€ de chiffre d'affaires en 2019, cherche à « rééquilibrer » son offre, avec « à terme » 50% de produits laitiers et 50% de produits d'origine végétale. Pour le PDG, Antoine Fiévet, il ne s'agit pas d'opposer les produits laitiers à ceux d'origine végétale mais de « construire le meilleur des deux mondes » au moment où les consommateurs sont appelés à « réduire la part de l'animal au profit du végétal » pour des raisons nutritionnelles et de protection de la planète (publié le 13/10/2020 par l'Agence France-Presse).

Les chercheurs ont, au-delà de leurs compétences scientifiques, l'avantage de baigner dans une culture de travail très créative où la pensée n'est pas forcément linéaire. On peut chercher une chose et se satisfaire d'en trouver une autre, si elle est au moins aussi intéressante… Ils sont souvent moins liés que les ingénieurs à une discipline intellectuelle exigeant de se plier à la séquence « formulation la plus claire possible du problème > recherche d'une solution optimale ». De ce fait, ils peuvent être plus ouverts que les ingénieurs et les managers à certaines formes d'innovation qui bousculent les codes de pensée. C'est ainsi que beaucoup d'idées nouvelles naissent dans des *communautés de chercheurs*. Cela dit, elles peuvent naître ailleurs, par exemple dans des *communautés de pratique* au sein des secteurs économiques.

Nous parlerons de *communautés épistémiques* dans le cas de la recherche, car l'objectif est la connaissance elle-même. Elles constituent un espace pour le déploiement des échanges parfois très informels qui précèdent les découvertes. Les *communautés de pratique* que décrit Wenger (1998) génèrent aussi des connaissances, mais à propos d'un objectif opérationnel, commercial. Les milieux de la recherche ont aussi leurs communautés de pratique, par exemple autour de l'instrumentation. Ce qui est commun aux deux types de communautés, c'est que la connaissance émerge d'une manière non planifiée.

> - Pour générer de la créativité, la difficulté est dans certain cas de faire naître des idées neuves et dans d'autres de faire en sorte qu'elles soient pertinentes pour quelque chose, *i.e.* qu'elles aient une valeur d'usage. Une campagne de publicité peut aider à atteindre un tel objectif.
> - Beaucoup d'idées naissent dans les communautés de chercheurs (*communautés épistémiques*) et trouvent (ou pas) leur pertinence en se confrontant à des *communautés de pratique*.
> - Les communautés de pratique peuvent être créatives par elles-mêmes, avec ou sans l'aide de la recherche scientifique et technique.

1.2 Typologie des stratégies d'innovation fondée sur la connaissance

Un bref aperçu de la littérature

Dans la littérature il existe peu de typologies de l'innovation qui soient fondées sur les dimensions de la connaissance, à l'exception peut-être de celle de Henderson & Clark (1990) et celle de Hall & Andriani (2003) (cf. figure 8.1 et encadrés 8.2 et 8.3). Il apparaît que l'innovation radicale établit un nouveau *dominant design*. Ce concept introduit par Utterback & Abernathy (1978) caractérise les technologies clés devenues des standards dans l'industrie.

> **Encadré 8.2 : Typologie de l'innovation de Henderson & Clark fondées sur la connaissance**
>
> Pour Henderson & Clark (1990), le développement de produit nécessite deux types de connaissances : une connaissance sur chacun des concepts de base ("*component knowledge*") et une connaissance sur l'intégration et les relations de ces différents concepts de base ("*architectural knowledge*"). Les auteurs définissent ainsi quatre types d'innovation selon l'impact sur les composants ou sur les liens entre les composants. Ici, les exemples sont issus du secteur informatique (Fernez-Walch & Triomphe, 2004) :
>
> - *incrémentale* : amélioration des connaissances uniquement dans le domaine des concepts de base et sans les remettre fondamentalement en cause (exemple : augmentation de la fréquence des microprocesseurs) ;
> - *modulaire* : changement important sur un concept de base sans impact sur les relations entre composants (exemple : remplacement du lecteur CD par un lecteur Combi-CD/DVD) ;

- *architecturale* : reconfiguration des relations entre les différents composants existants (exemple : introduction du bus USB[a] par Intel pour renforcer la conception modulaire du PC et autoriser la connexion de nouveaux périphériques, telles que les clés de stockage amovibles, tout en assurant la connexion des anciens modules (souris, imprimante, clavier, etc.)) ;
- *radicale* : changement important d'un concept de base et modification profonde des relations entre composants (exemple : création par Microsoft de *Pocket-PC*, un système d'exploitation Windows pour appareils mobiles).

a Le bus USB (*Universal serial bus*) permet de connecter des périphériques à chaud (quand l'ordinateur est en marche) en bénéficiant du *Plug and Play* qui reconnaît automatiquement le périphérique.

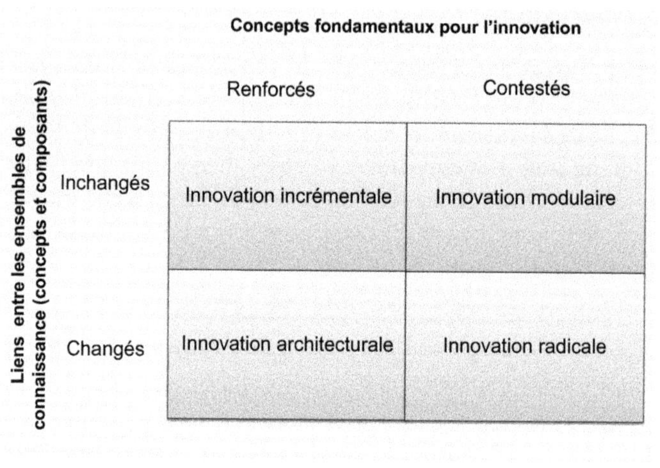

	Concepts fondamentaux pour l'innovation	
	Renforcés	Contestés
Inchangés	Innovation incrémentale	Innovation modulaire
Changés	Innovation architecturale	Innovation radicale

Liens entre les ensembles de connaissance (concepts et composants)

Figure 8.1: Typologie d'innovation
Source : Henderson & Clark (1990)

Encadré 8.3: Typologie de l'innovation de Hall & Andriani fondée sur la connaissance

Hall & Andriani (2003), quant à eux, font intervenir plusieurs dimensions de connaissances nécessaires à l'innovation. Dans leur analyse :

- *l'innovation incrémentale* repose sur des connaissances et compétences existantes avec un processus d'acquisition qui combine les connaissances de façon additive ;
- *l'innovation radicale* repose sur des connaissances et des compétences nouvelles qui remettent en question la base de connaissances préexistante, l'acquisition de connaissance se faisant de façon substitutive, avec désapprentissages importants.

Une typologie fondée sur les différents ressorts de la créativité

Nous souhaitons proposer une typologie un peu différente qui tienne compte des différentes facettes de la créativité à l'œuvre dans le processus d'innovation, à savoir celle du chercheur dans son laboratoire de R&D et celle du *designer* qui fait appel à des activités de *conception*[124] pour apporter de nouvelles fonctionnalités aux produits mis sur le marché.

Cette typologie classe, de façon schématique, les différentes stratégies d'innovation, selon deux dimensions :
- la mobilisation de nouvelles *connaissances technologiques* (appel à la R&D) ;
- l'apport de nouvelles fonctionnalités pour les utilisateurs (appel à la conception).

Avec cette vision, les stratégies *d'innovation incrémentale* sont celles qui ont peu recours à la R&D et qui remplissent peu de nouvelles fonctionnalités auprès des utilisateurs. Les usages sont donc peu modifiés et les *business models* des entreprises restent relativement stables. Ces stratégies impliquent peu de changement dans chacune des dimensions. En revanche, les stratégies *d'innovation radicale* mobilisent la recherche (parfois fondamentale) pour augmenter le domaine de connaissances et dans le même temps ont recours à la conception de produits et de services avec des fonctionnalités radicalement nouvelles. Les usages sont fondamentalement transformés, les *business models* significativement bouleversés et l'impact dans la société est fort.

Le processus conduisant aux innovations radicales consiste à redéfinir *l'identité des objets* (produits, services, *business models*, technologies) et à sortir des *dominant designs* existants en apportant aux utilisateurs de *nouvelles fonctionnalités* porteuses de valeur. Cela n'est pas facile à déclencher et à programmer *ex ante* mais avec le recul, nous constatons que certaines innovations ne peuvent pas être rattachées à un *dominant design* préexistant. C'est le cas par exemple d'internet qui est né il y a 30 ans au CERN d'un besoin de communication entre les chercheurs de physique des particules et qui, depuis, a révolutionné les usages. Citons

---

124 Pour l'AFNOR, la conception est « une activité créatrice qui, partant des besoins exprimés et des connaissances existantes aboutit à la définition d'un produit satisfaisant ces besoins et industriellement réalisable » (AFNOR, norme X 50–127).

également le téléphone mobile, le *smartphone*, les objets connectés, le GPS, le Wifi, le *cloud computing*, l'imprimante 3D, etc. Dans cette liste, le *smartphone* a la particularité d'avoir plusieurs identités puisqu'il présente différentes fonctionnalités d'usage (téléphone, appareil photo, navigateur interne, etc.). De la même façon, un *alicament* qui est à la fois un aliment et un médicament n'est pas facile à définir, pas plus que la tuile photovoltaïque de Tesla qui joue simultanément le rôle de couverture et de générateur d'électricité.

On remarque que la déstabilisation de l'identité de l'objet se retrouve dans tous les secteurs économiques, des taxis aux services hôteliers en passant par les médias (Cabanes, 2017). À noter que les innovations telles qu'Uber, le covoiturage ou Airbnb ne sont pas fondées sur une stratégie de R&D, même si elles ont bénéficié des avancées de la science et de la technologie comme les réseaux internet ou le GPS.

Dans certains cas de figure, *l'intrapreneur*[125] mobilise de nouvelles connaissances et imagine des produits dont les besoins ne sont pas encore exprimés, ce qui va au-delà des activités classiques de conception. Pour Pascal Le Masson *et al.* (2006), la conception au sens classique du terme contient des restrictions importantes puisque l'expansion des connaissances est limitée volontairement et l'expansion des propriétés fonctionnelles et des espaces de valeur est confinée aux *dominant designs*. Au contraire, la *conception innovante* ouvre ces possibilités et conduit à mener de concert R&D et création de nouvelles fonctionnalités. Le défi étant de provoquer une révision de l'identité des objets en sortant des *dominant designs* existants, les intrapreneurs vont devoir expliciter de nouveaux concepts d'offre (produits, services, organisations) en s'appuyant sur une analyse fine des sources d'insatisfaction des objets existants et des tendances sociotechniques à l'origine des nouvelles formes d'attentes des clients (Hooge, 2020). Ces savoirs leur permettent de caractériser un *inconnu désirable* qui guidera l'effort de conception (Hatchuel, 2013).

La figure 8.2 positionne de manière simplifiée, quatre types de stratégies d'innovation. À côté des stratégies de type incrémental ou radical, se situe un large éventail de stratégies d'innovation visant à apporter nouveauté et pertinence en ayant recours à une part variable

---

125 Rappelons que c'est un agent responsable d'une innovation au sein d'une entreprise déjà existante (à la différence de l'entrepreneur schumpétérien).

d'activités de recherche technologique et de conception orientée vers l'usage (création de fonctionnalités nouvelles et de services pour les faire valoir). Nous en donnons quelques illustrations.

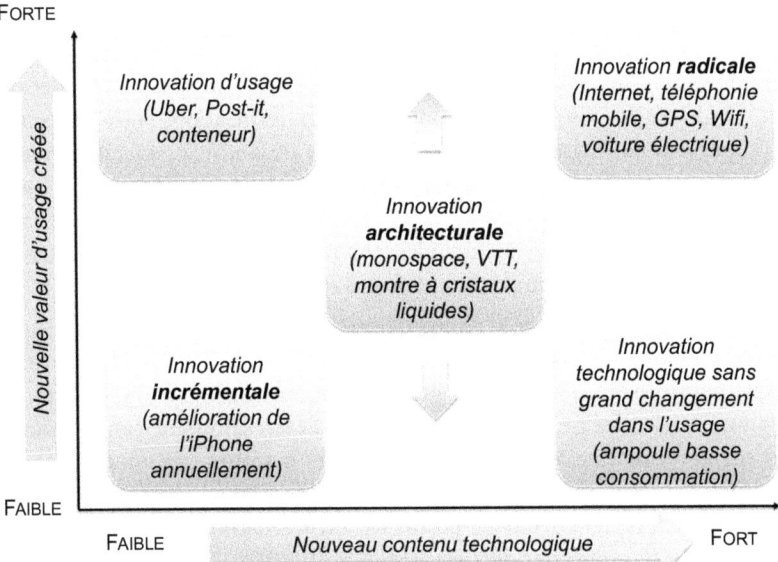

Figure 8.2: Classification des stratégies d'innovation en fonction des connaissances nouvelles (R&D) et des nouvelles fonctionnalités d'usage
Source : Auteurs

Stratégie d'innovation incrémentale

C'est typiquement la stratégie d'Apple, qui consiste à rester dans la course en perfectionnant chaque année l'iPhone lancé en 2007. Elle mobilise à chaque fois peu de connaissances technologiques nouvelles et apporte peu de transformations quant à l'usage (fonctionnalités modifiées à la marge). Peu coûteuse en termes d'investissement, cette stratégie permet à la société américaine de réaliser des bénéfices et de préserver une réputation singulière dans l'industrie électronique grand public.

Stratégie d'innovation architecturale (assemblage de briques technologiques existantes pour innover dans l'usage)

Dans le secteur automobile, la connaissance technologique mobilisée s'est très souvent apparentée à des *connaissances d'ingénierie* visant à recomposer des *briques technologiques* existantes dans l'entreprise (ou facilement disponibles) de façon à pouvoir en modifier significativement l'usage. Ce type d'innovation, que l'on peut qualifier d'*architecturale* au sens de Henderson & Clark (1990), résulte de la reconfiguration des relations entre différents composants qui existent déjà, pour apporter de nouvelles fonctionnalités. Pour l'automobile, un bon exemple historique est le monospace imaginé à partir de technologies connues. Il en va de même pour le vélo tout terrain (VTT). La montre à cristaux liquides, quant à elle, a combiné d'une manière originale les cristaux liquides et l'horloge à quartz.

Cette stratégie réduit le risque de sortie de marché ainsi que le risque technologique car elle mobilise l'expérience accumulée dans l'entreprise pour optimiser, notamment grâce à de la veille technologique et commerciale, des produits connus en jouant sur la qualité fonctionnelle et sur la robustesse technologique. Dans les marchés très concurrentiels comme l'automobile, et/ou fortement régulés comme l'aéronautique ou le ferroviaire, une telle stratégie permet de créer un avantage concurrentiel, essentiel pour continuer d'exister (Hooge, 2020).

Stratégie d'innovation radicale fondée sur une rupture technologique et une modification des usages

Comme nous l'avons vu, la stratégie d'innovation radicale implique une redéfinition de l'identité des objets grâce à la conception innovante alliant R&D et apport de fonctionnalités nouvelles. Avec l'arrivée des voitures électriques, les constructeurs se retrouvent plutôt face à des stratégies de ce type, dans la mesure où ils doivent manager à la fois des ruptures technologiques dans la motorisation, et une transformation importante des usages et de l'écosystème associé : gestion de la charge, nouveaux acteurs et nouveaux modèles économiques, usages multiples de la batterie du véhicule électrique qui, à l'arrêt, peut rendre des services aux gestionnaires des réseaux[126], etc. Quant à la voiture connectée autonome,

---

[126] Considérer l'immobilité pour une voiture met en crise l'identité automobile et ouvre en même temps de nombreux services nouveaux pour les usagers, le gestionnaire de réseaux électriques, etc.

elle franchirait, si elle devait se développer, un pas supplémentaire dans la transformation des usages, en raison notamment du bouleversement des règles d'assurance et de protection juridique.

Stratégie d'innovation fondée sur la technologie avec faible modification dans l'usage

Dans certains cas, la R&D est mobilisée pour améliorer de façon substantielle le cœur de la technologie, sans que l'impact au niveau de l'usage soit fortement transformé. Par exemple, si l'ampoule basse consommation rend un meilleur service à l'utilisateur (et d'une façon globale participe aux économies d'énergie), elle n'est pas pour autant de nature à révolutionner les usages – une ampoule économe reste une ampoule – ni à modifier fondamentalement l'écosystème puisque l'infrastructure reste inchangée. Notons néanmoins qu'une innovation technologique n'est jamais neutre socialement. On observe en effet une modification des chaînes d'approvisionnement et de production. La diffusion de l'ampoule basse consommation qui procure des avantages notables en termes de consommation d'énergie, a des répercussions sur le modèle économique des opérateurs électriques, par exemple.

Stratégie d'exploration de nouveaux concepts d'usage ou de services sans grand recours à la R&D

Enfin, concernant l'avènement d'Uber, la commercialisation du *post-it* par 3M, voire l'adoption au niveau mondial dans les années 1980 du conteneur (inventé en 1956), on observe qu'il s'agit d'innovations qui ne reposent pas sur des connaissances scientifiques et techniques nouvelles mais qui introduisent des usages tout à fait nouveaux ou transformés[127]. Le rôle du *designer* prend de l'importance comme celui du *prospectiviste* (cf. encadré 8.4).

---

127 Uber utilise internet qui existait avant sa naissance.

> **Encadré 8.4 : La créativité ou l'art de nommer les nouveaux concepts**
>
> À en croire Georges Amar, dans la recherche de concepts innovants pour les nouveaux usages notamment, l'utilisation du langage et des mots peut apporter une aide significative pour décrypter les mutations sociétales en cours. Car si l'on veut faire une « prospective de l'imprévisible », il est essentiel de nommer les changements de paradigmes en renouvelant les langages avec lesquels nous pensons et comprenons les choses (Georges Amar, 2013). Et parce qu'il est convaincu que les ruptures naissent des synergies entre des concepts tout à fait étrangers au départ, il aime à appliquer ce principe de *reliance* pour nommer les objets nouveaux. Il l'a fait notamment sur le terrain de la *mobilité* qui est son thème de prédilection et, bien que l'on parle généralement de « Vélo en libre-service », il a préféré la notion de « Transport public individuel » (TPI) (Amar, 2016). D'un côté le Vélib' est un transport public et de l'autre son utilisation est individualiste. En nommant ainsi ce nouvel objet, il désigne un véritable changement de paradigme dans la mobilité urbaine qui convient également aux voitures (Autolib). Et force est de constater qu'un tel concept s'est bien répandu depuis si l'on se réfère notamment au nombre de trottinettes dans nos villes ! En fait, ce qui compte ce n'est pas tant l'objet (le matériel roulant) mais ce qui a permis de créer la *reliance* entre le public et l'individuel. Il s'agit des trois éléments qui sont l'immobile (la station), le *soft* (système d'abonnement sur internet, etc.) et le service qui est d'assurer la présence des Vélibs en bon état dans les stations chaque matin.
>
> En décrivant et en nommant le nouvel âge de la mobilité, Georges Amar nous a habitués à penser notre civilisation en mouvement... Cependant, en raison de l'épidémie de Covid-19 qui a obligé une grande partie de l'humanité à rester confinée durant plusieurs mois durant l'année 2020, ne sommes-nous pas en train de changer de paradigme ? L'élément *soft* du système a fait un bond en avant tellement spectaculaire que nombreux déplacements peuvent désormais être évités et le travail ou les réunions entre amis, se faire à distance ! Quels mots poser sur cette rupture brutale de tendance ? Est-elle pérenne ? Quelles innovations sont à naître dans un nouveau cadre *low mobility* ?

- Si la mobilisation de nouvelles connaissances technologiques est liée aux activités de R&D, l'apport de nouvelles fonctionnalités fait appel à des activités de conception mobilisant d'autres formes de créativité.
- L'innovation *incrémentale* mobilise peu de R&D et remplit peu de fonctionnalités nouvelles auprès des utilisateurs.
- L'innovation *architecturale* utilise et combine des connaissances qui existent déjà pour créer de la valeur d'usage. Elle nécessite des compétences d'*ingénierie*.

- La stratégie *d'innovation radicale* vise à introduire des concepts nouveaux simultanément dans les champs de la science, de la technologie et des usages. Elle fait sortir du *dominant design* en mobilisant les méthodes de *conception innovante*.
- Certaines stratégies d'innovation ne visent qu'à créer de la *valeur d'usage* sans mobiliser de connaissances nouvelles. Elles permettent la régénération des identités des produits en tirant partie des connaissances existantes.

1.3 Un focus sur la naissance des innovations radicales

Dans le cadre de cet ouvrage qui met l'accent sur la recherche et sa valorisation, il est intéressant de regarder d'un peu plus près comment sont nées dans l'Histoire, les innovations radicales. Très souvent, elles ont été le fruit de synergies entre la recherche fondamentale et la recherche finalisée ou appliquée dans l'objectif de favoriser l'*exploration* et l'*exploitation* des connaissances au sens de James G. March (1991) et d'avoir un double impact, à la fois scientifique et socio-économique (Archambault, Popiolek, 2020).

Prenons l'exemple des *Bell Labs* de l'après-guerre. Ils se sont organisés pour mener de front recherche fondamentale de haut niveau et développement d'applications, ce qui aboutira à la fois à des prix Nobel et à des percées technologiques à très fort impact sociétal. Les grands exemples historiques d'innovations radicales en sont le témoignage : Louis Pasteur a ouvert les portes de la pasteurisation et de la vaccination grâce à son exploration dans les domaines fondamentaux de la chimie et des cristaux, Wallace Hume Carothers, chimiste de l'université de Harvard, embauché par la firme américaine Du Pont de Nemours pour explorer les réactions de polymérisation, est à l'origine du *nylon*, produit pour la première fois en 1935, etc.

L'innovation radicale suppose un effort risqué sur plusieurs plans à la fois. Citons comme exemple récent emblématique le développement chez le leader européen des semi-conducteurs STMicroelectronics, d'objets de la nanoélectronique (microprocesseurs, microcontrôleurs, etc.), résultant d'une stratégie d'innovation menée simultanément dans les champs de la science, des technologies et des usages. Quand on sait que dans une industrie comme celle-ci, les profits maximums se font dans les six premiers mois de la commercialisation en raison de la vitesse d'obsolescence des techniques, on comprend que la performance de l'entreprise, et en particulier sa capacité à tenir les délais, distingue l'entreprise rentable de celle qui sera en difficulté.

Comme nous l'avons déjà évoqué au chapitre 2, la collaboration entre l'équipe d'Albert Fert de l'université Paris-Sud et celle d'Alain Friederich de Thomson-CSF (aujourd'hui Thales)[128] est un cas d'école pour comprendre l'articulation complexe des champs de connaissance. Elle visait à faire converger des idées de physique fondamentale et des progrès de technologie industrielle. La découverte de la magnétorésistance géante (GMR) en1988 qui fut le résultat de cette association a lancé le coup d'envoi de la *spintronique* et a permis de nombreuses applications réussies allant des filtres radiofréquences pour le traitement de signal aux composants pour ordinateur *neuromorphique* d'aujourd'hui (Fert, 2017).

En Allemagne, grâce à des partenariats bien choisis, un des instituts de la société Fraunhofer a su s'appuyer sur un faisceau de découvertes scientifiques et a approfondi ses connaissances en informatique pour innover en rupture en diffusant le MP3 sur le marché, ce qui modifia de façon assez substantielle l'écoute de la musique (cf. encadré 8.5). Le format de compression audio MP3 est l'invention qui a le plus rapporté à la Fraunhofer. L'ensemble de brevets majeurs associés, avec un système de licences partagé avec Thomson Multimédia (actuellement Technicolor), a rapporté autour de 100 M€ à la FhG en 2005. Ces licences ont pris fin en 2017.

---

128 Albert Fert était au Laboratoire de physique des solides de l'université Paris-Sud à Orsay et Alain Friederich au Laboratoire central de recherche de la compagnie Thomson-CSF à Corbeville.

> **Encadré 8.5 : La Fraunhofer et le standard MP3**
>
> Le développement de la technologie MP3 par l'institut Fraunhofer IIS (*Institut für Integrierte Schaltungen*) d'Erlangen-Nuremberg repose sur les résultats scientifiques initiaux de l'université locale. L'histoire commence à la fin des années 1970 avec l'idée d'envoyer des signaux de musique par le téléphone. Un rôle important est joué par le Prof. Dr. Heinz Gerhäuser de l'université d'Erlangen-Nuremberg, qui était très engagé dans les recherches sur le codage des données lorsqu'il est choisi en 1985 par l'institut Fraunhofer IIS comme directeur délégué (il deviendra ensuite directeur de l'institut de 1993 à 2011). On voit à travers cette *success story* l'importance de la relation Fraunhofer-université réalisée à travers la mobilité des personnes.
>
> Autre élément essentiel pour l'invention du MP3 : la coopération scientifique européenne. C'est en effet autour d'un projet Eureka pour la réalisation d'un DAB (*Digital audio broadcasting*) que démarrent les contacts qui vont mener à une invention puis à une innovation majeure dans le stockage et la transmission de la musique. Le premier résultat fut un Codec (codeur-décodeur) appelé LC-ATC qui permettait le codage en temps réel de la musique en stéréo. Le principe de ces techniques est de faire des économies de stockage et de transmission de l'information en ne traitant que les sons auxquels l'oreille humaine est sensible.
>
> L'étape suivante fut le développement d'un algorithme OCF (*Optimum coding in the frequency domain*) qui a mené *in fine* au standard MPEG en 1989. L'histoire de l'innovation est en fait très complexe car elle implique beaucoup d'acteurs de toutes sortes au niveau mondial. Rappelons que MPEG est le nom d'une organisation internationale (*Moving picture expert group*) qui cherchait à introduire un nouveau standard audio utilisant des méthodes de compression de données. Cette organisation a reçu initialement 14 propositions, puis elle a demandé aux concurrents de se regrouper. C'est ainsi que la proposition OCF de la FhG-IIS se retrouve liée au projet de l'université de Hanovre, à ATT et à Thomson, pour donner naissance au futur MP3 (dont le nom est proposé par les chercheurs de l'institut en 1995, en abréviation de MPEG1 LayerIII).
>
> Source : voir en particulier le site web de la Fraunhofer ; mp3-history.com

Cet exemple montre que l'innovation de rupture nécessite parfois la rencontre d'un très grand nombre d'acteurs et de nombreux montages institutionnels, ce qui est logique puisqu'on mobilise à la fois des apprentissages scientifiques, technologiques, organisationnels et fonctionnels (usages).

> ☐ Dans l'Histoire, on constate que la stratégie d'innovation radicale est très souvent fondée sur l'association de plusieurs domaines de créativité, au sein d'équipes de recherche mixtes dans des grands laboratoires industriels ou dans des consortiums de recherche publique-privée.
> ☐ Ces coopérations articulent des activités d'exploration et d'exploitation des connaissances. La contribution de scientifiques de haut niveau est plus la règle que l'exception.

1.4 Le management des connaissances et des compétences

La typologie des stratégies d'innovation que nous proposons, montre que dans certains cas la recherche n'est pas directement impliquée dans la définition de la valeur pour l'entreprise et que le processus d'innovation (I) est différent des processus de recherche (R) et de développement (D), même si ces trois processus sont liés par des boucles de rétroaction comme nous l'avons déjà souligné (Kline et Rosenberg, 1986). Pour Armand Hatchuel et ses collègues de l'École des Mines de Paris (2001), « l'innovation peut être définie comme un processus structuré, avec des principes de gestion spécifiques, distincts de ceux qui régissent les activités de recherche et de développement ». Ces auteurs ont ainsi défendu l'idée selon laquelle il fallait passer d'une notion de R&D à une notion plus juste de RID, avec un « I » (pour innovation) qui signale un processus aussi bien organisé que le « R » ou le « D », mais de manière différente.

En s'intéressant aux entreprises qui réussissent à innover de façon répétée et soutenue pendant plusieurs années – pour mettre au point des lignées de produits innovants[129], ils ont mis en évidence des *structures spécifiques d'innovation* et ont clarifié les interdépendances entre la recherche, l'innovation et le développement (Le Masson *et al.*, 2006). Selon eux, ces interactions ne passent pas uniquement par les conditions du transfert de connaissances[130], l'échange d'information et la mise en réseaux – qui sont importantes mais pas suffisantes car non spécifiques à

---

[129] Une *lignée de produits* est une succession de produits ayant en commun un concept central – ou un ensemble de compétences – mais qui peuvent être apparemment très différents du point de vue des usages.

[130] Ce qui est appelé transfert de technologie est souvent un processus bien plus complexe que ce que sous-entend l'expression, à savoir : A possède une « technologie » qu'il transfert à B. Très souvent, ce qui est en jeu c'est la co-construction entre A et B d'un ensemble de connaissances et de savoir-faire qui aboutit à des produits ou procédés innovants.

l'innovation et à la définition de la valeur pour l'entreprise ou le marché. Les auteurs de l'École des Mines considèrent que la structure d'innovation est responsable d'une *double activité de conception* : la définition de la valeur et l'identification de nouvelles compétences. Cette double activité ne doit pas considérer uniquement la qualité du produit innovant mais bel et bien l'ensemble de l'écosystème associé tant à l'intérieur de l'organisation – eu égard au désordre créé – qu'en externe, compte-tenu du contexte technologique et économique, comme nous l'avons montré au chapitre précédent.

Pour un nouveau « concept » (produit, *process*, service, organisation, etc.), le rôle de la *structure d'innovation* est :
– de fournir au développement des spécifications claires et les compétences nécessaires ;
– et de soumettre en même temps à la recherche de nouvelles questions[131].

Armand Hatchuel et ses collègues (2001) proposent ainsi de renverser l'adage « la bonne recherche amène de bonnes innovations », qui devient « ce sont les bons processus d'innovation qui activent une bonne recherche ! ». Pour eux, la « valeur » de la recherche est totalement dépendante de la valeur des questions qui lui sont soumises, même si la recherche peut produire des connaissances inattendues qui n'ont pas fait l'objet de demande préalable mais qui se révèlent pourtant porteuses de valeur – à plus ou moins long terme – pour l'entreprise. La performance du processus d'innovation sera différente d'une entreprise à l'autre selon sa capacité à ré-utiliser à bon escient une partie de la connaissance dans d'autres produits. Les entreprises qui innovent de façon répétée sont celles qui parviennent à le faire de manière *systématique* (voir l'exemple typique de Téfal, encadré 8.6), ce qui suppose de mettre en place un management des connaissances et des compétences.

---

[131] Dans une logique managériale, la recherche est définie comme « un processus contrôlé de production de connaissances en réponse à des questions formulées au préalable » (Armand Hatchuel *et al.*, 2011).

> **Encadré 8.6 : Ré-utilisation des connaissances créées – Le cas Téfal (Chapel, 1997)**
>
> Pendant au moins deux décennies (1975–1995), Téfal a connu une croissance innovante réussie. Cette société appartenant au groupe SEB explorait systématiquement les possibilités de transfert à d'autres contextes des savoirs utiles pour la maturation d'un concept. Par exemple, l'expérience acquise sur un dispositif de régulation électronique pour un appareil de cuisson – qui n'a pas connu un grand succès commercial – est devenue un point d'entrée pour introduire une innovation dans les pèse-personnes, ce qui a permis à Tefal d'entrer avec un grand succès sur le marché de ce type de produit.

D'une façon générale, un des rôles centraux de la structure d'innovation est le *management des connaissances* permettant de valoriser d'un projet à l'autre les connaissances créées. Avec l'expérience, les incertitudes techniques se réduisent, les essais à réaliser se précisent, de même que les applications potentielles... et peu à peu l'exploration converge, ou s'arrête si la technique se révèle moins intéressante que prévue (Lenfle, Midler, 2002).

Le *management des compétences* s'avère essentiel également pour préserver un équilibre entre celles qui existent déjà et celles qui sont à développer pour maintenir la capacité à innover. Dans les secteurs d'innovation intensive, l'enjeu managérial est en effet la capacité à faire émerger des expertises qui soient en adéquation avec les innovations de rupture. Celles-ci rendent obsolètes les connaissances des acteurs et les obligent à lancer de nouvelles explorations, voire à reconsidérer l'ensemble des routines, ce qui est plus facile à faire pour les jeunes entreprises que pour les organisations établies (Lenfle, Midler, 2003). Les travaux de thèse que Benjamin Cabanes (2017) a réalisés chez STMicroelectronics ont mis en évidence le fait que l'émergence de nouvelles expertises s'effectue au sein de cette entreprise – historiquement bien établie – par une restructuration profonde des différentes communautés épistémiques existantes. Ce sont les experts eux-mêmes, toutes disciplines confondues, qui identifient les interactions à favoriser entre les différents domaines pour faire émerger les nouvelles compétences. Cette « société savante » interne explore des concepts surprenants, coordonne des thèses, monte des partenariats... dans l'objectif de concevoir les bases des ingénieries futures.

- Dans l'entreprise, l'innovation est un travail organisé. Pour être à même d'innover de façon répétée, l'entreprise doit créer une structure *ad hoc*.
- D'après Hatchuel *et al.* (2001), voilà ce qui est à attendre d'un processus d'innovation :
  - des questions pour la recherche ;
  - des idées de produits/services prêts à être déployés ;
  - des idées de produits émergeant à divers stades de formalisation ;
  - l'émergence de nouvelles compétences ;
  - l'émergence de nouvelles connaissances.
- La « valeur » de la recherche est totalement dépendante de la valeur des questions qui lui sont soumises.
- Le management des compétences doit anticiper et préparer les expertises qui seront nécessaires dans le futur.

2. Le management de projets innovants

La forme organisationnelle de type « projet »[132] se prête relativement bien au développement de l'innovation. En faisant un bref retour historique, on constate que cette organisation a bel et bien été privilégiée pour faire naître des innovations, mais que le centre de gravité des projets était la R&D plutôt que l'innovation. Dans la littérature managériale, ce n'est que tardivement en effet que l'innovation est considérée comme un processus porteur de valeur, différent des processus de la recherche et du développement.

2.1 Les générations de gestion de projets de Recherche et développement avant l'an 2000

En faisant référence au chapitre 6 sur les politiques de recherche et d'innovation, on constate qu'après la seconde guerre mondiale, la

---

132 Dans sa démarche de normalisation, l'AFITEP-AFNOR définit un projet comme un « processus unique qui consiste en un ensemble d'activités coordonnées et maîtrisées, comportant des dates de début et de fin, entrepris dans le but d'atteindre un objectif conforme à des exigences spécifiques, incluant les contraintes de délai, de coûts et de ressources » (AFITEP, Dictionnaire de management de projet, AFNOR Éditions, 2010, p. 211 – Norme ISO 21500 – Lignes directrices sur le management de projet, octobre 2012, p. 3). À noter cependant que la recherche est un processus contrôlé de production de connaissances qui peut être tenu responsable de ses méthodes, mais ni de ses objectifs, ni de ses domaines d'investigation.

recherche associée aux politiques de mission était gérée selon le mode *grands projets de R&D* dont l'entrée principale était la science et la technologie (S&T). Les politiques mises en œuvre aux États-Unis, en Europe et au Japon, étaient centrées autour de la science : « *policy for science* ». Des moyens lourds étaient attribués aux projets scientifiques mais peu de place était finalement laissée à la créativité conduisant à explorer de nouveaux concepts d'usage ou de services. Les stratégies d'innovation étaient fondées uniquement sur la connaissance technologique pour répondre à des demandes spécifiques d'origine publique, souvent uniques et périlleuses, à l'image du projet Apollo de la NASA aux États-Unis[133]. Ainsi, dans la littérature en sciences de gestion, la recherche – et l'innovation – ont souvent été assimilées à des *grands projets*.

En France, même si les opérations colbertistes de la seconde moitié du $20^{\text{ème}}$ siècle, comme le nucléaire, Concorde, les fusées Diamant, le TGV ou le Minitel, n'avaient pas comme objectif de développer une technologie en soi mais une innovation (dans les domaines respectifs de l'énergie, des transports et de la télématique), elles reposaient uniquement sur une organisation en projet de R&D visant des objectifs stratégiques (indépendance énergétique, réduction du temps de transport, développement des télécommunications) qui ne pouvaient évoluer pendant le processus qu'à travers des ajustements ou des compromis relativement limités. On ne demandait pas aux chefs de projet de définir le concept du système à réaliser, mais d'organiser et de planifier le travail d'équipes pour faire avancer le processus en assurant sa convergence vers l'objectif. De ces grands projets de R&D on attendait un bonus typiquement « technologique » – au sens où développer un bouquet de technologies pour une mission précise crée une accumulation de connaissances qui peut servir de manière générique – mais ce bonus n'était pas envisagé dans tous ses détails au départ. La plupart du temps, personne n'était en mesure de pronostiquer dans quels secteurs précis ont eu lieu *de facto* les retombées potentielles. Les concepteurs des politiques étaient cependant convaincus qu'il y aurait de multiples conséquences en termes d'innovation – et l'Histoire leur a donné raison. Cette *première génération* de management de projet de R&D était caractérisée par une vision linéaire du processus d'innovation de type *technology-push,* avec

---

[133] C'est aux États-Unis que la gestion de projet va se formaliser en corps de doctrine autonome à l'occasion des grands programmes militaires ou spatiaux, et des grands travaux de développement des années 1960.

une activité de R&D réalisée dans une tour d'ivoire. L'effort était souvent focalisé sur la science et la rupture technologique (Nobelius, 2004).

Dans les années 1970, ce sont les centres de recherche industrielle traditionnels qui optèrent cette fois pour une organisation matricielle par projets, afin de mieux maîtriser l'efficacité et la pertinence de la recherche (Allen, 1977). En entreprise, les projets de R&D étaient très orientés vers le marché (*market-pull*) pour s'adapter aux besoins de leurs clients, perdant ainsi une partie de leur potentiel innovateur (Roussel *et al.*, 1991). Ce courant marque la *seconde génération* du management de la R&D, considérant là encore le processus comme linéaire, avec peu de place donnée à la fonction innovation et à l'échange d'information entre projets.

Le troisième courant (années 1980) correspond à celui du management de *portefeuilles de projets* au sein de la R&D. L'objectif est de répartir les risques en diversifiant les projets au sein d'un portefeuille, ce qui donne une vue plus globale sur les ressources et les compétences pour en faciliter la réaffectation en fonction de l'évolution de chaque projet. Ce modèle de management a été largement utilisé dans le secteur de la chimie fine ou de la cosmétique ainsi que dans l'industrie pharmaceutique qui, compte tenu de la faible probabilité de succès des nouveaux médicaments, est obligée de lancer simultanément un grand nombre d'explorations. Le suivi global du portefeuille facilite l'échange d'information entre projets et permet de redéployer sur les plus prometteurs d'entre eux, les compétences affectées à la mise au point d'une molécule dont le débouché s'avère compromis. Toute la difficulté est alors de piloter le portefeuille, ce qui va supposer le développement de méthodes de sélection adaptées au contexte des phases amont.

L'ennui est que ce modèle de management adapté aux industries évoluant dans le cadre d'un *dominant design* bien installé se prête mal aux industries positionnées sur des *objets complexes* pour lesquels le marché n'est pas encore structuré et ne peut fournir des critères de sélection pour les projets de recherche ou les sujets innovants (Hatchuel *et al.*, 2001). Le modèle va d'ailleurs connaître, à la fin des années 1980, une rupture, lorsqu'il apparaît que la performance des entreprises occidentales en matière de conception de nouveaux produits n'est pas à la hauteur des firmes japonaises dans une compétition qui se joue sur la variété et le renouvellement rapide des produits (Clark & Fujimoto, 1991).

William L. Miller et Langdon Morris (1999) plaident ainsi pour une nouvelle génération de management de R&D (la quatrième), avec des formes de marketing capables de faire naître de nouveaux produits ou services pertinents. Pour cela, ils préconisent la définition d'un cadre intellectuel – une *vision* – pour identifier les nouvelles valeurs émergentes sur le marché. La *quatrième génération* du management de la R&D (années 1990) est ainsi marquée par la notion de *vision* qui apparaît dans la littérature sur l'innovation (par exemple chez Hamel & Prahalad, 1994). Les entreprises commencent à reconnaître l'importance du processus d'innovation proprement dit, réfléchissent à de nouvelles formes de marketing et s'intéressent à la *stratégie de conception*. Le management des projets de R&D sort du prisme unique de la technologie pour intégrer la dimension tacite des besoins des consommateurs qui dépendent d'éléments rationnels, émotionnels ou symboliques et qu'il convient de capter en travaillant en collaboration étroite avec eux. L'idée est de pouvoir remonter en amont le besoin des clients pour orienter la recherche tout en veillant à retarder au maximum le « gel du concept » pour pouvoir le modifier à partir des connaissances développées *chemin faisant*.

C'est en menant de front la recherche et le développement que l'on arrive à commercialiser rapidement un flux de produits innovants. Cependant, en prenant exemple dans le secteur automobile, Christophe Midler (2017) montre que cette stratégie « *fuzzy front end* » où l'on va chercher en amont des idées créatives pour concevoir des produits en rupture, ne met pas l'intrapreneur à l'abri d'un échec au moment du passage dans la *vallée de la mort*, tant il est vrai que le succès de l'innovation ne dépend pas uniquement de la qualité du produit mais aussi de son intégration dans l'écosystème tout entier.

La littérature met également l'accent sur l'importance de la *veille* à réaliser sur le jeu des acteurs principaux, les évolutions technologiques, les rapports de force entre clients et fournisseurs, etc. Ceci explique en particulier, le développement de nouveaux modes de relation aux fournisseurs comme le *co-développement* (Lenfle, Midler, 2003). Il s'agit de raccourcir les délais en réduisant la complexité du projet par transfert d'une partie de celle-ci aux fournisseurs (Clark, Fujimoto, 1991).

- Quatre générations de management de la R&D se sont succédées depuis la seconde guerre mondiale jusqu'au début des années 2000 :
  - Orientation de la R&D selon des grands projets scientifiques et technologiques (*technology-push*) => chercheurs dans une tour d'ivoire ;
  - Organisation matricielle par projets et orientation vers le marché (*market-pull*) pour s'adapter aux besoins des clients => réduction du potentiel innovateur ;
  - Vision globale des compétences et diversification des risques au sein d'un *portefeuille de projets* => difficile anticipation des ruptures sur le marché ;
  - Nouvelles formes de marketing et intérêt pour la stratégie de conception => vue limitée de l'écosystème tout entier et vulnérabilité du projet lors du passage dans la *vallée de la mort*.
- On constate que ce n'est que tardivement que l'on a fait appel à la stratégie de *conception*.

2.2 Le management de l'innovation aujourd'hui

À partir des années 2000, un *cinquième modèle* de management est apparu. Grâce aux nouvelles technologies numériques notamment, les différents départements ou services de l'entreprise collaborent main dans la main en faveur de l'innovation, les utilisateurs et fournisseurs principaux étant placés au cœur de la démarche. Comme nous l'avons déjà souligné, la stratégie est désormais axée sur la création d'un écosystème autour de la chaîne de valeur, *via* notamment des partenariats et projets collaboratifs pouvant impliquer concurrents, fournisseurs, distributeurs, etc. (Nobelius, 2004). Kohler et Weisz (2018) cités au chapitre précédent, parlent de *constellation de la chaîne de valeur*. C'est un moyen de mutualiser les coûts, d'échanger données, informations et connaissances, de partager les compétences et les expertises, etc.

Dans ce modèle, une dimension importante est la prise en compte toujours plus précise des services et des usages. C'est la raison pour laquelle on évoque beaucoup en France la dimension *servicielle* de l'industrie du futur. En Allemagne, l'accent est plus souvent mis sur l'organisation industrielle en réseau *via* les technologies numériques, mais les grandes firmes s'efforcent aussi de penser « usages ». Ainsi, Siemens n'hésite pas à créer des lieux expérimentaux où l'on teste « en situation » des utilisateurs pour découvrir comment les individus s'approprient les objets techniques que le producteur essaye de concevoir. C'est le modèle du *living lab* jugé essentiel pour faire remonter très vite une information des consommateurs potentiels afin d'évaluer l'apport en valeur d'usage des nouveaux produits.

Siemens intègre de cette manière des expérimentations avec des usagers dans sa démarche de R&D (*prototypical research and development*), en environnement réel.

Plus généralement, la vague de réflexion théorique et pratique autour de l'*open innovation* illustre bien l'orientation du système productif vers des modèles de co-construction des nouveaux produits et services entre producteurs et usagers (cf. encadré 8.7).

Encadré 8.7: *Open innovation* et outils d'innovation centrés sur les usages

Dans le monde de l'entreprise, on peut interpréter l'essor du modèle de *l'open innovation* dans les années 2000–2010 comme une réponse managériale et organisationnelle à ce besoin d'ouverture et de développement de synergies inter-champs de créativité. L'idée est en effet de faire percoler des idées ou des connaissances venues du monde socio-économique, dans les domaines plus en amont du développement et de la recherche appliquée. Aujourd'hui, avec l'essor des plateformes numériques, les synergies ont également lieu directement avec les usagers, conduisant à ce que l'on nomme l'*innovation participative*.

De nouveaux outils, méthodes et approches de conception innovante et de *co-création* permettent de générer de nouvelles dynamiques d'innovation centrées sur les usages. À l'heure de la digitalisation des échanges, on parle désormais « *d'open innovation 2.0* » qui s'appuie sur un réseau d'espaces collaboratifs de conception et de production (*fablabs, techshops, living labs, creative labs, hackerspaces, etc.*) (Bouquin, 2016). Ces *open labs* sont calqués sur un modèle de pilotage de la science et de la technologie par l'aval. L'idée de base est la réappropriation de la technologie par le développement de savoir-faire, d'une intelligence pratique collective autour de l'esprit *DIWO* (*Do it with others*).

La *dimension territoriale* est de plus en plus prégnante dans le management de l'innovation ouverte aujourd'hui, que ce soit pour l'*innovation compétitive* ou pour l'*innovation responsable*. Celle-ci est sensée apporter une amélioration du bien-être et un développement local durable grâce à la mobilisation des ressources et atouts locaux. Cela peut se traduire par exemple par l'implication des populations locales dans les processus de décisions (démocratie participative) notamment grâce aux *living labs* qui de fait favorisent *l'innovation territoriale* en milieu rural ou péri-urbain (Fasshauer, Zadra-Veil, 2020).

Nous avons déjà évoqué au chapitre 6, les pôles adossés à la notion de *clusters* introduite par Michael Porter et dont la vocation est centrée sur l'innovation compétitive *via* des partenariats entre acteurs proches géographiquement. Avec la montée en puissance des problématiques environnementales (économie circulaire, gestion des déchets, etc.), cette notion cède progressivement le pas à celle *d'écosystèmes industriels* locaux où les interactions entre une multiplicité d'acteurs situés sur le territoire (collectivités, entreprises, laboratoires, centres de formation, etc.) donnent naissance à des innovations qui s'insèrent pleinement dans une « économie verte » (*green business*) (Torre, Zimmermann, 2015).

Les travaux de Crespo-Febvay et Loubès (2019) déjà cités, mettent quant à eux en avant les dialogues RSE interentreprises (grandes et petites) en dehors de leur chaîne globale de valeur, comme levier *d'innovation responsable* au sein d'un territoire. D'autres travaux (Calamel & Chabault, 2020) évoquent l'importance des dynamiques inter-organisationnelles dans l'émergence de nouvelles pratiques managériales à l'instar du *prêt de main-d'œuvre* pouvant être considéré comme une *innovation sociale* (développement des compétences et de l'employabilité des salariés dans une zone d'emploi), etc.

- Depuis le début des années 2000, une cinquième génération de management de la R&D est née : l'innovation y est reconnue comme une activité en tant que telle, pas comme l'aboutissement automatique de la recherche technologique.
- Ce management repose sur la mutualisation de certaines ressources, données, connaissances et expertises au niveau de *l'écosystème de la chaîne de valeur*, et prend en compte les *usages* de manière toujours plus précise. Le numérique favorise grandement la mise en relation entre les parties prenantes.
- Le nouveau management de l'innovation ouverte peut reposer également sur la mutualisation des ressources locales hors chaîne de valeur (main d'œuvre, financements, ressources naturelles, etc.) et la mobilisation des atouts locaux en vue d'apporter une amélioration du bien-être et un développement local durable (innovation par et pour le territoire).

3. Un nécessaire changement de la pensée collective

Une question importante qui se pose pour le management de l'innovation est la capacité des institutions à gérer les processus d'innovation et leur transformation vers des formes plus créatives, ce qui implique, pour les grandes entreprises notamment, un changement de la pensée collective.

Nous en donnons trois illustrations. La première concerne un raisonnement en rupture favorisant les innovations *low-cost* ; la seconde s'attache à gérer la complexité, notamment lorsqu'il s'agit de prendre en compte la valeur environnementale de l'innovation ; et la troisième montre comment l'entreprise peut bénéficier, en s'ouvrant à l'extérieur, d'idées créatives nées dans des communautés dépassant le simple cadre de son organisation. Les deux derniers exemples ne sont pas récents mais ils sont en quelque sorte précurseurs d'une bonne conduite à suivre en entreprise pour faciliter l'innovation.

3.1 Apprendre à raisonner en rupture

Christophe Midler illustre la transformation de la pensée collective avec le cas de la Renault *Kwid* en montrant comment le constructeur automobile a su s'adapter aux marchés émergents (Midler *et al.*, 2017). Pour ce projet d'*innovation frugale*, le processus innovant a introduit de *l'innovation fractale* à tous les niveaux, depuis la conception de l'usine jusqu'à la mise sur le marché du produit en passant par ses modes de fabrication et la gestion des équipes. L'ingénierie du déploiement oblige les acteurs à sortir de leur cœur de métier : penser infrastructures, réglementation, normes, etc. Parce que ce type d'innovations entraîne des modifications de plus en plus systémiques et redessine de nouveaux écosystèmes, une réflexion a été menée très en amont concernant l'intérêt de la *Kwid* en termes d'usage ainsi que sa compatibilité avec l'écosystème susceptible de l'accueillir. Cela explique la dimension collaborative et multi-partenariale du projet.

Des théories et méthodologies existent pour rationaliser l'exploration et les raisonnements créatifs dans le but d'innover en rupture. Citons par exemple la méthode $TRIZ$[134] qui favorise la créativité des inventeurs ou encore *Radical Innovation Design* détenue par CentraleSupélec qui est une démarche structurée pour maximiser la probabilité de création de valeur sur le marché en se centrant sur les usages (Yannou, 2017). L'École des Mines de Paris a quant à elle développé une théorie de conception innovante, la théorie C-K[135], pour aider à réviser l'identité même des produits, des services et des technologies (Hatchuel &Weil, 2009).

---

[134] TRIZ est l'acronyme russe de Théorie de la résolution des problèmes inventifs. Son élaboration débuta en 1946 lorsque l'ingénieur et scientifique russe Genrich Altshuller découvrit que l'évolution des systèmes techniques est régie par des lois objectives.

[135] C pour concept, K pour knowledge

D'après ses auteurs, cette approche se prête très bien à l'innovation contemporaine, car elle apporte des solutions créatives à trois types de problèmes (Le Masson *et al.*, 2018, p. 3) :

- la conception de nouveaux usages pour des technologies émergentes ;
- la conception de produits et de services sur des thèmes d'innovation très ouverts (*smart city*) ;
- la conception sous très forte contrainte (*low cost*, innovation frugale, *zero energy*).

> ☐ Gérer les processus d'innovation et leur transformation vers des formes plus créatives implique un changement de la pensée collective au sein de l'entreprise. Il faut apprendre à raisonner sur l'écosystème.
> ☐ Depuis les années 2000, théories et méthodologies se développent pour rationaliser l'exploration et les raisonnements créatifs dans le but d'innover en rupture pour apporter des solutions pertinentes aux problèmes contemporains (technologies émergentes, modification de l'identité des objets, survenue de contraintes fortes).

3.2 Savoir manager la complexité

Toutes les réflexions actuelles sur l'avenir de l'entreprise, en particulier industrielle, mettent l'accent sur la prise en compte et la maîtrise de la *complexité* et ce, à plusieurs niveaux : celle du système productif, de plus en plus éclaté, et celle de la demande c'est-à-dire des usages. Un petit retour sur le passé peut nous aider à mieux comprendre les « révolutions » contemporaines afin de nous aider à appréhender et manager la complexité notamment pour intégrer les notions d'environnement et de développement durable dont on a déjà souligné l'importance aujourd'hui pour l'innovation.

Au cours des années 1980, une industrie de base comme la chimie s'est posée la question des fonctionnalités remplies auprès des utilisateurs. Le responsable de la R&D de l'entreprise italienne Monsanto, Umberto Colombo, a beaucoup travaillé sur le sujet non seulement au sein de sa firme mais aussi dans un groupe d'experts de l'OCDE[136]. Dans un article

---

[136] L'OCDE a initié, sous la direction de Jacques Lesourne, une grande étude prospective, le projet *Interfuture* qui a donné lieu à un rapport en 1979 dont le retentissement fut important tout au long des années 1980.

de la revue *Research Policy* (Colombo, 1980), il présente l'évolution de l'industrie chimique et son rôle dans le développement économique et social, en soulignant le caractère traditionnellement très innovant de cette industrie. Dans le même temps il pointe la crise qui se profile pour les années 1980, non seulement en termes de croissance des débouchés mondiaux, mais aussi en raison des multiples contraintes que les États vont instaurer pour des motifs environnementaux ou sanitaires. Des solutions de sortie de crise existent à condition d'ouvrir la chimie sur d'autres disciplines comme la biologie et l'électronique, et aussi de prendre du recul par rapport à l'idée de *produit*. La grande industrie chimique doit cesser de considérer que sa mission est de produire des molécules de la manière la plus efficace possible, et commencer plutôt à s'interroger sur les fonctions remplies par ces molécules. Il s'agit donc de penser l'activité en termes systémiques, ce qui revient à faire rentrer la complexité de l'aval dans la conception de la production.

Giuseppe Lanzavecchia, qui a longtemps collaboré avec Umberto Colombo, affirme que l'industrie chimique doit désormais se préoccuper non pas de produire le mieux possible des produits *ad hoc*, mais de « satisfaire les exigences fonctionnelles de secteurs entiers – comme l'agriculture, la santé, le soin de l'environnement, etc. [...] – avec un ensemble de produits, de services, de programmes d'intervention » (Lanzavecchia, 2012, p. 97 ; notre traduction).

Comme on peut le constater, l'impératif contemporain consistant à aller vers une prise en compte des usages et de la *complexité fonctionnelle* n'est pas vraiment nouveau, mais cette démarche est amenée à se généraliser. De plus, la période présente se caractérise par la modalité *numérique* de la révolution fonctionnelle. Nous avons abordé le sujet au chapitre précédent. En France les grandes entreprises ouvertes à cette idée réfléchissent particulièrement à l'application des nouvelles technologies de l'information et de la communication à la mise en relation des producteurs avec leurs usagers et autres partenaires dans une forme de fusion entre industrie manufacturière et servicielle. En Allemagne, les groupes industriels tentent de maintenir leur avance en termes de numérisation de la production et de robotique en étendant le système d'information aux clients et aux sous-traitants (*via* internet), avec un recours massif à la logistique pour gérer les flux physiques entre acteurs des nouveaux systèmes éclatés de production.

Gérer la complexité suppose une prise de risque non négligeable. Or il ne suffit pas de disposer d'intelligence artificielle pour gérer toutes les incertitudes de la stratégie « fonctionnelle ». Pour reprendre l'expression de Kant :" Die Intelligenz eines Individuums wird an der Menge an Unsicherheiten gemessen, die es aushalten kann[137]". Nous avons là un vrai problème de leadership managérial, car il faut des individus capables d'endosser ce type de responsabilité en sortant des sentiers battus. Peut-être que l'industrie chimique allemande était plus « intelligente » dans les années 1980 – où elle a réfléchi à faire de la *chimie de la fonction* (cf. encadré 8.8) – que ne l'ont été, récemment, les responsables de Bayer en rachetant l'américain Monsanto et son glyphosate[138].

Encadré 8.8: La chimie de la fonction ou l'art de poser les bonnes questions à la R&D

Il est possible de définir une chimie de la fonction par opposition au type de chimie actuellement mise en œuvre par l'industrie, qui est une chimie du produit. Alors que celle-ci répond à un besoin déterminé par l'offre d'un produit dont la définition fait uniquement intervenir des critères chimiques et réglementaires (normes de pollution admissibles par exemple), celle-là se conçoit comme un élément de réponse à un problème posé de manière globale : elle contribue à remplir une fonction dont d'autres éléments peuvent être d'ordre biologique, écologique, sociologique, etc. Par ailleurs, le contenu de la réponse ne consiste pas uniquement en un produit chimique mais en un ensemble de produits, matériels d'utilisation et services.

Source : Citation de Ancori & Brendlé, 1984 (p. 239)

---

137 *L'intelligence d'un individu se mesure à la quantité d'incertitudes qu'il peut supporter.*
138 Le président Werner Wenning a été poussé à la démission en février 2020 en raison de cette acquisition, une sanction plutôt rare dans le monde feutré du haut management. Il faut dire qu'on en est actuellement à 50 000 plaignants contre l'usage de la molécule du désherbant vedette de Monsanto-Bayer.

> ☐ L'impératif contemporain en matière de gestion de l'innovation consiste à aller vers une prise en compte des usages et de la complexité fonctionnelle et ce, dès la phase de conception.
> ☐ Des solutions de sortie de crise environnementale existent à condition de s'interroger sur les fonctions remplies par les produits et de les penser en termes systémiques pour les rendre compatibles avec les exigences environnementales (faire remonter la complexité de l'aval vers la production).

3.3 La perméabilité aux idées créatives issues de communautés dépassant les frontières de l'entreprise

Le sociologue Norbert Alter nous rappelle qu'une dimension essentielle dans la diffusion des innovations repose sur l'existence de réseaux qui représentent « l'architecture sociale informelle sur laquelle repose le développement d'une innovation » (Alter, 2010, p. 18). Nous avons insisté dans ce chapitre sur les écosystèmes d'innovation qui sont en fait des réseaux d'acteurs institutionnels favorisant ou freinant l'innovation proposée par l'entreprise : politiques, concurrents, entreprises appartenant à la même chaîne de valeur, consommateurs, etc. Toutefois, à l'intérieur de ces réseaux, figurent également des acteurs non institutionnels qui jouent un rôle clé pour l'innovation. Il s'agit notamment d'individus « hors normes » qui assurent le passage de la nouveauté vers des pratiques instituées. Souvent, c'est leur multi-appartenance sociale et culturelle qui les positionne comme *passeurs* d'un monde à un autre, d'une invention à son usage et à sa diffusion. Muller *et al.* (2015) parlent de *Knowledge Angels* pour désigner les acteurs capables de catalyser la créativité par la transposition de représentations mentales entre organisations. Ces passeurs sont en conflit avec l'ordre établi. Cependant, pour rester innovante, l'entreprise doit laisser s'exprimer ces individus originaux qui, tout en faisant partie de l'organisation, appartiennent également à d'autres *communautés* où s'échangent des idées créatives.

L'école de Montréal (Cohendet *et al.* 2013, 2014) s'est penchée elle aussi sur cette question et nous souhaitons ici faire référence au modèle qu'elle a développé pour comprendre la naissance et la diffusion d'une innovation. Le modèle stipule que l'innovation commence par une *étincelle* survenant au sein d'une communauté (ou à l'interface de plusieurs communautés) sans qu'il y ait au départ une volonté de valorisation économique. Ensuite, la *construction sociale* de l'idée au sens du sociologue Michel Callon (1989), se fait en interaction avec d'autres communautés notamment par l'écriture et le partage d'un manifeste (un « *codebook* »). Enfin, l'*atterrissage* a lieu dans les structures économiques et sociales courantes, une étape durant laquelle l'idée est à reconfigurer pour être rendue pertinente, c'est-à-dire appropriable par les acteurs institutionnels existants (firmes, collectivités, politiques, etc.). Le rôle de *l'innovateur-entrepreneur* (au sens de Schumpeter) prend alors toute son importance pour convaincre, impliquer les alliés et lever les obstacles inhérents à l'innovation.

Pour illustrer ce modèle, prenons comme exemple l'histoire de l'innovation qui a fait pénétrer l'entreprise chimique suédoise Perstorp dans le domaine pharmaceutique au cours des années 1980[139]. Pour commencer, il faut rappeler qu'il s'agit d'une entreprise anciennement établie dans le domaine des produits chimiques de base, puis de spécialités. Fondée en 1880 pour produire de l'acide acétique, elle innove dans les années 1950 avec des produits stratifiés issus des procédés chimiques qu'elle a développés. Rien ne la prédestinait à fabriquer un produit à usage médical/pharmaceutique. En revanche, c'était une entreprise très créative, un peu comme 3M aux États-Unis, prête à tester toute idée originale et à se développer selon une stratégie d'innovation permanente.

L'étincelle

Suite à la mise en place d'un système de boîte à idées en interne, un technicien qui n'avait aucune formation professionnelle en biologie, mais qui s'y intéressait comme hobby à titre personnel, est venu parler d'une solution qu'il avait imaginée pour gérer les infections cutanées : attirer les bactéries hors de la plaie par de l'amidon, puis les piéger et les tuer avec un antiseptique. L'idée est à ce niveau très ésotérique pour la firme, dont ce n'est pas le métier. On ne peut pas prétendre que cette étincelle soit endogène, si ce n'est qu'elle provient d'un employé, mais ce dernier ne travaille pas dans le département de R&D – dont la fonction est de produire les idées nouvelles pertinentes. L'étincelle arrive souvent dans une rencontre de mondes et de communautés distinctes. Cohendet (2016, p. 616) reprend l'idée d'Arthur Koestler d'acte *bisociatif* où l'idée

---

[139] Témoignage recueilli à l'époque par un des auteurs, Jean-Alain Héraud, lors d'un voyage d'étude sur la Chimie en Europe (projet de recherche du BETA, Université de Strasbourg-CNRS).

émerge d'une forme de « rupture novatrice qui relie des systèmes de référence jusqu'alors séparés ».

La construction sociale de l'idée

Cette étape s'est révélée très difficile. La firme n'étant pas spécialisée en pharmacie, personne n'est vraiment préparé à accueillir cette idée. On manque de compétences pour en évaluer la faisabilité et le potentiel. Une expertise extérieure fait cependant apparaître que l'idée est nouvelle et sans doute pertinente. Comme Perstorp s'est engagée à faire un début de recherche pour toute idée retenue comme intéressante, l'entreprise se lance dans un pré-test, et ce, malgré la résistance en interne du département de R&D qui a du mal à admettre qu'une bonne idée de rupture vienne de l'extérieur de leur communauté propre. Il faut ensuite une véritable *traduction* de l'idée en projet réellement opérationnel (techniquement réaliste selon les normes professionnelles) et également construire un désir collectif, aspect typique de la phase de *séduction*. Pour reprendre la formulation du modèle, il faut construire le *codebook*, c'est-à-dire le langage approprié pour exprimer l'idée et convaincre les parties prenantes dans la firme.

L'atterrissage

Lorsque l'ensemble des acteurs internes a pu se mettre d'accord sur un projet viable, il reste à prendre la décision stratégique – le moment crucial de la question *go / no go* qui requiert tout le savoir-faire du chef. Là encore, le débat fut très houleux en conseil d'administration. Même avec une bonne probabilité de réussite, le projet apparaît peu pertinent pour une grande partie des administrateurs, car il suppose d'entrer dans un nouveau secteur qui n'est pas la chimie au sens strict et qui suppose beaucoup de savoir-faire institutionnel nouveau : relations avec les milieux médicaux, puis avec les administrations pour obtenir l'autorisation de mise sur le marché, approche marketing dans un secteur inconnu jusqu'à présent, etc. Il fallait encore faire rentrer l'idée dans la vision stratégique, ce qui a demandé des trésors de persuasion de la part du directeur.

Ce que montre le modèle de Cohendet avec l'idée de l'étincelle créative, c'est que les innovations de rupture viennent souvent de la rencontre improbable de domaines de connaissance jusqu'alors indépendants (voir aussi Le Masson, 2020). On peut parler d'un effet de *sérendipité*, car la nouveauté n'a pas été recherchée mais plutôt acceptée, puis favorisée par l'organisation. Les communautés (épistémiques ou de pratique) contribuent ainsi à la maturation des idées – à leur manière, informelle mais efficace. Le fait qu'elles soient transversales aux organisations, laisse des occasions de surprise, lorsqu'apparaît une occasion de transposer une idée d'un contexte organisationnel à un autre. C'est un cas de *bisociation* au sens de Koestler, qui peut mener à l'étincelle. Ensuite, au sein d'une communauté donnée, des idées peuvent mûrir jusqu'à un point de *percolation*. On appelle ainsi une mutation décisive (discontinuité) amenée par une évolution continue.

La littérature sur la créativité cite souvent les révolutions artistiques comme le cubisme, où Braque et Picasso proposent à la communauté des peintres parisiens du début du $20^{\text{ème}}$ siècle un « manifeste » qui reprend beaucoup d'idées et d'expérimentations en cours pour les formaliser et constituer ainsi un nouveau *codebook* (à prendre ou à laisser, car tous les peintres contemporains n'adhéreront pas). On peut donc dire que ces deux peintres sont les inventeurs du cubisme, mais en réalité c'est toute une communauté qui a préparé puis entériné cette révolution.

Il en va de même, *mutatis mutandi*, pour les grands créateurs de la Silicon Valley immergés dans la communauté des informaticiens, puis du web. Convaincre sa communauté d'origine est une première étape. Ensuite vient l'enrôlement d'autres communautés – nécessaires à mobiliser pour réussir à rendre l'idée intelligible dans un plus vaste rayon d'acteurs. Enfin, les organisations et les institutions sont mises devant le choix de s'engager ou pas.

- Une dimension essentielle dans la diffusion des innovations repose sur l'existence de réseaux à la fois formels (institutionnels) et informels (acteurs à la frontière des institutions).
- Les *communautés de chercheurs* qui se forment indépendamment des institutions et les *communautés de pratique* qui vivent au sein des secteurs économiques, contribuent fortement à la naissance et à la diffusion des idées créatives.
- Les innovations de rupture viennent souvent de la rencontre improbable de domaines de connaissance jusqu'alors indépendants.

Conclusion

Dans ce chapitre, nous avons essayé de faire ressortir les idées fortes quant aux ingrédients d'une conduite réussie de l'innovation en entreprise. Pour commercialiser un flux régulier de produits toujours plus innovants, c'est l'ensemble du processus de conception – de la définition de la stratégie à l'organisation de la recherche et du développement – qui doit être pensé.

Nous avons insisté aussi sur l'importance que revêt, au sein de l'organisation, la *culture de l'innovation* : dans son ensemble, la firme doit être préparée à : (i) voir loin, pour anticiper en amont les questions d'ordre pratiques, institutionnelles, commerciales... qui ne manqueront pas de se poser une fois la diffusion de l'innovation enclenchée ; (ii) gérer la complexité surtout si elle veut tenir compte de l'ensemble des impacts de l'innovation ; et (iii) rendre ses frontières perméables aux idées – même ésotériques ou farfelues – venant de l'extérieur, et être capables de les approprier. Sur ce troisième point, les individus d'appartenance sociale et culturelle multiples jouent le rôle très important de passeurs, tant on sait que les innovations de rupture naissent de la rencontre de mondes et de communautés distinctes.

D'ailleurs le contexte actuel caractérisé par la mutation profonde des modèles économiques et par les nombreux défis sociétaux et environnementaux à relever, renforce la prise de conscience que l'innovation de rupture est inéluctable et que l'entreprise doit absolument s'y préparer. Pour elle, la question est de savoir d'où va venir la rupture ? Sera-t-elle technologique ? Sera-t-elle sur les coûts ou bien sur le refus par un grand nombre de clients de la surenchère fonctionnelle (stratégie *low cost*) ? Émergera-telle par la création d'un nouveau standard ? Toutes ces questions poussent évidemment à recourir à des analyses prospectives fondées sur l'identification des tendances lourdes et des signaux faibles.

Pour finir, nous voudrions revenir sur la création récente tant en France qu'en Europe, d'instances – Conseils de l'innovation français et européen ou *Joint European Disruptive Initiative (JEDI)* – inspirées par le fameux modèle américain de la DARPA, et qui visent à promouvoir des innovations de rupture pour répondre aux grands défis sociétaux. Les attentes concernent des innovations radicales mobilisant de nouveaux concepts scientifiques ou de nouvelles technologies pour apporter des transformations sociétales majeures : réponse aux défis environnementaux, réduction de l'empreinte matérielle industrielle, durabilité, RSE, etc. On peut aussi évoquer l'adaptation au nouveau paradigme économique impulsée par la société hyper-industrielle.

Compte tenu des financements mis en jeu et des objectifs ambitieux affichés, ces projets d'innovation de rupture ressemblent aux grands projets à mission d'après-guerre. Seulement les réponses à apporter ne sont pas de même nature et nécessitent de nouvelles formes de créativité. Bien que ces missions, le plus souvent gouvernementales, sortent du cadre de la firme, la réflexion apportée sur le management des projets innovants en entreprise reste pertinente. En particulier, pour que ces missions apportent véritablement de la valeur, il faut se donner les moyens de définir un *inconnu commun désirable* qui guidera les efforts de recherche et de conception. Savoir poser les bonnes questions à la recherche en ayant intégré la complexité des problèmes à traiter restera en effet un prérequis incontournable pour le succès de ces initiatives. Cela sous-entend évidemment que siègent dans les conseils décisionnels des spécialistes du management de la recherche et de l'innovation, et des personnes entraînées à la prospective.

Conclusion générale

Au moment de clore cet ouvrage consacré à l'organisation et à la valorisation de la recherche, en cet automne de l'année 2020, des éléments d'actualité sont venus donner un relief particulier à la thématique traitée. Il y a d'abord, bien sûr, le contexte inédit de la crise pandémique. Cette expérience collective éprouvante et de dimension mondiale a mis en scène l'expertise scientifique, particulièrement celle des épidémiologistes pour comprendre les mécanismes de diffusion et les biologistes pour comprendre la pathologie. Elle fut aussi une expérimentation grandeur nature de la valorisation de la science sous forme d'innovation accélérée dans le système de recherche privé et public, afin de mettre sur le marché en un temps record diverses formes de vaccins – dont une, fondée sur l'acide ribonucléique (ARN), qui applique pour la première fois une nouvelle approche, qu'on n'aurait pas pu imaginer sans les avancées les plus récentes de la science.

Cela dit, la crise et ses conséquences socio-économiques multiples ont souligné bien d'autres dimensions de l'évolution de notre système et laissent de vastes perspectives à la réflexion prospective sur l'après-Covid. Citons, un peu en vrac : la transition numérique accélérée dans les usages comme ceux de la visio-conférence et de la messagerie instantanée – quel que soit le point d'accès ou l'équipement – qui se substitue aux rassemblements physiques et donc aux mobilités et induisent de la R&D dans le champ des logiciels de collaboration et de la cybersécurité puisque ces nouveaux usages augmentent la surface d'attaque à protéger ; l'approfondissement de la prise de conscience par le grand public des économies à faire sur tous les produits et les activités consommatrices de ressources polluantes qui ne sont pas forcément d'une utilité majeure, surtout en comparaison des dimensions fondamentales du bien-être comme la santé ; l'aggravation de la méfiance vis-à-vis d'une partie des sachants, surtout ceux que mobilise l'administration pour établir ses actions immédiates et produire ses politiques ; la révélation paradoxale que la recherche est une activité indispensable et que son produit, la science, reste entachée par beaucoup d'incertitude. En effet, il est utile de souligner que la production de connaissance – même dans les disciplines les plus « dures » comme les mathématiques ou la physique – est avant tout un processus profondément humain, ni canalisé, ni déterministe, et qui avance de façon erratique au gré du relationnel, de l'intuition, voire de la psychologie du chercheur qui n'est jamais totalement neutre dans sa démarche (ne serait-ce que parce qu'il a une carrière personnelle à gérer).

De même, le système de la recherche et de l'innovation tout entier n'est pas seulement lié aux lois de la nature (celles de la physique, de la biologie, etc.) mais également aux sciences humaines et sociales – comme sujet et objet. Le système dépend des lois et institutions qui régissent son organisation, ses normes et son évaluation. Et c'est sans doute la recherche pilotée et mise en scène par les administrations publiques et privées qui alimente particulièrement le scepticisme d'une partie de la population vis-à-vis de la science et des usages qui en sont faits. On comprend alors le rôle important que doivent jouer les politiques publiques dans le domaine de la recherche et de l'innovation, politiques dont la conception doit se faire en lien avec la communauté scientifique et la société, au nom de l'intérêt général.

Au niveau des systèmes nationaux, deux évènements méritent d'être soulignés. Du côté de la France, la loi de Programmation pluriannuelle de la recherche (LPPR) – rebaptisée loi de Programmation de la recherche 2021–2030 – arrive aux toutes dernières étapes parlementaires et le moins qu'on puisse dire est qu'elle ne fait pas l'unanimité dans la communauté scientifique. On lui reproche de ne pas être au niveau des enjeux sur le plan budgétaire (elle permettra à peine d'atteindre le fameux 1% du PIB de recherche publique dans quelques années) et d'introduire par ailleurs des réformes perçues comme étant risquées pour l'indépendance et la sérénité des chercheurs. En matière d'évaluation des chercheurs au long de leur carrière, la remise en question du rôle du Conseil national des universités (CNU) – une question qui n'était pas du tout attendue et qui a émergé *in fine* au cours de la navette entre l'Assemblée et le Sénat – est considérée par beaucoup comme une attaque frontale contre le principe de l'évaluation par les pairs à un haut niveau dans le système national. Ce dernier point mérite d'être discuté car, comme nous l'avons vu, le système de l'évaluation est loin d'être parfait et devrait certainement être revu, mais pas d'une manière verticale, sans véritable consultation de la communauté scientifique.

Du côté de l'Allemagne, le principal organisme de recherche fondamentale, la société Max Planck, a connu un grand succès avec deux lauréats du prix Nobel cette année : Reinhard Genzel en physique à Munich et Emmanuelle Charpentier en chimie à Berlin. Dans le second cas, la Max Planck a été bien avisée d'attirer il y a quelques années la Française (qui a fait le gros de sa carrière hors de France) au bon moment, en lui offrant des conditions de travail exceptionnelles à l'institut berlinois de biologie des infections. Un des objectifs de la nouvelle loi en France est justement de contribuer à inciter les meilleurs des scientifiques français à revenir au pays (ou à ne pas le quitter quand ils arrivent au meilleur de leur carrière). Il n'est pas certain que le gouvernement s'y prenne de la meilleure façon possible, mais c'est un débat que nous n'ouvrirons plus dans cette conclusion. Il est en revanche essentiel de souligner encore l'importance de l'organisation de la recherche. C'est la qualité de ce contexte organisationnel qui donne des ailes aux meilleurs chercheurs et favorise la valorisation.

Pour ce qui est du système européen, il est à noter que l'Europe reste encore une puissance scientifique de tout premier plan, aux côtés de l'Amérique et de la Chine. À la différence de certains domaines technologiques comme le numérique, il n'y a pas de retard européen en matière de recherche scientifique. C'est donc une carte à jouer, d'autant plus que l'innovation s'appuie sur la science et le monde académique. Dans un entretien avec la revue *La Recherche* (n° 563, novembre 2020), Martin Stratmann, président de la société Max Planck estime que « pour réussir sur le plan économique [...] il faudra être excellent dans le domaine de la recherche dans les universités, sans négliger la recherche fondamentale. Malheureusement, la discussion d'Horizon Europe pour le financement de la recherche européenne ne va pas dans cette voie ». Beaucoup de commentaires dans la presse montrent en effet que le budget européen de la recherche a été considérablement revu à la baisse entre le projet du Parlement et celui de la Commission, suite à l'intervention en particulier des pays dits « frugaux » comme les Pays-Bas au sein du Conseil.

Dans l'entretien, Martin Stratmann fait d'ailleurs quelques remarques qui illustrent bien plusieurs des conclusions que nous souhaitons tirer du présent ouvrage :

> « [...] ces deux prix Nobel mettent en lumière les découvertes passionnantes et innovantes qui découlent d'une recherche suscitée par la curiosité ».

> « […] nous ne faisons pas de distinction entre science fondamentale et science appliquée – même si nos chercheurs s'intéressent davantage au fondamental ».
>
> « Nous misons sur les personnes plutôt que sur les sujets. Et lorsque les instituts n'existent pas, nous les créons afin d'incorporer le domaine scientifique. C'est pourquoi nous n'avons pas de priorité de recherche ».

Interrogé sur les différences entre les systèmes français et allemand, Martin Stratmann souligne que le statut de la recherche est protégé par la constitution fédérale (article 5) : « L'art et la science, la recherche et l'enseignement doivent être libres ».

Le tour d'horizon que nous avons fait de la recherche et de son rôle social et économique à travers le temps comme en comparaison internationale confirme que la science est, dans son intention, une action autonome de la pensée humaine visant à la construction d'un sens à propos de la réalité, qui se définit surtout par une méthode d'investigation (variable selon les disciplines) et la pratique d'un langage approprié pour communiquer entre chercheurs. Elle n'est pas censée posséder une finalité externe, pas même la poursuite de la « vérité » – qui n'est pas un concept scientifique. Les connaissances technologiques, par contre, apparaissent totalement encastrées dans des pratiques économiques et sociales et se définissent par leur but, leur fonctionnalité, répondant à des enjeux sociétaux sur lesquels la société dans son ensemble doit s'entendre.

Il est vrai en effet que la science fondamentale ne trouve pas sa raison d'être dans ses applications, même si les politiques publiques essaient de manière plus ou moins habile de l'orienter vers les fins que la technostructure pense importantes et utiles. Et pourtant elle est liée à tous les sujets sociétaux dans un système d'une complexité inouïe. Ainsi, la recherche fondamentale peut être purement spéculative ou au contraire finalisée – sans être pour autant appliquée. La recherche appliquée produit de la technologie tout autant que la technologie donne les clés de l'avancement de la recherche. Sans la découverte des « ciseaux génétiques » d'Emmanuelle Charpentier, on ne saurait pas faire tout ce que la biologie appliquée réalise actuellement (y compris lutter contre beaucoup de maladies), mais à l'époque l'objet de la recherche en question n'était pas exactement ces applications. On découvre que la science, tout autant que la technologie, répond à diverses attentes de la société, mais souvent par des voies détournées.

À certaines époques ou dans certains lieux, la recherche constitue une valeur en soi, alors qu'ailleurs elle ne prend son sens qu'en fonction de sa « valorisation », c'est-à-dire en relation avec d'autres systèmes de valeurs (économiques, sociétales, philosophiques, voire religieuses). On peut distinguer très clairement les résultats de la créativité selon qu'elle est scientifique (découverte), technologique (invention) ou économique (innovation) et en souligner les différences fondamentales de règles du jeu, ou bien au contraire souligner comme nous l'avons fait, les interférences continuelles entre ces champs qui ne sont pas du tout hermétiques les uns aux autres.

Enfin, l'idée même que l'accroissement des connaissances soit obligatoirement une bonne chose, qu'il s'agisse de science pure ou de capacités techniques et économiques, peut parfaitement être remise en cause : l'innovation a eu une connotation négative pendant des siècles et rien ne prouve que la société ne reviendra pas à l'avenir sur une position de contestation du mythe dominant des $19^{\text{ème}}$ et $20^{\text{ème}}$ siècles, la foi dans le progrès scientifique et technologique. Que l'on se réfère au scepticisme de Rabelais (1532) qui écrivait au $16^{\text{ème}}$ siècle « [...] science sans conscience n'est que ruine de l'âme ». Ce n'est pas la science ou la technologie qui est bonne ou mauvaise mais les usages que la société en fait. Les découvertes en physique théorique, en biologie, en informatique, etc. peuvent conduire au pire comme au meilleur ! Cela appelle à la responsabilité du chercheur qui ne doit pas fermer les yeux sur l'usage qui peut être fait de ses découvertes. Qu'il s'engage ou non dans les choix qui sont faits par la société pour les valoriser le regarde – car son statut de chercheur ne l'oblige pas à interagir avec elle pour l'influencer – mais il doit absolument permettre aux citoyens d'agir en connaissance de cause. Cette question éthique qui se pose pour le chercheur individuel est bien entendu un enjeu majeur pour les politiques et les grandes agences qui organisent la R&D, tant on sait que la science et la technologie sont devenues au cours du $20^{\text{ème}}$ siècle un facteur de compétitivité internationale de premier rang. L'Europe n'a-t-elle pas, un rôle notoire à jouer pour promouvoir au $21^{\text{ème}}$ siècle une recherche éthique et responsable ? Le philosophe Michel Serres avait, à notre avis, raison de dire que « la nouvelle culture ne réconciliera pas seulement les sciences exactes et humaines, mais le savoir rationnel le plus avancé avec l'éthique et l'inquiétude religieuse » (cité par Munier, 1996).

Défendre une recherche éthique et responsable passe par de la communication et bien sûr par la formation, à commencer par celle des plus jeunes générations dans le primaire et le secondaire et celle de nos étudiants au sein des universités et des grandes écoles. Nous avons souligné à cet égard, le rôle clé joué par les pôles d'excellence (ou campus) qui associent une recherche de haut niveau, financée en partie par les entreprises (pour leurs besoins d'innovation), à des cursus universitaires couvrant un large spectre disciplinaire et contribuant ainsi à former des citoyens aptes à saisir ce que la science peut apporter aux questions que posent aujourd'hui la société et l'économie.

Les citoyens dans leur ensemble doivent en effet être informés des enjeux. La pression doit passer par la connaissance qui est un préalable à l'action politique dans les régimes démocratiques. La vulgarisation scientifique a son rôle à jouer – une éducation plus qu'une simple information, par exemple pour se prémunir contre le risque d'emballement médiatique. Outre la formation et la vulgarisation, il faut également plus de recherche sur la recherche afin d'être en capacité de mieux appréhender l'impact sociétal du système de recherche, des découvertes et des innovations. Cela appelle à une réflexion démocratique sur ce que les citoyens attendent de l'avenir : dans quel monde veulent-ils se projeter ?

C'est sur ces bases analytiques et philosophiques, pleines de certitudes et d'incertitudes, qu'il faut construire notre regard sur les politiques de recherche et d'innovation. La comparaison de deux pays, semblables à bien des égards, comme la France et l'Allemagne est également instructive dans ce qu'elle révèle de manières différentes de concevoir l'action publique, de formuler des attentes vis-à-vis des entreprises et des universités, de mesurer statistiquement les variables, et même de définir les termes (traduire le mot « valorisation » par exemple).

Les deux pays partagent en tout cas beaucoup d'enjeux propres à notre époque, et si leur manière de répondre aux défis n'est pas exactement la même, c'est précisément des points intéressants à observer. Il y a des défis externes comme les crises climatique, environnementale ou sanitaire, comme la concurrence des puissances anciennes ou émergentes dans le monde, comme la révolution numérique et servicielle, etc. Il y a aussi des pratiques nouvelles comme celles du *New public management* qui impactent pour le meilleur ou pour le pire les politiques de recherche et d'innovation. Une question particulièrement importante en la matière est de savoir à partir de quel moment l'évaluation devient contre-productive. Son caractère individuel et fréquemment disciplinaire va-t-il de pair avec la solidarité et des formes de collégialités propices à la créativité ? Ne faudrait-il pas laisser davantage de place à la transversalité disciplinaire, à la *sérendipité*... qui sont bien souvent en contradiction avec la planification des projets de R&D ? A-t-on assez réfléchi à une organisation de la recherche qui permette de tenir compte des rythmes décalés entre le monde académique et celui de l'industrie – une synchronisation intelligente des horloges, sans pour autant favoriser un type de recherche par rapport à l'autre ? Comment faire davantage le lien avec l'attente des citoyens, avec la vision qu'ils ont du progrès... pour que science et société soient davantage en symbiose ?

Les comparaisons statistiques et structurelles entre les deux pays ont fait apparaître des forces et des faiblesses relatives (par exemple, côté français, le retard pris dans l'investissement public en matière de recherche fondamentale), mais il faut sans doute arrêter de toujours considérer les analyses du point de vue des classements et de la concurrence des systèmes. L'avenir de nos pays sera européen ou ne sera pas... Il faudrait reprendre les comparaisons en pensant aux complémentarités que recèlent les différences et qui pourraient être valorisées au sein d'un système commun. Le centralisme est souvent un handicap, mais pour certaines choses le fédéralisme constitue une contrainte assez lourde ; la désindustrialisation peut être vue comme un scénario catastrophe, mais le développement des services apporte quelques avantages sur le chemin qui mène à l'industrie du futur. Rien qu'avec ces deux exemples, on peut imaginer des synergies franco-allemandes. Comparaison ne veut pas dire imitation. C'est en assumant ses différences qu'il est parfois possible de jouer un jeu intéressant et fructueux.

Références bibliographiques

Abernathy, W. J., Utterback, J. M. (1978). « Patterns of industrial innovation ». *Technology Review*, 64(7), (254–228).

Abramson, H.N., Encarnação J., Reid, P.P., Schmoch, U. (eds.) (1997). *Technology transfer systems in the United States and Germany*, Washington DC: National Academy Press.

Academic Ranking of World Universities (2019). Shanghai Ranking. http://www.shanghairanking.com/ARWU2019.html

Acquier, A. (2017). « Retour vers le futur ? Le capitalisme de plate-forme ou le retour du 'domestic system' ». *Le Libellio d'AEGIS*, Vol. 13, n° 1, Dossier Évolutions du travail, plates-formes et digital, (87–100).

Adner, R., Kapoor, R. (2016). « Innovation Ecosystems and the Pace of Substitution: Re-Examining Technology S-Curves ». *Strategic Management Journal*, 37 (4), (625–648).

Adner, R., Kapoor, R. (2016). « Right Tech, Wrong Time ». November Issue, *Harvard Business Review*.

Adnot, P. (2017). *Rapport d'information fait au nom de la Commission des finances sur les Sociétés d'Accélération du Transfert de Technologie (SATT)*. Paris : Sénat (session extraordinaire 2016–17), n° 683, 26 juillet.

AFITEP-AFNOR (2010). *Dictionnaire de management de projet*. Paris : AFNOR.

Allen, T. J. (1977). *Managing the flow of technology: technology transfer and the dissemination of technological information within the R and D organization*. Cambridge : Massachusetts Institute of Technology Press.

Alter, A. (1992). *La gestion du désordre en entreprise*. Paris : L'Harmattan.

Alter, A. (2010). *L'innovation ordinaire*. Paris : Presses Universitaires de France, 1ère édition : 2000.

Amar, G. (2013). *Aimer le futur : la prospective, une poétique de l'inconnu*. Limoges : FYP éditions.

Amar, G. (2016). *Homo mobilis : une civilisation du mouvement, de la vitesse à la reliance*. Nouvelle éd. enrichie et remaniée, Limoges : FYP éditions.

Ancori, B., Brendlé, P. (1984). « Perspectives concrètes d'une chimie de la fonction », in : P. Cohendet (sldd), *La chimie en Europe*. Paris : Économica, (239–279).

Archambault, V., Popiolek, N. (Dir.) (2020). *Histoires de sciences & entreprises*, Vol. 4 : *Séminaire « Favoriser l'impact de la recherche »*. Paris : Presses des Mines.

Arrow, K. (1962). « Economic welfare and the allocation of resources for invention », in : R. Nelson (Dir.), *The Rate and Direction of Inventive Activity*. Princeton : N. J., Princeton University Press, (609–626).

Ashton, T. S. (1955). *La révolution industrielle : 1760–1830*, traduit de l'anglais par Frans Durif. Paris : Plon.

Banque Mondiale (2020). « World Development Indicators: structure of output ». *World bank open data:* http://wdi.worldbank.org/table/4.2

Barré, R. (2011). « Programmation de la recherche : perspectives conceptuelles, institutionnelles et actuelles ». *Innovations*, 36(3), (9–19).

Barré, R. (2016). « Une brève histoire du SFRI. Un regard quantitatif (1963–2013) » in : J. Lesourne et D. Randet (eds.), *FutuRIS 2016 – La Recherche et l'Innovation en France*. Paris : Odile Jacob, 2016, chap. 2, (31–74).

Berger-Douce, S. (2014). « Capacités dynamiques d'innovation responsable et performance globale : Étude longitudinale dans une PME industrielle ». *RIMHE, Revue Interdisciplinaire Management, Homme et Entreprise*, n° 12, (10–28).

Bienaymé, A. (1994). *L'économie des innovations technologiques*. Paris : Presses Universitaires de France.

Blay, M. (2020). « 50 ans de succès menacés d'appauvrissement ». *La Recherche*, n° spécial 33, mars–mai, (6–7).

Böhme, G., van der Daele, W., Krohn, W. (1973). « Die Finalisierung der Wissenschaft ». *Zeitschrift für Soziologie*, 2(2), (128–144).

Boucher, M. (1973). « List et la théorie de l'industrie naissante », *L'actualité économique*, 49(2), (259–268).

Bouquin, N., Mérindol, V., Versailles, D. W. (2016). « Les *open labs* en France. Quelques repères et un regard sur les *open labs* d'entreprises », in : J. Lesourne et D. Randet (eds.), *FutuRIS 2016 – La Recherche et l'Innovation en France*. Paris : Odile Jacob, 2016, chap. 7, (209–274).

Bush, V. (1945). *Science the endless frontier. A report to the President by Vannevar Bush, Director of the Office of scientific research and development.* Washington: United States Government Printing Office.

Cabanes, B. (2017). *Modéliser l'émergence de l'expertise et sa gouvernance dans les entreprises innovantes: des communautés aux sociétés proto-épistémiques d'experts.* Thèse en sciences de gestion, MINES ParisTech – PSL Research University.

Calamel, L., Chabault, D. (2020). « The Role of Proximities in the Construction of Managerial Innovation in a Collaborative Context ». *Journal of Innovation Economics & Management*, n° 32 (2), (107–133).

Callon, M. (1989). *La Science et ses réseaux. Genèse et circulation des faits scientifiques.* Paris : La Découverte.

CEA (2018). Le rapport financier du CEA, année 2018.

Cervel, F. (2018). « Enseignement supérieur : le modèle français en question ». *Futuribles*, n° 424, mai–juin, (5–22).

Chapel, V. (1997). « La croissance par l'innovation intensive : de la dynamique d'apprentissage à la révélation d'un modèle industriel, le cas Téfal ». Thèse en sciences de gestion, École des Mines de Paris.

Chevassus-au-Louis, N. (2008). « Mariage annoncé entre CNRS et universités ». *La Recherche*, n° 420, juin, (58–61).

Chouat, F., Marey-Semper, I., Vernay, D. (2019). *Loi de programmation pluriannuelle de la recherche, Groupe de travail 3, Recherche partenariale et innovation.* Rapport Loi de Recherche, 23 septembre.

Christensen, C. M. (1992). « Exploring the Limits of the Technology S-Curve ». Part I: Component Technologies. *Production and Operations Management* 1(4), (334–357).

Clark, K., Fujimoto, T. (1991). *Product developement performance. Strategy, organization and management in the world auto industry.* Harvard Business School Press.

Clifford, D. Conner (2005). *A People's History of Science : Miners, Midwives, and « Low Mechanicks ».* Nation Books, New York. Traduit en français (2011). *Histoire populaire des sciences.* Montreuil : L'échappée, 2011.

Cohen, W.M., Levinthal, D.A. (1990). « Absorptive capacity: a new perspective on learning and innovation ». *Administrative Science Quarterly*, n° 35, (128–152).

Cohendet, P. (2016). « Arthur Koestler. Aux origines de l'acte créatif : la bisociation », in : T. Burger-Helmchen, C. Hussler et P. Cohendet, *Les grands auteurs en management de l'innovation et de la créativité*. Cormelles le Royal : Editions EMS, (615–625).

Cohendet, P., Grandadam, D., Simon, L. et Capdevila, I. (2014). « Epistemic communities, localization and the dynamics of knowledge creation ». *Journal of Economic Geography*, 14(5), (929–954).

Cohendet, P., Le Bas C., Simon L., Szostak, B. (2013). « La gestion de la créativité ». *Gestion*, 38(3), Introduction au dossier (p. 5).

Colombo, U. (1980). « A viewpoint on innovation and the chemical industry ». *Research Policy*, 9/3, (203–231).

Commission européenne (2010). *Initiative phare Europe 2020 : Une Union de l'innovation*, Communication de la Commission au Parlement européen, au Conseil, au Comité économique et social européen et au Comité des régions. Bruxelles : SEC(2010) 1161, octobre.

Commission européenne (2014). *Horizon 2020 en bref. Le programme-cadre de l'UE pour la recherche et l'innovation*. Direction générale de la recherche et de l'innovation. Luxembourg : Office des publications de l'Union européenne.

Communication from the Commission (2014). *Criteria for the analysis of the compatibility with the internal market of State aid to promote the execution of important projects of common European interest*. Report 2014/C 188/02.

Conseil de l'innovation (2019). « 1 an ; 5 défis ». Dossier de presse, 19 novembre.

Conseil de la science et de la technologie du Québec (2005). *La valorisation de la recherche universitaire, Clarification conceptuelle*. Étude, Science et technologie au service de la société. Québec, février.

Cour des comptes (2017). *La valorisation de la recherche civile du CEA*, exercices 2007–2015. S2017–0917.

Cour des comptes (2018). *Les outils du PIA consacrés à la valorisation de la recherche publique. Une forte ambition stratégique, des réalisations en retrait*. Rapport public thématique, Synthèse, mars.

Crespo-Febvay, A-V., Loubès, A. (2019). « Le dialogue interentreprises comme levier d'innovation responsable ». *Innovations : L'innovation responsable*, n° 59 (2), (75–102).

Crespy, C., Héraud, J-A., Perry, B. (2007). « Multi-level governance, regions and science in France: between competition and equality ». *Regional Studies*, 41/8, (1069–1084).

Crozet, M. Milet, E. (2017). « Vers une industrie moins… industrielle ? ». *La lettre du Centre d'études prospectives et d'informations internationales* (CEPII), n° 341, février.

Cusin, F. (2010). « De la fonctionnalité à l'accès ». *Futuribles*, n° 360, février, (5–20).

Darmon, P. (2014). *L'homme et les microbes XVIIe–XXe siècle, Nouvelles Études Historiques*. Fayard.

Desrosières, A. (1995). *Refléter ou instituer : L'invention des indicateurs statistiques*. Paris : INSEE.

Dietrich, L., Schirra, W. (2006). *Innovationen durch IT. Erfolgsbeispiele aus der Praxis*. Berlin, Heidelberg: Springer.

Edqvist, O. (2003). « Layered science and science policies ». *Minerva*, 41, (207–221).

El Ouardighi, J., Héraud, J-A., Kahn, R. (2006). « Une relecture de la politique régionale européenne et du rôle des collectivités : l'exemple des politiques de recherche et d'innovation », in : H. Capron (ed.). *Convergence et dynamique d'innovation au sein de l'espace européen*. Bruxelles : De Boek, (246–273).

Encyclopaedia Britannica (1962). Vol. 22. Chicago, London, Toronto : édition de 1962.

Ergas, H. (1986), *Does Technology Policy Matter?* Available at http://dx.doi.org/10.2139/ssrn.1428246

Ergas, H. (1987). "Does Technology Policy Matter?". *National Research Council. Technology and Global Industry: Companies and Nations in the World Economy*. Washington, DC: The National Academies Press.

European Commission (2018). *Mission-Oriented Research and Innovation. Assessing the Impact of a mission-oriented research and innovation approach*. Project Report for the European Commission.

European Commission (2019). « Horizon Europe, the next EU Research & Innovation investment programme (2021–2027) ». *#HorizonEU Presentation,* based on the Commission Proposal for Horizon Europe, the common understanding between co-legislators and the Partial General Approach, both approved in April.

European Innovation Council (2020). *A Vision and Roadmap for Impact*. Independent report by the EIC pilot Advisory Board, European Commission, Directorate-General for Research and Innovation, June.

European Innovation Scoreboard (2019). *European Commission, Directorate-General for Internal Market, Industry, Entrepreneurship and SMEs*: https://op.europa.eu/en/publication-detail/

Eurostat, Office statistique de l'Union européenne : https://ec.europa.eu/info/departments/eurostat-european-statistics_fr

Evans, P., C., Gawer, A. (2016). « The Rise of the Platform Enterprise: A Global Survey ». *The Emerging Platform Economy Series,* n° 1, The Center for Global Enterprise.

Fasshauer, I., Zadra-Veil, C. (2020). « Le *living lab*, un intermédiaire d'innovation ouverte pour les territoires ruraux ou péri-urbains ? ». *Innovations : Espaces de travail créatifs,* n° 61 (1), (15–40).

Fernez-Walch, S., Triomphe, C. (2004). « L'approche plate-forme : le management des familles de projets articulées autour de composants communs », in : Garel, G., Giard, V., Midler, Ch. (Dir) (2004). *Faire de la recherche en management de projet.* Paris : Vuibert, chap. 12, (247–279).

Ferone Creuzet, G., Seghers, V. (2020). « Vers un capitalisme d'intérêt collectif : De la performance financière à l'utilité collective », *Futuribles* n° 434.

Fert, A. (2007). « The origin, development and future of spintronics." D. Nobel lecture, 2007. Stockholm.

Fert, A. (2017). « De la science fondamentale à l'innovation : progrès récents et futurs de nos ordinateurs ». *Collège de France,* 24 mars. https://www.college-de-france.fr/site/didier-roux/seminar-2017-03-24-11h00.htm

Foray, D. (1995). « Les brevets dans la nouvelle économie de l'innovation », in : M. Basle, D. Dufourt, J-A. Héraud, J. Perrin (sldd). *Changement institutionnel et changement technologique. Evaluation, droits de propriété intellectuelle, système national d'innovation,* Paris : CNRS Editions, chapitre 6, (119–149).

France Stratégie (2014). *France-Allemagne : performances comparées,* 2/12/2014.

Freeman, C. (1982). *The Economics of Industrial Innovation.* London: Frances Pinter.

Frietsch, R. et Kroll, H. (2010). « Recent trends in innovation policy in Germany », in : Frietsch, R. et Schüller, M. (eds) (2010). *Competing for global innovation leadership: innovation systems and policies in the USA, Europe and Asia*. Stuttgart: Fraunhofer Verlag, (73–91).

Georgescu-Roegen, N. (1971). *The entropy law and the economic process*. Harvard: Harvard University Press.

Gertner, J. (2012). *The idea factory: Bell Labs and the great age of American innovation*. London: Penguin Press.

Gibbons, M., Limoges, C., Nowotny, H., Schwartzman, S., Scott, P., Trow, M. (1994). *The new production of knowledge: The dynamics of science and research in contemporary societies*. New York: SAGE publications.

Godin, B. (2006). « The Linear Model of Innovation: The Historical Construction of an Analytical Framework ». *Science, Technology, & Human Values*, 31(6), (639–667).

Godin, B. (2017). *L'innovation sous tension. Histoire d'un concept*. Québec, Canada : Presses de l'université Laval.

Godin, B. (2019). « Théologie de l'innovation », Communication présentée à l'université de Montréal le 16 octobre.

Grossetti, M. (2014). « Incertitudes et irréversibilités dans la construction de la carte scientifique française : 1808–2008 », in : C. Bouneau, Y. Lung (Dir.), *Les trajectoires de l'innovation. Espaces et dynamiques de la complexité (XIX–XXI siècles)*. Bruxelles : PIE Peter Lang, chap. 4.

Grunwald, A. (2014). « Technology Assessment for Responsible Innovation », in : Van den Hoven J. *et al.* (eds), *Responsible Innovation 1: Innovative Solutions for Global Issues*. Springer Netherlands, (15–31).

Guillaume, H. (1998). *Rapport de Mission sur la Technologie et l'Innovation*. Paris : Documentation française, Collection des rapports officiels.

Hall, B. (2002). « The financing of research and development ». *Oxford Review of Economic Policy*, 18(1), (35–51).

Hamel, G., Prahalad, C., K. (1994). *Competing for the Future; breakthrough strategies for seizing control of your industry and creating the market of tomorrow*. Boston, MA: Harvard Business School Press.

Hatchuel, A., Weil, B. (2009). « C-K design theory: an advanced formulation ». *Research in Engineering Design*, 19 (4), (181–192).

Hatchuel, A. (2013). « Deconstructing meaning: Industrial design as Adornment and Wit ». *10th European Academy of Design Conference: Crafting the Future.* Gothenburg, Sweden, April.

Hatchuel, A., Le Masson, P., & Weil, B. (2001). « From R&D to RID: Design strategies and the management of innovation fields », in : *8th international product development management conference.* Enschede, The Netherlands, (415–430).

Hcéres (2019). *Dynamics of scientific production in the world, in Europe and in France, 2000–2016,* OST, Haut conseil de l'évaluation de la recherche et de l'enseignement supérieur.

Henderson, R., Clark, K. (1990). « Architectural Innovation: The Reconfiguration of Existing Product Technologies and the Failure of Established Firms ». *Administrative Science Quarterly,* 35, (9–30).

Héraud, J.-A. (2003). « Régions et innovation », in : Mustar P. et Penan H., *Encyclopédie de l'innovation,* Paris : Économica, (645–664).

Héraud, J-A. (2003). « Regional innovation systems and European research policy: Convergence or misunderstanding? ». *European Planning Studies,* 11/1, (41–56).

Héraud, J-A. (2009). « La gouvernance multi-niveaux de la recherche et de l'innovation dans les régions françaises », in : Leresche, J-Ph., Laredo, Ph. Et Weber K. (eds), *Recherche et enseignement supérieur face à l'internationalisation.* Lausanne : Presses polytechniques et universitaires romandes, (259–280).

Héraud, J-A., Hahn, R., Gaiser, A., Muller, E. (1995). « Réseaux d'innovation et tissu industriel régional : une comparaison Alsace/Bade-Wurtemberg », in : B. Haudeville, J-A. Héraud, M. Humbert (eds), *Technologie et performances économiques* : Paris : Économica, (97–121).

Héraud, J-A., Kerr, F., Burger-Helmchen, T. (2019). *Management créatif des systèmes complexes.* London : Iste Editions Ltd.

Héraud, J-A., Lachmann, J. (2015). « L'évolution du système de recherche et d'innovation : ce que révèle la problématique du financement dans le cas français ». *Innovations,* n° 46, (9–32).

Hirschleifer, J. (1971). « The private and social value of information and the reward to inventive activity ». *American Economic Review,* Vol. 61, n° 4.

Hooge, S. (2020). *La valeur de l'inconnu en entreprise : Modélisation des stratégies, outils et dynamiques collectives de la performance de l'innovation intensive.* Mémoire de synthèse des travaux d'Habilitation à Diriger des

Recherches en Sciences de Gestion. Université Paris-Dauphine – PSL Research Université.

Hooge, S., Kokshagina O., Le Masson P., Levillain K., Weil B., Fabreguette V. and Popiolek N. (2016). « Gambling versus designing: organizing for the design of the probability space in the energy sector ». *Creativity and Innovation Management*, 25 (4), (464–483).

ImPACT (2017). *Impulsing Paradigm Change through Disruptive Technologies Program, Science, Technology and Innovation Policy*, Revised Edition. http://www.jst.go.jp/impact/en/intro.html

Joly, P.-B., Gaunand, A., Colinet, L., Larédo, Ph., Lemarié, S., Matt, M. (2015). « ASIRPA: A comprehensive theory-based approach to assessing the societal impacts of a research organization ». *Research Evaluation*, Vol. 24, Issue 4, October, (440–453).

Jonkers, K., Sachwald, F. (2018). « The dual impact of 'excellent' research on science and innovation: the case of Europe ». *Science and Public Policy*, Vol. 45, Issue 2, April, (159–174).

Kellogg W.K. Foundation (2004). *Logic Model Development Guide: Using Logic Models to Bring Together Planning, Evaluation, and Action*. Michigan.

Klein, E. (2016). « Progrès et innovation : quels liens ? », in : Lesourne Jacques et Randet Denis (Dir.) : *La Recherche et l'innovation en France*. FutuRIS 2016. Paris : Odile Jacob.

Klein, E. (2017). « Le Progrès est en voie de disparition ». Entretien, Denis Lafay, 16.03.2017, AGEFI.

Kline, S. J. et Rosenberg, N. (1986). « An overview of innovation », in : Landau R. & Rosenberg N. (eds.). *The Positive Sum Strategy: Harnessing Technology for Economic Growth*, Washington, D.C.: National Academy Press, (275–305).

Knight, F. (1921). *Risk, Uncertainty and Profit*. Boston, MA: Hart, Schaffner & Marx; Houghton Mifflin Company.

Kohler, D. & Weisz, J. (2018). « Industrie 4.0, une révolution industrielle et sociétale ». *Futuribles*, 424(3), (47–68).

Lancaster, K. J. (1966). « A new approach of consumer theory ». *Journal of Political Economy* 74/ 2, (132–157).

Lanzavecchia, G. (2012). « Fare previsioni è rischioso? », in : P. Barrotta (a cure di) *Il rischio. Aspetti tecnici, sociali, etici*. Roma: Armando, (88–108).

Le Masson, P. (2020). « Quels modèles pour une recherche à double impact ? », in : Archambault, V. et Popiolek, N., (Dir) (2020). *Histoires de sciences & entreprises*, Vol. 4 : Séminaire « Favoriser l'impact de la recherche ». Paris : Presses des Mines, (47–79).

Le Masson, P., Hatchuel, A., Weil, B. (2018). *Théorie C-K, Fondements et implications d'une théorie de la conception.* Saint Denis : Editions Techniques de l'ingénieur.

Le Masson, P., Weil, B., Hatchuel, A. (2006). *Les processus d'innovation. Conception innovante et croissance des entreprises.* Paris : Hermès-Lavoisier, coll. « Science Publications ».

Lehoux, P., Daudelin, G., Denis, J-L., Gauthier, Ph., Hagemeister, N. (2019). « Pourquoi et comment sont conçues les innovations responsables ? Résultat d'une méta-ethnographie ». *Innovations : L'innovation responsable*, n° 59 (2), (15–59).

Lenfle, S., Midler, C. (2002). « Stratégies d'innovation et organisation de la conception dans les entreprises amont. Enseignements d'une recherche chez Usinor », *Revue Française de Gestion*, Vol. 28 n° 140, sept/oct, (89–106).

Lenfle, S., Midler, C. (2003). « Management de Projet et Innovation », in : Mustar P. and H. Penan, H., *Encyclopédie de l'innovation.* Paris : Économica, (49–70).

Les Sciences en Alsace, 1538–1988 : ouvrage collectif. Strasbourg : Librairie Oberlin.

Lesourne, J., Randet, D. (2009). « La Recherche et l'Innovation en France », in : *FutuRIS 2009*, sous la direction de Jacques Lesourne et Denis Randet. Paris : Odile Jacob.

Levillain, K. (2015). *Les entreprises à mission : Formes, modèle et implications d'un engagement collectif.* Thèse de doctorat en Sciences de gestion, Soutenue à Paris, ENMP, École doctorale Économie, organisations, société (Nanterre).

Levillain, K. (2017). *Les entreprises à mission : un modèle de gouvernance pour l'innovation.* Paris : Vuibert.

Levitt, T. (1972). « Production-line approach to service ». *Harvard Business Review* 50 (5), (41–52).

Lévy-Leblond, J.-M. (2020). Entretien du 18 mars 2020. *Journal Le Monde*, Cahier « Science et Médecine », (p. 8).

Livet, G. (1996). *L'université de Strasbourg. De la révolution française à la guerre de 1870*. Strasbourg : Presses Universitaires de Strasbourg.

Long, P.O. (1991). « Invention, authorship, intellectual property, and the origin of patents: note towards a conceptual history ». *Technology and Culture*, 32/4, (846–883).

March, J. G. (1991). « Exploration and exploitation in organizational learning ». *Organization Science*, 2(1), (71–87).

Mérindol, J-Y (2010). « Le système d'innovation français face au modèle allemand », in : Hazouard, S., Lasserre, R., Uterwedde, H. (sld.) (2010). *Les politiques d'innovation coopérative en Allemagne et en France*. Cergy-Pontoise : CIRAC, (35–43).

MESRI (2019). « L'état de l'Enseignement supérieur, de la Recherche et de l'Innovation en France », *Ministère de l'Enseignement supérieur, de la Recherche et de l'Innovation*, n°12, Juillet.

MESRI (2020). « Projet de loi de programmation pluriannuelle de la recherche pour les années 2021 à 2030 ». NOR : ESRR2013879L/Rose-1. Rapport Annexe.

Midler, C. Jullien, B. et Lung, Y. (2017). *Innover à l'envers, repenser la stratégie et la conception dans un monde frugal*. Paris : Dunod.

Midler, Ch. (2017). « La dynamique du processus de conception innovante dans l'industrie : le cas de l'automobile ». *Séminaire du Conseil académique de l'université Paris-Saclay :* « Quelles synergies enseignement, recherche & entreprises sur le plateau de Saclay pour favoriser l'innovation ? », 19 janvier, Campus d'HEC.

Miller, WL., Morris, L. (1999). *Fourth Generation R&D, Managing Knowledge, Technology and Innovation*. New York : John Wiley & Sons.

Ministère de l'Économie et des Finances (2019). « Le Pacte productif pour le plein emploi ». Bercy : Dossier de presse, 15 octobre.

Morel, P. (2011). « Découvertes scientifiques et innovations techniques ». *Futuribles*, n° 375, (53–64).

Muller, E., Zenker, A., Héraud, J-A. (2015). « Knowledge Angels: Creative individuals fostering innovation in KIBS – Observation from Canada, China, France, Germany and Spain ». *Management International*, n°19, (201–218).

Munier, B. (1996). « Prix du risque et rationalité ». *Revue d'économie Financière*, n° 37, (31–58).

Muscio, A. (2010). « What drives the university use of technology transfer offices? Evidence from Italy », *Journal of Technology Transfer*, 35, (181–202).

Musselin, Ch. (2017). *La Grande Course des universités*. Paris : Presses de Sciences Po.

Mustar, P., Larédo, P. (2002). « Innovation and research policy in France (1980–2000), or the disappearance of the colbertist state ». *Research Policy*, 31/1, (55–72).

Nägele, R. (2010). « Structure du système de recherche et d'innovation allemand : spécificités et appréciation », in : Hazouard, S., Lasserre, R., Uterwedde, H. (sld.) (2010). *Les politiques d'innovation coopérative en Allemagne et en France*, Cergy-Pontoise : CIRAC, (47–54).

Nobelius, D. (2004). « Towards the sixth generation of R&D management ». *International Journal of Project Management*, 22, (369–375).

Notat, N., Senard, J.-D. (2018). *L'Entreprise, objet d'intérêt collectif*, Paris : Ministère de la Transition écologique et solidaire / ministère de la Justice / ministère de l'Économie et des Finances / ministère du Travail, mars, analysé, in : *Futuribles*, n° 426, septembre octobre, (52–54).

OCDE (1963). *Manuel de Frascati – Méthode type proposée pour les enquêtes sur la recherche et le développement – La mesure des activités scientifiques et techniques*. DAS/PD/62.47, Direction des affaires scientifiques, Paris.

OCDE (1979). *Interfutures*. The OECD Observer n° 100.

OCDE (2018). *OECD Statistics Directorate* : https://stats.oecd.org/Index.aspx?DataSetCode=VC_INVEST

Oldenburg R. (1989). *The Great Good Place: Cafes, Coffee Shops, Community Centers, Beauty Parlors, General Stores, Bars, Hangouts, and How They Get You through the Day*. New York (N.-Y.). Paragon House.

OSEO (2012). *RSE, source de compétitivité pour les PME, Regards sur les PME*. La documentation française, Vol. 22.

OST (2002, 2004, 2006). *Rapport de l'Observatoire des sciences et des techniques*. Paris : Économica.

Oster, U. A. (2007). *Die Grossherzöge von Baden. 1806–1918*. Regensburg : Verlag Friedrich Pustet.

Papon, P., (2020). « Classer les universités ». Actualités prospectives, Idées & faits porteurs d'avenir. *Futuribles*, septembre–octobre, n° 438, (99–101).

Peaucelle, J-L. (2005). « Raisonner sur les épingles, l'exemple d'Adam Smith sur la division du travail ». *Revue d'Economie Politique*, 2005/4, Vol.115, (499–519).

Pin, C. (2015). *La gouvernance territoriale de l'innovation, entre région et métropole. Une comparaison Ile-de-France / Lombardie.* Thèse de Doctorat, université Paris 13 – Sorbonne Paris Cité.

Pin, C. (2020). « La gouvernance territoriale de l'innovation. Politique de cluster et *policy feedbacks* dans le contexte parisien (2005–2015) ». *Presses de Science Po « Gouvernement et action publique »*, 1, Vol. 9, (57–85).

Plasseraud, Y., Savignon, F. (1986). *L'État et l'invention. Histoire des brevets.* Paris : La Documentation Française.

Popiolek, N. (2015). *Prospective technologique : un guide axé sur des cas concrets.* Les Ulis : Edp Sciences.

Popiolek, N. (2018). « Le solaire photovoltaïque à l'ère numérique. Un scénario sur les énergies renouvelables au cœur de la transition écologique ». *Futuribles*, n° 425, (35–52).

Rabelais, F. (1532). *Pantagruel. Les horribles et épouvantables faits et prouesses de Pantagruel, roy des Dipsodes, fils du grand géant Gargantua.* Lyon : Claude Nourry.

Rifkin, J. (2000). *L'âge de l'accès. La Révolution de la nouvelle économie.* Paris : La découverte.

Rifkin, J. (2011). *The Third Industrial Revolution: How Lateral Power Is Transforming Energy, the Economy, and the World.* Palgrave Macmillan.

Ross, I.S. (1995). *The life of Adam Smith.* Oxford: Clarendon Press.

Rothwell, R. (1994). « Towards the fifth-generation innovation process ». *Int Market Rev* 1, 11(1), (7–31).

Roussel, Ph., Saad, K.N., Erickson, T.J. (1991). *Third generation R&D: managing the link to corporate strategy.* Boston, Massachusetts : Harvard Business School Press.

Roy, B. (1985). *Méthodologie multicritère d'aide à la décision.* Paris : Économica.

Schmoch, U. (2010). « La stratégie 'Hautes Technologies' de l'Allemagne : objectifs et réalisation », in : Hazouard, S., Lasserre, R., Uterwedde, H. (sld.) (2010). *Les politiques d'innovation coopérative en Allemagne et en France*, Cergy-Pontoise : CIRAC, (17–28).

Schumpeter, J. A. (1911). *Théorie de l'évolution économique* (2nde ed. (1926), Traduction française de 1935, Paris : Dalloz (trad. F. Perroux).

Scotchmer, S. (1991). « Standing on the Shoulders of Giants: Cumulative Research and the Patent Law ». *Journal of Economic Perspectives*, 5(1), (29–41).

Simon, H. (1996). *Hidden champions, lessons from 500 of the world's best unknown companies*. Boston (Mass.). Harvard Business School Press.

Sternberg, R. J. (2011). *Handbook of Creativity*. Cambridge (R.-U.). Cambridge University Press.

Stilgoe, J., Owen, R., Macnaghten, P. (2013). « Developing a Framework for Responsible Innovation ». *Research Policy*, 42(9), (1568–1580).

Strambach, S. (2008). « Knowledge-Intensive Business Services (KIBS) as drivers of multilevel knowledge dynamics ». *International Journal of Services Technology and Management (IJSTM)*, Vol. 10, n° 2/3/4.

Taverdet-Popiolek, N. (2021). "Economic Footprint of a Large French Research and Technology Organisation in Europe: Deciphering a Simplified Model and Appraising the Results". Journal of the Knowledge Economy. 10.1007/s13132-020-00709-2.

Taverdet-Popiolek, N. (2006). *Guide du choix d'investissement : préparer le choix, sélectionner l'investissement, financer le projet*. Paris : Editions d'Organisation, Eyrolles.

Temri, L. (2018). « Responsible innovation », in : Uzunidis, D. (eds), *Collective Innovation Process: Principles and Practices, Innovation in engineering and technology*. Londres : ISTE/Wiley, (160–176).

Tirole, J. (2016). *Economie du bien commun*. Paris : Presses Universitaires de France.

Torre, A., Zimmermann, J-B. (2015). « Des clusters aux écosystèmes industriels locaux ». Revue d'économie industrielle, n° 152, (13–38).

Touret, R., Meinard, Y., Petit J.-C., Tsoukiàs, A. (2019). « Cartographie descriptive du système national français du financement de la recherche sur projet en vue de son évaluation ». *Innovations : L'innovation responsable*, n° 59 (2), (205–241).

Veltz, P. (2017). *La Société hyper-industrielle. Le nouveau capitalisme productif*. Paris : Seuil, coll. « La république des idées ».

Villani, C. (2018). Conférence sur le thème « Progrès et sagesse ». 24ème Université Hommes-Entreprises, Château Smith Haut Lafitte, Martillac (33), 30 et 31 août.

von Schomberg, R. (2013). « A Vision of Responsible Research and Innovation », in : Owen, R., Bessant, J., Heintz, M. (eds), *Responsible Innovation: Managing the Responsible Emergence of Science and Innovation in Society*. Chichester, UK: John Wiley & Sons Ltd, (51–74).

Weber, M. (2002). *L'éthique protestante et l'esprit du capitalisme*. Texte original de 1904. Traduction française : Paris, Flammarion.

Weingart, P. (2010). « Eléments du système allemand d'innovation : forces et faiblesses », in : Hazouard, S., Lasserre, R., Uterwedde, H. (sld.) (2010). *Les politiques d'innovation coopérative en Allemagne et en France*, Cergy-Pontoise : CIRAC, (29–33).

Wulf, A. (2019). *The invention of nature. Alexander von Humboldt's new world*. New York : Alfred A Knopf.

Yannou, B. (2017). « Enseigner et organiser efficacement les processus d'innovation ». *Séminaire du Conseil académique de l'université Paris-Saclay* : « Quelles synergies enseignement, recherche & entreprises sur le plateau de Saclay pour favoriser l'innovation ? », 19 janvier, Campus d'HEC.

Comité scientifique

Laurent ADATTO (Réseau de Recherche sur l'Innovation, Paris, France)
Pierre BARBAROUX (École de l'Air, France)
Patricia BAUDIER (EM-Normandie Business School, France)
Sonia BEN SLIMANE (ESCP Business School, France)
Bertrand BOCQUET (Université de Lille, France)
Sophie BOUTILLIER (Université du Littoral Côte d'Opale, France)
Vanessa CASADELLA (Université de Picardie Jules Verne, France)
Romain DEBREF (Université de Reims Champagne-Ardenne, France)
Laurent DUPONT (Université de Lorraine, France)
Joelle FOREST (Institut National des Sciences Appliquées, Lyon, France)
Fedoua KASMI (Université de Lorraine, France)
Blandine LAPERCHE (Université du Littoral Côte d'Opale, France)
Son Thi Kim LE (Université du Littoral Côte d'Opale, France)
Didier LEBERT (École nationale supérieure de techniques avancées, Paris, France)
Birgit LEICK (USN School of Business – University of South-Eastern Norway)
Mireille MATT (Institut national de recherche pour l'agriculture, l'alimentation et l'environnement, Paris, France)
Laure MOREL (École Nationale Supérieure en Génie des Systèmes et de l'Innovation, Université de Lorraine, France)
Francesco SCHIAVONE (Università di Napoli Parthenope, Italie)
Eric SEULLIET (La Fabrique du Futur, Paris, France)
Bérangère SZOSTAK (Université de Lorraine, France)
Corinne TANGUY (AgroSup Dijon, France)
Leila TEMRI (Montpellier SupAgro)
Jean-Marc TOUZARD (Institut national de recherche pour l'agriculture, l'alimentation et l'environnement, Montpellier, France)
Dimitri UZUNIDIS (Réseau de Recherche sur l'Innovation, Paris, France)

Titres parus

Vol. 26 – Jean-Alain Héraud et Nathalie Popiolek, *L'organisation et la valorisation de la recherche. Problématique européenne et étude comparée de la France et de l'Allemagne*, 2021.

Vol. 25 – Stéphanie Lachaud-Martin, Corinne Marache, Julie McIntyre, Mikaël Pierre (eds.), *Wine, Networks and Scales. Intermediation in the Production, Distribution and Consumption of Wine*, 2021.

Vol. 24 – Verónica González-Araujo, Roberto-Carlos Álvarez-Delgado, Ángel Sancho-Rodríguez (eds.), *Ethics in Business Communication. New Challenges in the Digital World*, 2020.

Vol. 23 – Didier Caveng, *L'éthique dans la finance. Les banques genevoises à l'épreuve des faits*, 2019.

Vol. 22 – Andre Tiran et Dimitri Uzunidis (dir.), *Libéralisme et protectionnisme*, 2019.

Vol. 21 – Dominique Desjeux, *The anthropological perspective of the world. The inductive method illustrated*, 2018.

Vol. 20 – Benoit Bernard, *Management Public. 65 schémas pour analyser et changer les organisations publiques*, 2018.

Vol. 19 – Dimitri Uzunidis (dir.), *Recherche académique et innovation. La force productive de la science*, 2018.

Vol. 18 – Jean Vercherand, *Le marché du travail. L'esprit libéral et la revanche du politique*, 2018.

Vol. 17 – Dominique Desjeux (dir.), *L'empreinte anthropologique du monde. Méthode inductive illustrée*, 2018.

Vol. 16 – Sophie Boutillier, *Entrepreneuriat et innovation*, 2017.

Vol. 15 – Arvind Ashta, *Microfinance. Battling a Wicked Problem*, 2016.

Vol. 14 – Jean Vercherand, *Microéconomie. Une approche critique : Théorie et exercices*, 2016.

Vol. 13 – Reseau de Recherche sur l'innovation, Blandine Laperche (dir.), *Géront'innovations. Trajectoires d'innovation dans une économie vieillissante*, 2016.

Vol. 12 – Societe Internationale Jean-Baptiste Say, Dimitri Uzunidis (dir.), *Et Jean-Baptiste Say… créa l'Entrepreneur*, 2015.

Vol. 11 – Faiz Gallouj, Francois Stankiewicz (dir.), *Le DRH innovateur. Management des ressources humaines et dynamiques d'innovation*, 2014.

Vol. 10 – Charlotte Fourcroy, *Services et environnement. Les enjeux énergétiques de l'innovation dans les services*, 2014.

Vol. 9 – Remy Herrera, Wim Dierckxsens, Paulo Nakatani (eds.), *Beyond the Systemic Crisis and Capital-Led Chaos. Theoretical and Applied Studies*, 2014.

Vol. 8 – Reseau de Recherche sur l'Innovation, Sophie Boutillier, Joelle Forest, Delphine Gallaud, Blandine Laperche, Corinne Tanguy, Leila Temri (dir.), *Principes d'économie de l'innovation*, 2014.

Vol. 7 – Michel Santi, *Capitalism without Conscience*, 2013.

Vol. 6 – Arnaud Diemer, Jean-Pierre Potier, Léon Walras. *Un siècle après (1910-2010)*, 2013.

Vol. 5 – Sophie Boutillier, Faridah Djellal, Dimitri Uzunidis (Reseau de Recherche sur l'Innovation) (dir.), *L'innovation. Analyser, anticiper, agir*, 2013.

Vol. 4 – Aurelie Trouve, Marielle Berriet-Solliec, Denis Lepicier (dir.), *Le développement rural en Europe. Quel avenir pour le deuxième pilier de la Politique agricole commune ?*, 2013.

Vol. 3 – Sophie Boutillier, Faridah Djellal, Faiz Gallouj, Blandine Laperche, Dimitri Uzunidis (dir.), *L'innovation verte. De la théorie aux bonnes pratiques*, 2012.

Vol. 2 – Faridah Djellal, Faiz Gallouj, *La productivité à l'épreuve des services*, 2012.

Vol. 1 – Abdelillah Hamdouch, Sophie Reboud, Corinne Tanguy (dir.), PME, *dynamiques entrepreneuriales et innovation*, 2011.

www.ingramcontent.com/pod-product-compliance
Ingram Content Group UK Ltd.
Pitfield, Milton Keynes, MK11 3LW, UK
UKHW021828140426
5217IPUK00017B/1256